영재교육원,
전국 수학 올림피아드 만점 대비…

# 올림피아드 왕수학

왕수학연구소
소장 **박 명 전**

## 3학년

Olympiad

# 올림피아드 왕수학을 펴내며

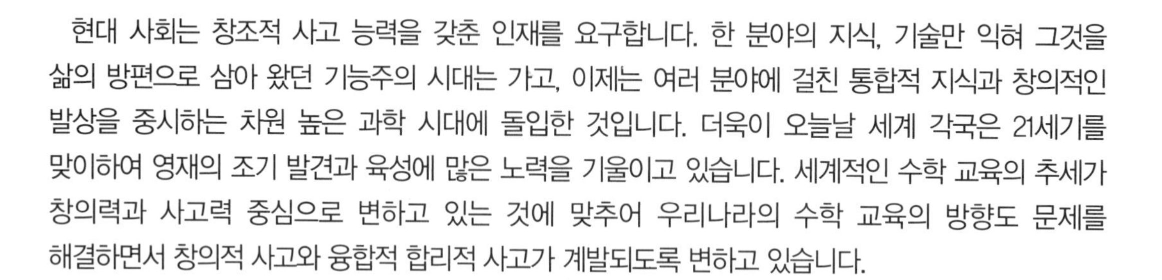

현대 사회는 창조적 사고 능력을 갖춘 인재를 요구합니다. 한 분야의 지식, 기술만 익혀 그것을 삶의 방편으로 삼아 왔던 기능주의 시대는 가고, 이제는 여러 분야에 걸친 통합적 지식과 창의적인 발상을 중시하는 차원 높은 과학 시대에 돌입한 것입니다. 더욱이 오늘날 세계 각국은 21세기를 맞이하여 영재의 조기 발견과 육성에 많은 노력을 기울이고 있습니다. 세계적인 수학 교육의 추세가 창의력과 사고력 중심으로 변하고 있는 것에 맞추어 우리나라의 수학 교육의 방향도 문제를 해결하면서 창의적 사고와 융합적 합리적 사고가 계발되도록 변하고 있습니다.

**올림피아드 왕수학**은 바로 이러한 교육환경의 변화에 맞춰 학생 여러분의 수학적 사고력과 창의력을 기르고 수학경시대회와 올림피아드 대회에 대비하여 새롭게 꾸민 책입니다. 저자는 지난 18년 동안 교육일선에서 수학을 지도한 경험, 10여년에 걸친 경시반 운영 경험, 왕수학연구소에서 세계 각국의 영재교육 프로그램을 탐독하고 지도한 경험 등을 총망라하여 이 책의 집필에 정성을 다하였습니다. 11년 동안 연속 수학왕 지도 교사의 영예를 안은 저자가 펴낸 올림피아드 왕수학을 통하여 학생들의 수리적인 두뇌가 최대한 계발되도록 하였으며 이 책으로 공부한 학생이라면 어떤 수준의 어려운 문제라도 스스로 해결할 수 있도록 하였습니다.

**올림피아드 왕수학**은 아울러 여러분의 창조적 문제해결력과 종합적 사고 능력의 향상에도 큰 효과를 거둘 수 있도록 하였으며 수학경시대회에 참가할 여러분에게는 최고의 경시대회 대비문제집이 되는 동시에 지도하시는 선생님께는 최고의 지도서가 될 것입니다. 또한 이 책은 국내 및 국제 수학경시대회에 참가하여 자신의 실력을 평가하고 훌륭한 성과를 얻는 데 크게 도움이 될 것입니다.

*Problem solving…*

주어진 문제를 해결할 수 있다는 것은 문제를 이해함과 동시에 어떤 전략으로 문제해결에 접근하느냐에 따라 쉽게 또는 어렵게 풀리며 경우에 따라서는 풀 수 없게 됩니다. 주어진 상황이나 조건에 따라 문제해결전략을 얼마든지 바꾸어 해결하도록 노력해야 합니다.

## 1 문제의 이해

문제를 처음 대하였을 때 무엇을 묻고 있으며, 주어진 조건은 무엇인지를 정확하게 이해합니다.

## 2 문제해결전략

주어진 조건을 이용하여 어떻게 문제를 풀 것인가 하는 전략(계획)을 세웁니다.

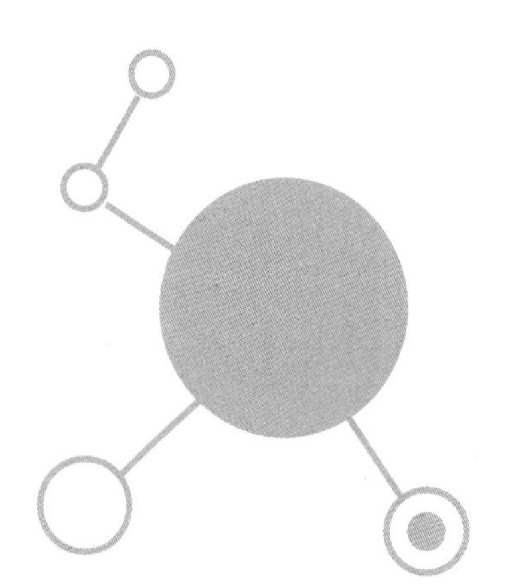

## 3 문제해결하기

자신이 세운 전략(계획)대로 실제로 문제를 풀어 봅니다.

## 4 확 인 하 기

자신이 해결한 문제의 결과가 맞는지 확인하는 과정을 거쳐야 합니다.

## 예상문제

예상문제 15회를 푸는 동안 창의력과 수학적 사고력을 증가시킬 수 있고, 끝까지 최선을 다한다면 수학왕으로 가는 길을 찾을 수 있을 것입니다.

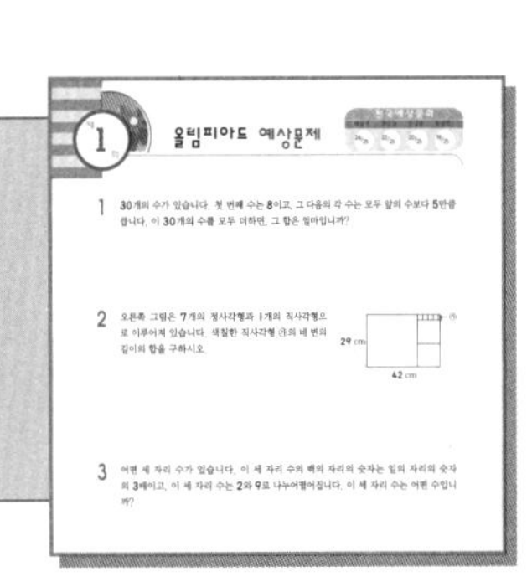

제 1 회 올림피아드 예상문제

1 30개의 수가 있습니다. 첫 번째 수는 8이고, 그 다음의 각 수는 모두 앞의 수보다 5만큼 큽니다. 이 30개의 수를 모두 더하면, 그 합은 얼마입니까?

2 오른쪽 그림은 7개의 정사각형과 1개의 직사각형으로 이루어져 있습니다. 색칠한 직사각형 ㉮의 네 변의 길이의 합을 구하시오.



3 어떤 세 자리 수가 있습니다. 이 세 자리 수의 백의 자리의 숫자는 일의 자리의 숫자의 3배이고, 이 세 자리 수는 2와 9로 나누어떨어집니다. 이 세 자리 수는 어떤 수입니까?

## 기출문제

이전의 수학왕들이 풀어 왔던 기출문제를 한 문제 한 문제 풀어 보면 수학의 깊은 맛과 재미를 느낄 수 있을 것입니다.

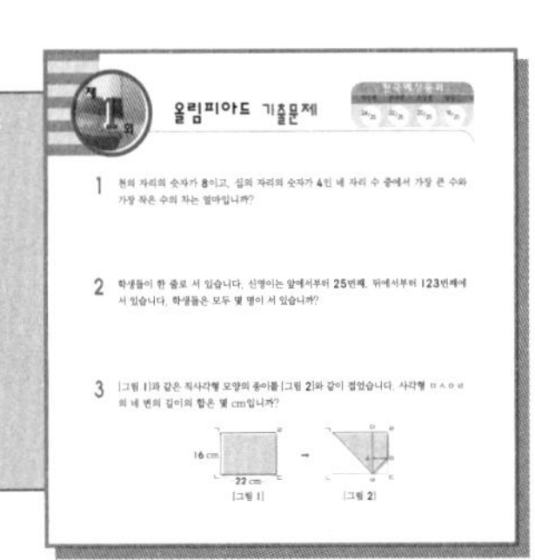

제 1 회 올림피아드 기출문제

1 천의 자리의 숫자가 8이고, 십의 자리의 숫자가 4인 네 자리 수 중에서 가장 큰 수와 가장 작은 수의 차는 얼마입니까?

2 학생들이 한 줄로 서 있습니다. 신영이는 앞에서부터 25번째, 뒤에서부터 123번째에 서 있습니다. 학생들은 모두 몇 명이 서 있습니까?

3 [그림 1]과 같은 직사각형 모양의 종이를 [그림 2]와 같이 접었습니다. 사각형 ㅂㅅㅇㅁ의 네 변의 길이의 합은 몇 cm입니까?

# Contents

# 차례

3학년

Olympiad

# 올림피아드

# 예상문제

# 올림피아드 예상문제

| 전국예상등위 | | | |
|---|---|---|---|
| 대상권 | 금상권 | 은상권 | 동상권 |
| 24/25 | 22/25 | 20/25 | 18/25 |

**1** 30개의 수가 있습니다. 첫 번째 수는 8이고, 그 다음의 각 수는 모두 앞의 수보다 5만큼 큽니다. 이 30개의 수를 모두 더하면, 그 합은 얼마입니까?

**2** 오른쪽 그림은 7개의 정사각형과 1개의 직사각형으로 이루어져 있습니다. 색칠한 직사각형 ㉮의 네 변의 길이의 합을 구하시오.

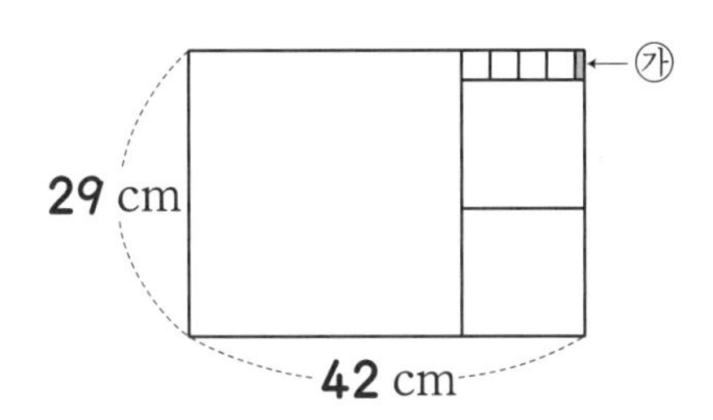


**3** 어떤 세 자리 수가 있습니다. 이 세 자리 수의 백의 자리의 숫자는 일의 자리의 숫자의 3배이고, 이 세 자리 수는 2와 9로 나누어떨어집니다. 이 세 자리 수는 어떤 수입니까?

**4** 3학년 학생들이 체육대회 날 운동장에 모여서 11명씩 23줄로 섰더니 3명이 남았습니다. 이 3학년 학생들을 안이 꽉 찬 정사각형 모양으로 다시 세웠을 때 한 줄에 세운 학생 수를 구하시오.

**5** 영수네 집에 있는 벽시계의 괘종은 1시에 1번, 2시에 2번, …, 12시에 12번 울리고 긴바늘이 숫자 6을 가리킬 때마다 1번 울립니다. 이 벽시계의 괘종은 하루 동안 모두 몇 번 울립니까?

**6** 가영이네 반 학생 수는 15명과 30명 사이이고, 모두 가, 나, 다, 라의 마을 중 한 곳에 살고 있습니다. 가 마을에는 전체의 $\frac{1}{6}$이 살고, 나 마을에는 전체의 $\frac{1}{4}$이 살고, 다 마을에는 전체의 $\frac{1}{3}$이 살고 있습니다. 라 마을에 사는 학생은 몇 명입니까?

**7** 두 수 ㉮와 ㉯가 있습니다. ㉮＊㉯＝㉮×㉮＋㉯×5라고 약속할 때, □ 안에 알맞은 수를 구하시오.

□＊36＝756

**8** 학교의 강당에 긴 의자가 여러 개 있습니다. 3학년 학생 전체를 한 의자에 5명씩 앉히면 14명의 자리가 모자라고, 7명씩 앉히면 4명의 자리가 남게 됩니다. 이 강당에 있는 긴 의자의 개수는 몇 개입니까?

**9** 오른쪽에 있는 원의 지름의 길이가 왼쪽에 있는 원의 지름의 길이의 2배씩 되도록 3개의 원을 겹치지 않게 그렸을 때, 가장 큰 원의 반지름의 길이를 구하시오.

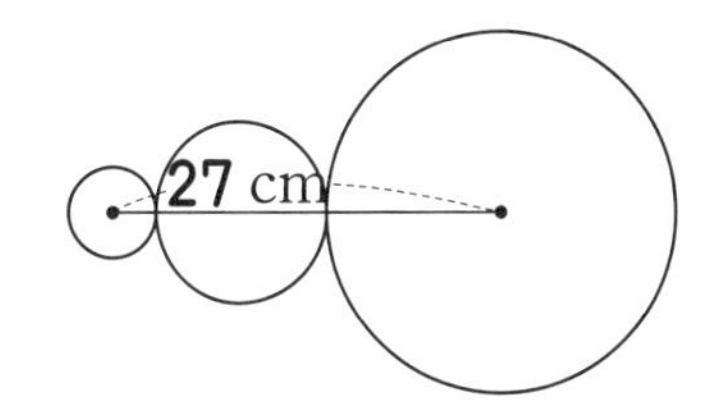


**10** 몇 개의 사탕이 있었습니다. 이 사탕을 3학년 1반 학생들에게는 전체 사탕의 $\frac{1}{3}$을 주었고, 2반 학생들에게는 남은 사탕의 $\frac{3}{5}$을 주었고, 3반 학생들에게는 1반과 2반에 주고 남은 사탕의 $\frac{7}{8}$을 주었더니 5개의 사탕이 남았습니다. 처음에 있었던 사탕의 개수는 몇 개입니까?

## 11

길이가 같은 색 테이프 9장을 그림과 같이 2 cm 5 mm씩 겹쳐지게 이어 붙였더니 전체 길이가 99 cm 7 mm가 되었습니다. 이때 색 테이프 한 장의 길이는 몇 cm입니까?

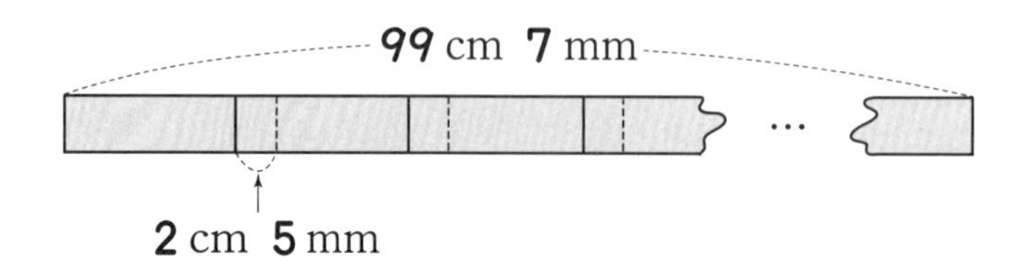


## 12

다음 표는 어떤 규칙에 따라서 자연수를 1부터 차례로 늘어놓은 것입니다. 예를 들어 (㉠, ④)에 오는 수는 12이고 (㉡, ⑤)에 오는 수는 14입니다. 이와 같이 나타낼 때 (㉢, ⑳)에 오는 수를 구하시오.

| | ① | ② | ③ | ④ | ⑤ | ⑥ | ⑦ | ⑧ | ⑨ | ⑩ | … |
|---|---|---|---|---|---|---|---|---|---|---|---|
| ㉠ | 1 | | | 12 | 13 | | | 24 | 25 | | … |
| ㉡ | 2 | 4 | 9 | 11 | 14 | 16 | 21 | 23 | 26 | 28 | … |
| ㉢ | 3 | 5 | 8 | 10 | 15 | 17 | 20 | 22 | 27 | 29 | … |
| ㉣ | | 6 | 7 | | | 18 | 19 | | | 30 | … |

## 13

오른쪽 식에서 [왕], [수], [학]은 서로 다른 숫자를 나타냅니다. [왕], [수], [학]에 알맞은 숫자를 각각 구하시오.

| | 왕 | 수 | 수 | 왕 |
|---|---|---|---|---|
| − | | 수 | 학 | 수 |
| | | 학 | 수 | 학 |

**14** 한 변의 길이가 $2$ cm인 정사각형을 다음과 같은 규칙으로 배열하였습니다. 도형의 바깥쪽 테두리의 길이가 $104$ cm일 때, 정사각형은 모두 몇 개입니까?

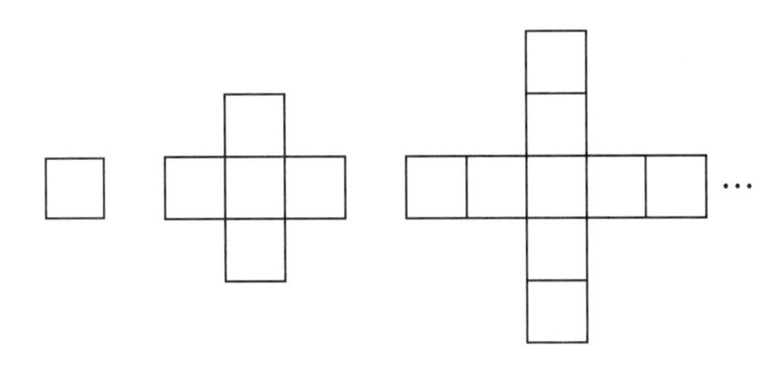

**15** 가로가 $520$ cm, 세로가 $136$ cm인 직사각형 모양의 종이를 잘라서 가로가 $34$ cm, 세로가 $26$ cm인 직사각형 모양의 종이를 여러 장 만든다면 최대한 몇 장까지 만들 수 있습니까?

**16** □★△=(□÷3)×(△÷4)와 같이 약속할 때, 다음을 만족하는 두 수 ㉠과 ㉡을 동시에 나누어지게 하는 가장 큰 한 자리 수를 찾고, 그 수로 ㉠과 ㉡을 각각 나눈 몫의 합을 구하시오.

| ㉠★16=84 | ㉡★8=14 |
|---|---|

**17** 오른쪽 표의 빈칸에 알맞은 수를 써넣어 가로, 세로, 대각선에 들어가는 세 수의 합이 모두 같게 하려고 합니다. ★이 있는 곳에 알맞은 수를 구하시오.

| | | 24 |
|---|---|---|
| | 25 | |
| ★ | | 28 |

**18** A비커에 들어 있는 물 중에서 $\frac{1}{7}$을 B비커에 옮겨 담았더니 두 비커에 들어 있는 물의 양이 3 L 600 mL로 같아졌습니다. 처음에 A비커에 들어 있던 물의 양은 몇 L 몇 mL입니까?

**19** 36명의 학생이 세 조로 나누어서 게임을 하고 있습니다. B조에서 3명이 A조로 가고, 다시 A조에서 4명이 C조로 가면 세 조의 학생 수는 같아집니다. 처음에 세 조에 있었던 학생 수는 각각 몇 명입니까?

## 20

다음 조건 을 모두 만족하는 어떤 수 중에서 두 번째로 큰 수를 구하시오.

조건
- 어떤 수는 세 자리 수입니다.
- 어떤 수는 연속하는 자연수 2개의 합으로 나타낼 수 있습니다.
- 어떤 수는 같은 자연수 2개의 곱으로 나타낼 수 있습니다.

## 21

오른쪽 그림과 같이 크기가 같은 원을 서로의 중심이 지나도록 그리려고 합니다. 이때 원이 만나서 생기는 점이 100개보다 많으려면 최소한 원을 몇 개 그려야 합니까?

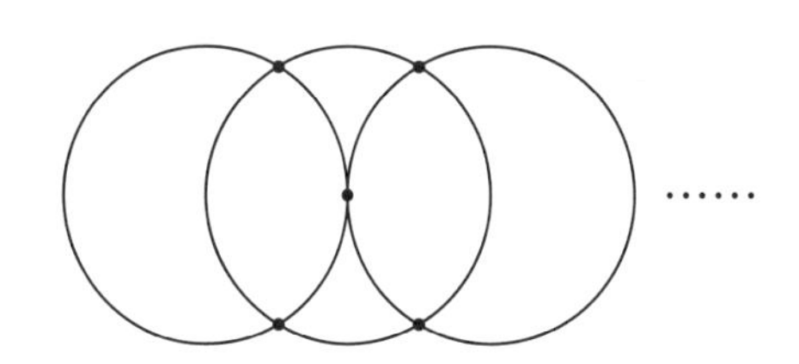

## 22

가영이는 미국 시카고에 계신 할머니를 뵙기 위해 5월 17일 오후 1시 40분 27초에 인천공항에서 출발하였습니다. 시카고공항까지의 비행 시간이 12시간 50분 43초였다면 시카고공항에 도착한 시각은 시카고 시각으로 ㉠월 ㉡일 오전 ㉢시 ㉣분 ㉤초입니다. 이때 ㉠+㉡+㉢+㉣+㉤의 값을 구하시오. (단, 우리나라가 오전 11시일 때 미국 시카고는 전날 오후 8시입니다.)

**23** 학교에서 서점까지 가장 가까운 길로 가는 방법은 몇 가지입니까?

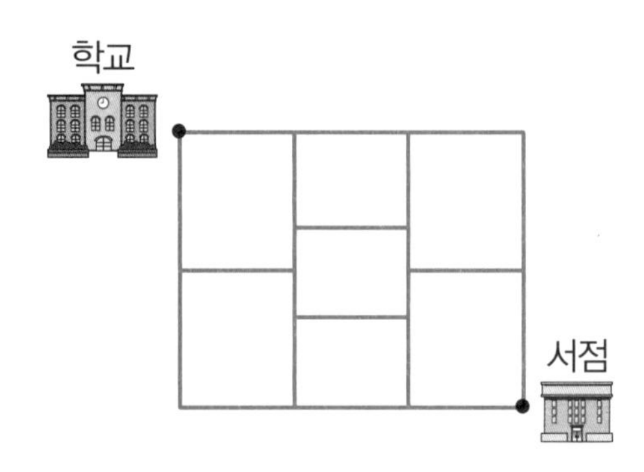


**24** 길이가 다른 두 막대 ㉮와 ㉯를 이용하여 책상의 높이를 재었습니다. ㉮ 막대로 책상의 높이를 쟀을 때는 ㉮ 막대의 $\frac{7}{15}$만큼이었고, ㉯ 막대로 같은 책상의 높이를 쟀을 때는 ㉯ 막대의 $\frac{7}{20}$만큼이었습니다. ㉮ 막대와 ㉯ 막대의 길이의 차가 45 cm일 때 이 책상의 높이는 몇 cm입니까?

**25** 1부터 9까지의 숫자를 한 번씩 모두 사용하여 세 자리 수 3개를 만들 때, 세 수의 합이 홀수인 수 중에서 두 번째로 작은 수를 구하시오.

# 올림피아드 예상문제

| 전국예상등위 | | | |
|---|---|---|---|
| 대상권 | 금상권 | 은상권 | 동상권 |
| 24/25 | 22/25 | 20/25 | 18/25 |

**1** 어떤 두 자리 수가 있습니다. 이 두 자리 수를 10배 한 수에서 이 두 자리 수를 뺀 값이 261이었다면 어떤 두 자리 수는 얼마입니까?

**2** 오른쪽 그림에서 찾을 수 있는 크고 작은 직각삼각형은 모두 몇 개입니까?

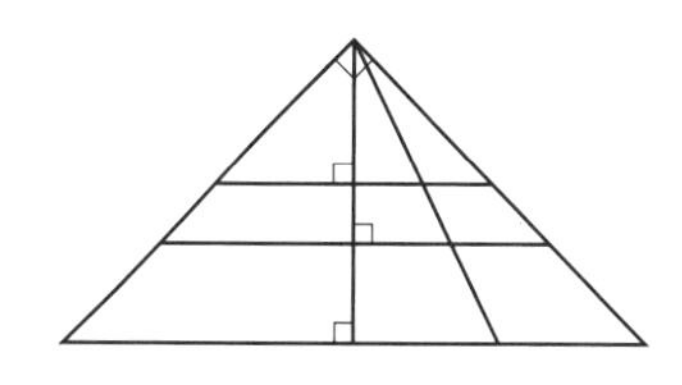

**3** 길이가 117 m인 도로의 양쪽에 9 m 간격으로 가로등을 세우려고 합니다. 도로의 처음과 끝에 반드시 가로등을 세운다면, 가로등은 모두 몇 개가 필요합니까?

**4** 6명씩 앉을 수 있는 의자와 4명씩 앉을 수 있는 의자가 합하여 11개 있습니다. 이 의자에 모두 58명이 앉을 수 있다면, 6명씩 앉을 수 있는 의자는 몇 개입니까?

**5** 강당에서 ㉠의 길이를 구하려고 합니다. 긴 의자의 개수는 **23**개이고 의자와 의자 사이의 거리는 **90** cm였습니다. 의자의 짧은 쪽의 길이가 **1** m일 때, ㉠은 몇 m입니까?

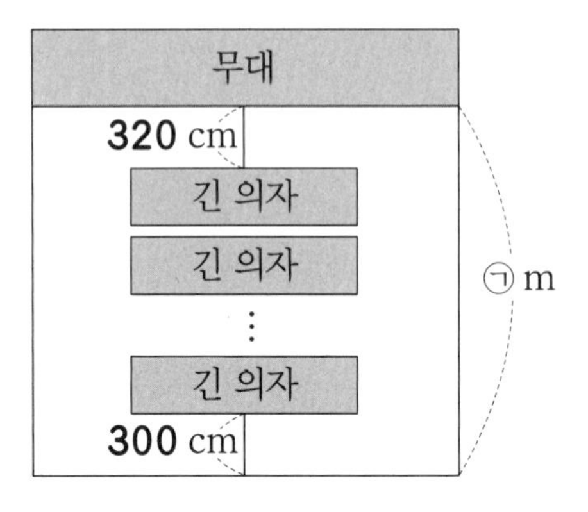


**6** 오른쪽 도형에서 색칠한 부분의 넓이는 전체의 $\frac{3}{\square}$입니다. □ 안에 알맞은 수를 구하시오.

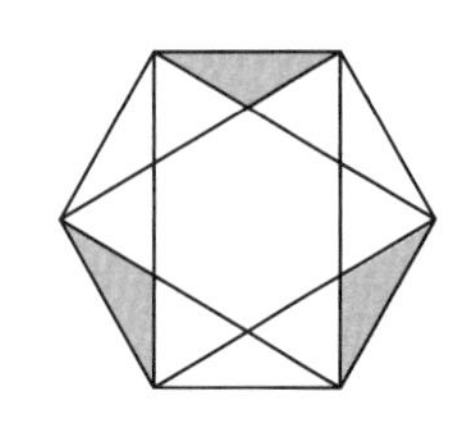

**7** 오른쪽 곱셈식을 예슬이는 십의 자리 숫자를 잘못 보고 계산하여 곱이 **336**이 되었고, 상연이는 일의 자리 숫자를 잘못 보고 계산하여 곱이 **455**가 되었습니다. 곱셈식을 바르게 계산한 값은 얼마입니까?

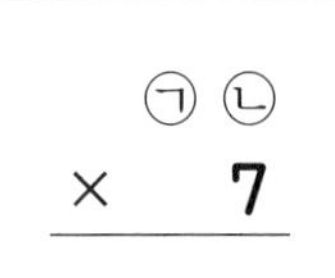

**8** 영수는 **37**장의 엽서를 가지고 있고, 예슬이는 **11**장의 우표를 가지고 있습니다. 내일부터 매일 영수는 **3**장의 엽서를 사고, 예슬이는 **5**장의 우표를 산다면, 며칠 후에 엽서와 우표의 수가 같아지겠습니까?

**9** 반지름이 **3** cm인 원을 다음과 같이 여러 개 그려서 바깥쪽에 있는 원의 중심을 이어 사각형을 그려 나갑니다. 그려 놓은 원이 **225**개일 때, 그 위에 그린 사각형의 네 변의 길이의 합을 구하시오.

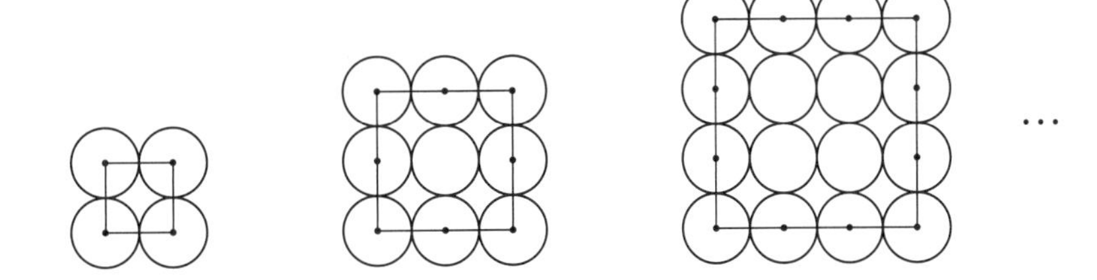

**10** 어떤 일을 하는 데 **11**명이 **6**일 동안 전체 일의 양의 $\frac{11}{15}$을 했습니다. 남은 일을 **3**사람이 한다면 며칠이 지나야 일이 완성되겠습니까?

## 11

다음을 계산하시오.

$$1800-1799+1798-1797+1796-1795+\cdots+4-3+2-1$$

## 12

다음은 지혜가 은행에 예금한 돈과 찾은 돈을 나타낸 것입니다. 13일에 찾은 돈은 얼마입니까?

| 날짜 | 예금한 돈 | 찾은 돈 | 남은 돈 |
|---|---|---|---|
| 7일 | 2350원 | • | 8536원 |
| 13일 | • | ? | |
| 19일 | • | 2100원 | |
| 25일 | 1800원 | • | |
| 30일 | • | 1550원 | 3586원 |

## 13

오른쪽 그림에서 나누어져 있는 7개 부분의 수의 합은 1288이고, 한 원 안의 네 부분에 있는 수의 합은 각각 726입니다. ㉠에 알맞은 수를 구하시오.

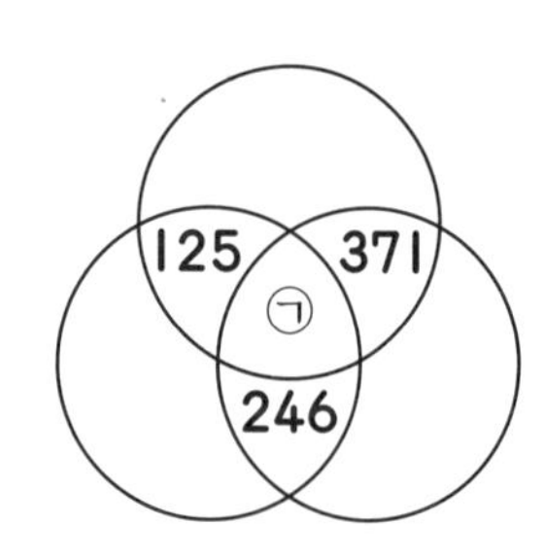

**14** 선분 ㄱㄴ 위에 다음과 같이 모두 **52**개의 점을 찍었습니다. 이 점들을 이용하여 만들 수 있는 선분은 모두 몇 개입니까?

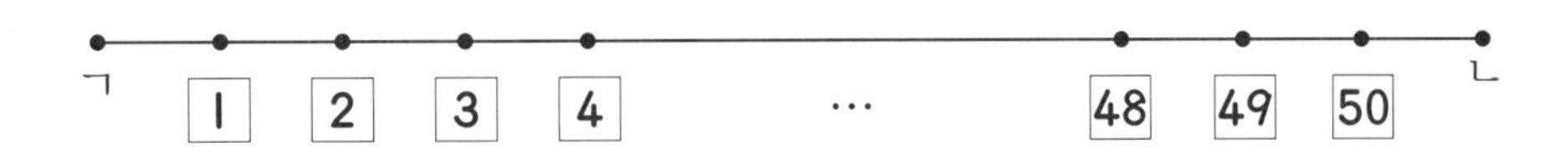


**15** 모두 **20**문제인 수학 시험에서 영수는 **65**점을 받았습니다. 이 시험에서는 한 문제당 맞으면 **5**점을 얻고, 틀리면 **2**점을 잃는다면, 영수가 맞은 문제는 몇 개입니까?

**16** $\begin{vmatrix} ㉠ & ㉡ \\ ㉢ & ㉣ \end{vmatrix} = ㉠ \times ㉣ - ㉡ \times ㉢$이라고 약속할 때, $7 \times \begin{vmatrix} \square & 15 \\ 13 & 27 \end{vmatrix} = 903$입니다. □ 안에 알맞은 수를 구하시오.

**17** 서울이 8월 20일 오후 3시 44분이면 미국 알래스카 주에 있는 앵커리지는 8월 19일 오후 9시 44분입니다. 앵커리지가 12월 25일 오후 1시일 때, 서울은 12월 며칠 몇 시입니까?

**18** 다음과 같은 숫자 카드가 한 장씩 있습니다. 이 숫자 카드 중 3장을 사용하여 대분수를 만들려고 합니다. 만들 수 있는 대분수는 모두 몇 개입니까?

**19** 오른쪽 조건 을 모두 만족하는 세 수 ㉠, ㉡, ㉢이 있습니다. 이때 ㉠+㉡+㉢의 값을 구하시오.

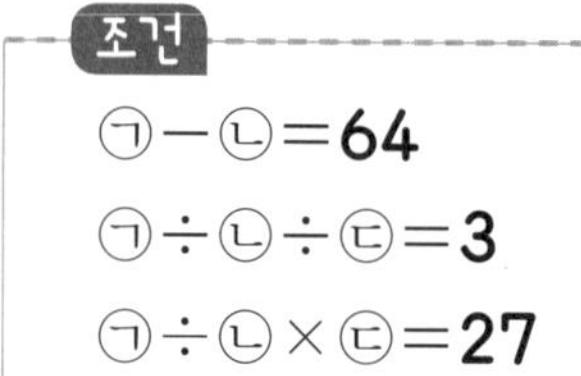

**20** □ 안에 1부터 4까지의 서로 다른 숫자를 써넣어 (세 자리 수)×(두 자리 수)의 곱셈식을 만들려고 합니다. 이때 곱이 다섯 자리 수가 되는 경우는 모두 몇 가지입니까?

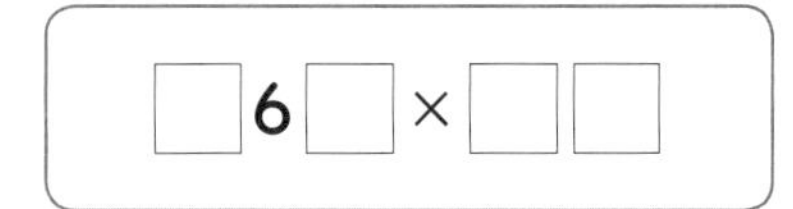


**21** 오른쪽 그림과 같이 16개의 점이 일정한 간격으로 찍혀 있을 때, 각 점을 꼭짓점으로 하여 만들 수 있는 정사각형이 아닌 직사각형의 개수는 모두 몇 개입니까?

**22** 반지름이 5 cm인 원 231개를 규칙에 따라 오른쪽 그림과 같이 그렸습니다. 바깥쪽에 있는 원의 중심을 지나는 가장 큰 삼각형의 둘레의 길이는 몇 cm입니까?

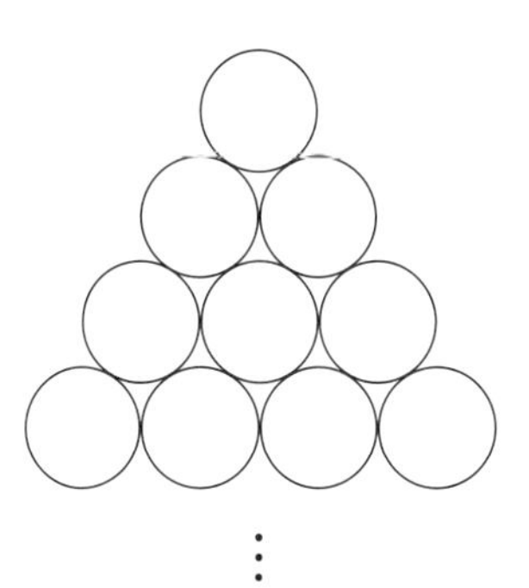

## 23

용희, 영수, 석기, 동민이는 똑같이 돈을 내어 주스 1 L를 산 후 용희는 400 mL, 영수는 350 mL, 석기는 150 mL, 동민이는 100 mL를 마셨습니다. 각자 마신 주스의 양만큼 돈을 공평하게 내기로 하여 석기는 덜 마신 양의 값으로 용희에게서 560원을 받았습니다. 동민이는 누구에게서 얼마의 돈을 받아야 합니까?

## 24

보기 와 같이 직선을 그어 직각을 그리려고 합니다. 직각이 모두 100개가 되도록 하려면 직선은 최소한 몇 개를 그려야 합니까?

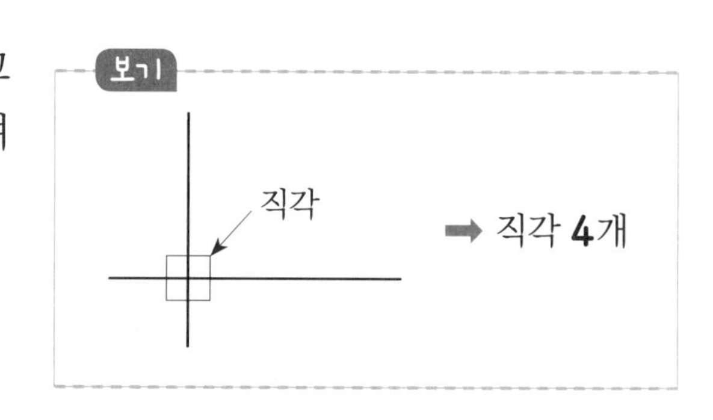


## 25

60 L가 들어가는 빈 물탱크에 세 개의 ㉮, ㉯, ㉰ 수도꼭지가 있습니다. ㉮ 수도꼭지에서는 5분 동안 전체의 $\frac{1}{12}$을, ㉯ 수도꼭지에서는 8분 동안 전체의 $\frac{1}{15}$을, ㉰ 수도꼭지에서는 12분 동안 전체의 $\frac{1}{20}$을 채울 수 있습니다. 빈 물탱크에 36분간 물을 받을 때 먼저 물을 받는 시간의 $\frac{1}{9}$은 ㉮ 수도꼭지에서, 남은 시간의 $\frac{1}{8}$은 ㉯ 수도꼭지에서, ㉮와 ㉯ 두 수도꼭지에서 받고 남은 시간의 $\frac{1}{7}$은 ㉰ 수도꼭지에서 받았습니다. 세 수도꼭지에서 순서대로 물을 받고 남은 시간 동안은 세 개의 수도꼭지에서 동시에 물을 받았을 때, 물탱크에 찬 물은 전체의 $\frac{㉡}{㉠}$입니다. 이때 ㉠+㉡의 합은 얼마입니까?

# 올림피아드 예상문제

전국예상등위

| 대상권 | 금상권 | 은상권 | 동상권 |
|---|---|---|---|
| 24/25 | 22/25 | 20/25 | 18/25 |

**1** 어떤 두 수의 합은 **837**이고, 두 수의 차는 **119**입니다. 이 두 수 중 큰 수를 구하시오.

**2** 오른쪽 그림과 같이 정사각형 **5**개로 직사각형을 만들었습니다. 가장 큰 직사각형의 둘레의 길이는 몇 cm입니까?

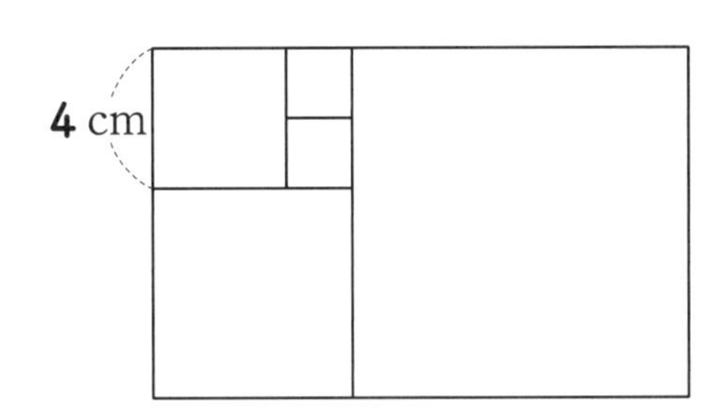


**3** 지혜네 학교의 화단은 직사각형 모양이고, 둘레의 길이가 **84** m입니다. 이 화단의 가로의 길이는 세로의 길이의 **2.5**배일 때, 이 화단의 가로의 길이는 몇 m입니까?

**4** 가, 나 두 개의 톱니바퀴가 맞물려 돌아가고 있습니다. 가 톱니바퀴의 톱니 수는 **63**개이고, 나 톱니바퀴의 톱니 수는 **42**개입니다. 가 톱니바퀴가 **6**바퀴 돌 때, 나 톱니바퀴는 몇 바퀴 돌겠습니까?

**5** 가영이는 엘리베이터를 타고 1층부터 27층까지 멈추지 않고 올라가려고 합니다. 1층부터 5층까지 올라가는 데 6초가 걸렸다면 1층부터 27층까지 올라가는 데는 몇 초가 걸리겠습니까? (단, 각 층마다 올라가는 시간은 모두 같습니다.)

**6** 두 사람의 대화를 보고 상연이와 예슬이가 가지고 있는 구슬의 합을 구하시오.

상연 : 내가 가진 구슬의 $\frac{2}{3}$인 24개는 빨간색이야.

예슬 : 내가 가진 구슬의 $\frac{5}{9}$인 35개는 노란색이야.

**7** 1부터 8까지의 수를 한 번씩만 사용하여 다음과 같은 식을 만들 때, 계산 결과 중 가장 큰 값을 구하시오.

**8** 오른쪽과 같이 정사각형을 이용하여 만든 도형에서 찾을 수 있는 직각은 모두 몇 개입니까?

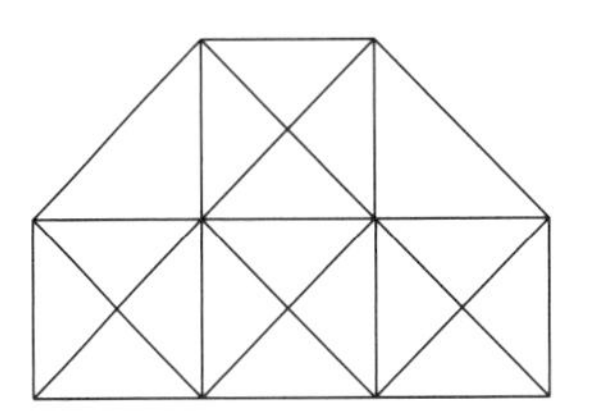

**9** 선분 ㄱㄴ 위에 반지름이 8 cm인 원 15개를 그림과 같이 원의 중심이 겹치도록 그려 놓았습니다. 선분 ㄱㄴ의 길이는 몇 cm입니까?

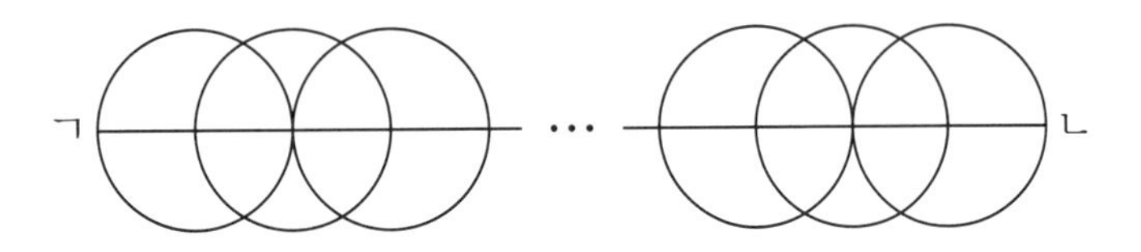


**10** 세 장의 숫자 카드 [2], [3], [5]를 사용하여 만들 수 있는 진분수의 개수를 ㉠, 가분수의 개수를 ㉡, 대분수의 개수를 ㉢이라고 할 때, ㉠+㉡+㉢의 값을 구하시오.

**11** 35 L가 들어가는 빈 물통이 있는데 이 물통에 구멍이 나서 물이 1분에 35 mL씩 흘러 나간다고 합니다. 이 물통에 1분에 210 mL씩 물을 넣는다면 이 물통을 가득 채우는 데는 몇 시간 몇 분이 걸리겠습니까?

**12** 보기 와 같은 규칙으로 자연수를 나타내었습니다. 보기 의 규칙에 따라 주어진 곱셈을 할 때, ㉮에 색칠해야 할 칸 수는 모두 몇 칸입니까?

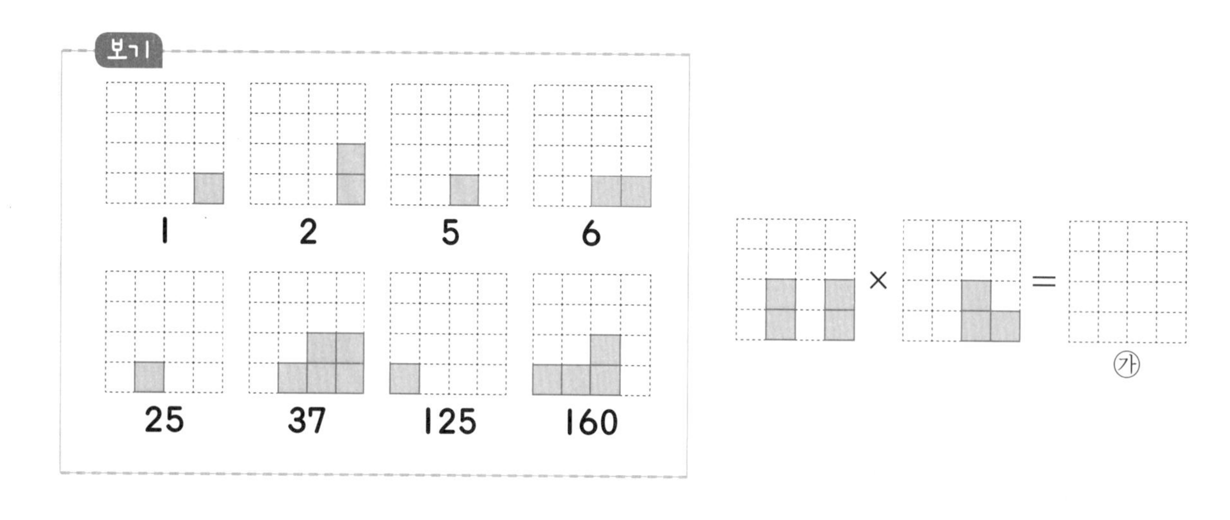


**13** 길이가 135 m인 열차가 1분에 465 m를 가는 빠르기로 달리고 있습니다. 이 열차가 같은 빠르기로 길이가 1260 m인 터널을 완전히 통과하는 데는 몇 분이 걸리겠습니까?

**14** 다음과 같이 한 변의 길이가 1 cm씩 커지는 정사각형을 겹치지 않게 차례로 이어 붙였습니다. 같은 방법으로 정사각형을 10개까지 이어 붙인다면 만들어지는 도형의 전체 둘레의 길이는 몇 cm입니까?

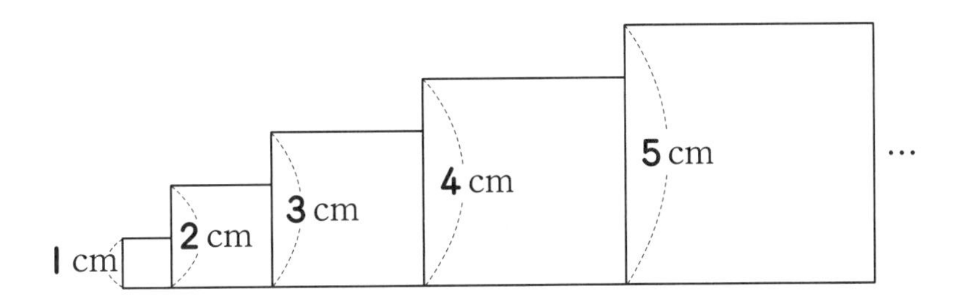


**15** 다음과 같은 규칙으로 흰색 바둑돌과 검은색 바둑돌을 250개 늘어놓았습니다. 늘어놓은 바둑돌 중에서 검은색 바둑돌은 모두 몇 개입니까?

○●○●●○○○●○●●○○○●○●●○ …

**16** 가♥나=가×8+나, 가◆나=가÷나×7로 약속할 때, □ 안에 알맞은 수를 구하시오.

(3♥□)◆5=42

**17** 양초에 불을 붙이고 난 후 3분이 지났을 때 남은 양초의 길이를 재었더니 처음 길이의 $\frac{3}{4}$이었습니다. 이 양초는 15초에 2 mm씩 타들어간다면 처음 양초의 길이는 몇 cm이었습니까?

**18** 가영, 지혜, 석기의 용돈은 모두 합하여 93000원이었습니다. 각자 자기가 가진 용돈 중에서 가영이는 $\frac{1}{3}$, 지혜는 $\frac{1}{5}$, 석기는 $\frac{1}{9}$을 사용했더니 사용하고 남은 용돈이 세 사람 모두 같았습니다. 처음 석기의 용돈은 얼마였습니까?

**19** 구슬을 한 상자에 6개씩 포장하면 4개가 남고, 한 상자에 5개씩 포장하면 3개가 남습니다. 구슬은 150개보다 많고 190개보다 적다고 할 때 구슬은 모두 몇 개입니까?

**20** 가영이와 지혜가 가위바위보를 해서 이기면 **3**계단 올라가고, 지면 **2**계단 내려오는 놀이를 하였습니다. **21**번의 가위바위보를 하여 비긴 적은 없고, 가영이는 **33**계단 올라갔다면 지혜는 몇 번을 이긴 것입니까?

**21** 오른쪽 그림과 같이 일정한 규칙으로 가장 작은 원부터 **8**개의 원을 그리려고 합니다. 처음 그린 원의 반지름이 **2** cm일 때 그려지는 **5**번째 원과 **8**번째 원의 중심 사이의 거리를 구하시오. (단, 원의 중심은 일직선에 놓입니다.)

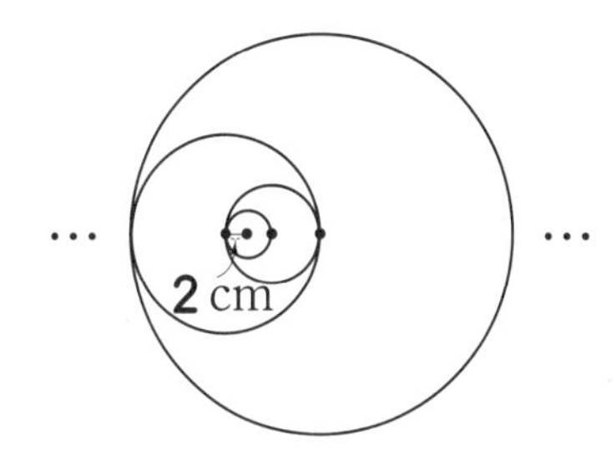


**22** 오른쪽은 어떤 도로를 나타낸 것입니다. 한 우유배달원이 가 지점에서 출발해서 모든 길을 거쳐 우유를 배달하려고 합니다. 배달원이 우유를 모두 배달하고 가 지점으로 돌아오는 가장 짧은 거리는 몇 km입니까?

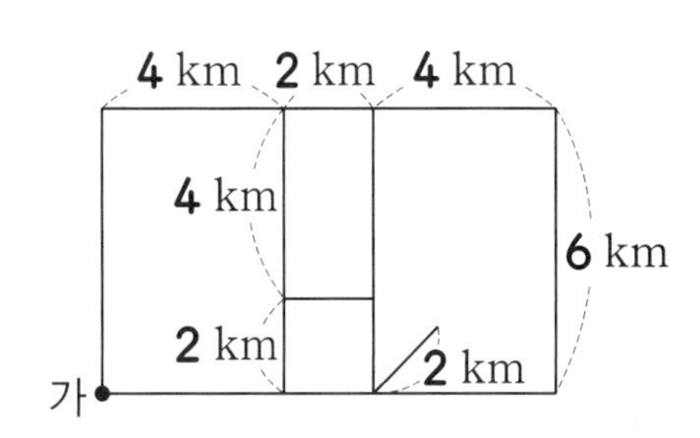

**23** 기차는 모두 같은 빠르기로 달리고 ㉮역과 ㉯역 사이에 ㉰지점이 있습니다. ㉮역을 출발하는 기차는 ㉰지점까지 가는 데 1시간 30분이 걸리고, ㉯역을 출발하는 기차는 ㉰지점까지 가는 데 1시간이 걸립니다. 기차는 ㉮역과 ㉯역에서 각각 오전 7시에 출발하고 ㉮역에서는 20분마다, ㉯역에서는 15분마다 출발합니다. ㉰지점에서 세 번째로 만나는 시각이 ㉠시 ㉡분일 때, ㉠+㉡의 값을 구하시오.

**24** 거북 로봇이 출발점에서 출발하여 선을 따라 ①－②－③을 순서대로 지나 도착점까지 가는 경기를 하고 있습니다. 거북 로봇은 가장 작은 정사각형의 한 변을 가는 데 30초가 걸리고 직각으로 회전하는 데 6초가 걸립니다. 거북 로봇이 도착점까지 가는 가장 빠른 길을 선택했을 때, ㉠분 ㉡초가 걸린다고 할 때 ㉠+㉡의 값을 구하시오. (단, ㉡은 60보다 작습니다.)

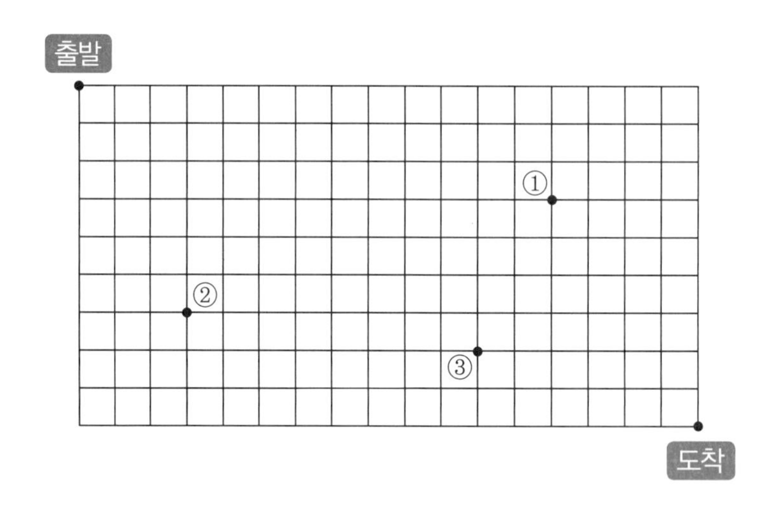


**25** 어떤 수 ★을 5로 나눈 나머지와 8로 나눈 나머지의 합을 〈★〉이라고 약속합니다. 예를 들어 23을 5로 나눈 나머지는 3이고, 8로 나눈 나머지는 7이므로 〈23〉=3+7=10입니다. 이때 다음 식의 값을 구하시오.

〈51〉+〈52〉+〈53〉+…+〈148〉+〈149〉+〈150〉

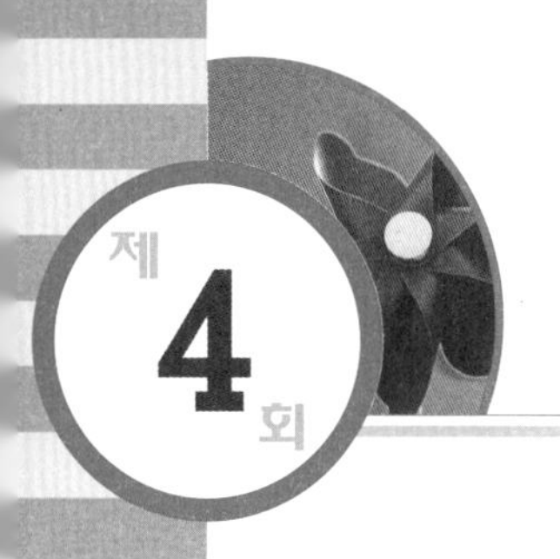


# 올림피아드 예상문제

| 전국예상등위 | | | |
|---|---|---|---|
| 대상권 | 금상권 | 은상권 | 동상권 |
| 24/25 | 22/25 | 20/25 | 18/25 |

**1** 표는 4명의 학생들이 각각 쓴 세 자리 수의 일부분을 나타낸 것입니다. 석기가 쓴 수는 지혜가 쓴 수보다 2 크고, 동민이가 쓴 수보다 10 작습니다. 효근이가 쓴 수가 두 번째로 큰 수일 때, 4명의 학생들이 쓴 수들의 합을 구하시오.

| 석기 | 효근 | 지혜 | 동민 |
|---|---|---|---|
| 19□ | 2□□ | 1□9 | 2□1 |

**2** 25를 두 자연수의 합으로 나타내어 두 자연수의 곱이 최대가 되게 하려고 합니다. 이때 두 자연수 중 큰 수와 작은 수의 차를 구하시오.

**3** 영수네 학교 3학년 학생들이 체육관에 모여서 한 줄에 13명씩 22줄을 섰더니 3명이 남았습니다. 이 학생들이 정사각형 모양처럼 한 줄에 ☆명씩 ☆줄로 다시 섰더니 남는 학생이 없었습니다. ☆은 얼마인지 구하시오.

**4** 장난감을 만드는 ㉮ 기계와 ㉯ 기계가 있습니다. 장난감을 30초에 ㉮ 기계는 6개, ㉯ 기계는 3개를 만들 수 있습니다. 두 기계를 동시에 가동하여 장난감 792개를 만들었다면 몇 분 동안 만든 것입니까?

**5** 과학전시관에서 우주와 관련된 9편의 영상을 상영하였습니다. 영상을 보는 방법을 설명하는 데 5분 27초가 걸렸고, 한 편당 11분 45초씩 상영되었으며 한 편의 영상이 끝나면 2분 30초 후에 다음 영상이 시작되었습니다. 마지막 영상이 끝난 시각이 오후 4시였다면 영상을 보는 방법을 설명하기 시작한 시각은 오후 ㉠시 ㉡분 ㉢초입니다. 이때 ㉠+㉡+㉢의 값을 구하시오. (단, 영상을 보는 방법을 설명한 후 쉬는 시간 없이 바로 영상이 상영되었습니다.)

**6** ㉠, ㉡, ㉢, ㉣은 1부터 9까지의 서로 다른 자연수입니다. ㉠이 짝수이고 ㉣이 홀수일 때 다음과 같은 나눗셈식을 모두 몇 가지 만들 수 있습니다까?

㉠5 ÷ ㉡ = ㉢ ··· ㉣

**7** 길이가 1 cm, 2 cm, 3 cm, 4 cm, 5 cm, 6 cm, 7 cm, 8 cm인 막대가 여러 개씩 있습니다. 이 중에서 3개를 이용하여 삼각형을 만들려고 합니다. 삼각형의 밑변을 8 cm인 막대로 할 때, 만들 수 있는 삼각형은 모두 몇 개입니까?

**8** 보기 를 만족하는 수를 모두 구하시오.

보기
- 3, 6, 7, 8로 이루어진 네 자리 수입니다.
- 17로 나누어떨어집니다.
- 19로 나누어떨어집니다.
- 7000보다 작은 수입니다.

**9** 어떤 수에 9를 곱한 값의 끝의 세 자리 수는 510이었습니다. 어떤 수가 될 수 있는 수 중에서 가장 작은 수를 구하시오.

**10** 지혜는 하루 중에서 $\frac{3}{8}$은 잠을 자고, 나머지의 $\frac{2}{5}$는 학교에서 생활을 합니다. 하루 중에서 지혜가 잠을 자고, 학교에서 생활하는 시간을 뺀 나머지 시간은 몇 시간입니까?

**11** 그림과 같이 가로가 4 m 55 cm인 게시판에 가로가 35 cm인 그림을 일렬로 붙이려고 합니다. 게시판과 그림 사이, 그림과 그림 사이의 간격을 모두 같게 하여 9개의 그림을 붙일 때, 간격은 몇 cm로 해야 합니까?

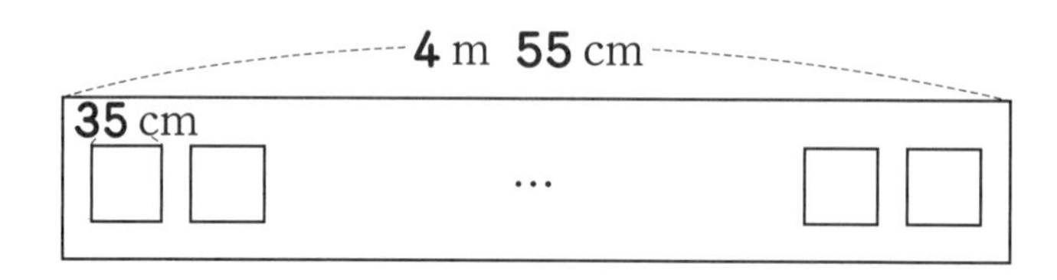


**12** 하루에 2분씩 늦어지는 시계가 있습니다. 이 시계를 12월 1일 정오에 정확히 맞추어 놓았다면 12월 25일 정오에는 몇 시 몇 분을 가리키겠습니까?

**13** 4개의 수 ㉠, ㉡, ㉢, ㉣이 있습니다. ㉠과 ㉡의 합은 4214, ㉡과 ㉢의 합은 3737입니다. ㉠, ㉡, ㉢, ㉣의 합이 8562일 때, ㉣은 ㉡보다 얼마나 더 큽니까?

**14** 어느 연필 공장에서는 연필을 6분에 105자루씩 만든다고 합니다. 같은 빠르기로 1시간 12분 동안에는 연필을 모두 몇 자루 만들 수 있습니까?

**15** 오른쪽 그림과 같이 직사각형의 변 위에 원의 중심이 지나도록 크기가 같은 원을 그리려고 합니다. 지름이 6 cm인 원은 모두 몇 개까지 그릴 수 있습니까?

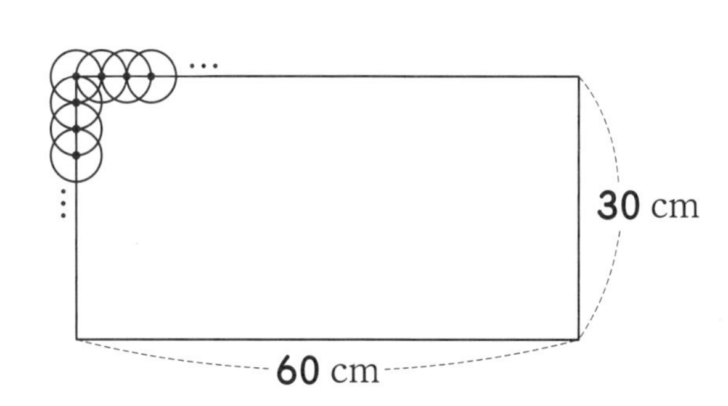


**16** 1부터 100까지의 수가 쓰여진 카드가 있습니다. 선생님께서 이 카드를 1이 쓰여진 카드부터 차례로 석기, 영수, 용희, 지혜, 가영, 신영이의 순서로 한 장씩 모두 나누어 주셨습니다. 영수가 받은 카드에 쓰여진 수들의 합은 얼마입니까?

**17** 가영이는 매주 월요일에는 250 mL, 수요일에는 300 mL, 금요일에는 500 mL의 우유를 마십니다. 9월 1일이 일요일일 때, 9월 한 달 동안 가영이가 마시는 우유의 양은 모두 몇 L 몇 mL입니까?

**18** ㉠, ㉡, ㉢이 다음과 같을 때, ㉠－㉡의 값을 구하시오.

㉠÷㉡÷㉢=4　　㉠÷㉡×㉢=36　　㉠+㉡=65

**19** 그림과 같은 규칙으로 직사각형 안에 반지름이 8 cm인 원 20개를 꼭 맞게 늘어놓았습니다. 직사각형의 둘레의 길이는 몇 cm입니까?

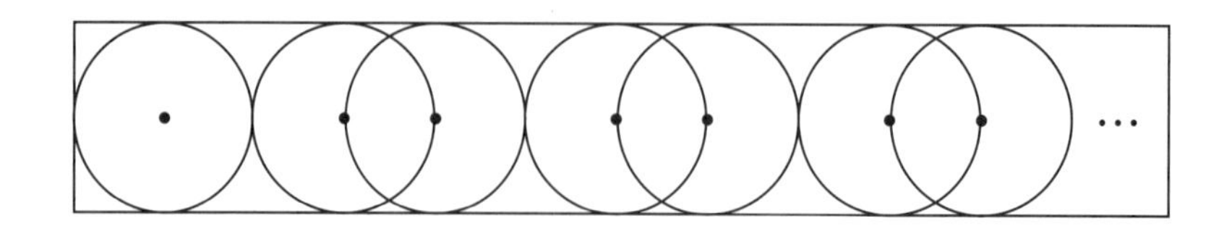

**20** 영수는 아파트의 13층에 살고 있습니다. 어느 날 아파트의 엘리베이터가 고장나서 영수가 1층부터 13층까지 걸어 올라가는 데 9분 24초가 걸렸습니다. 한 층을 올라가는 데 걸린 시간이 일정할 때, 한 층을 오르는 데 걸린 시간은 몇 초입니까?

**21** 오른쪽 그림과 같이 검은색 직사각형과 흰색 정사각형으로 이루어진 포장지가 있습니다. 작은 흰색 정사각형의 넓이가 큰 흰색 정사각형의 넓이의 $\frac{1}{4}$이라면 이 포장지에서 검은색이 차지하는 부분은 전체의 $\frac{㉡}{㉠}$입니다. 이때 ㉠+㉡의 최솟값을 구하시오.

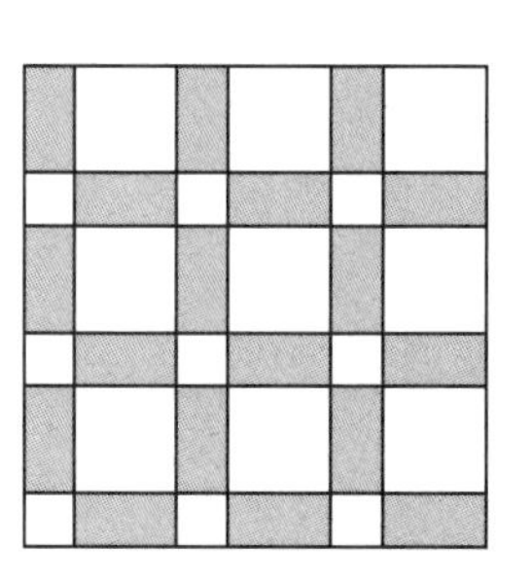

**22** 효근, 한초, 석기는 구슬을 가지고 있었습니다. 효근이가 한초와 석기에게 각자 가지고 있는 구슬의 수만큼을 주고 난 후 한초가 효근이와 석기에게 각자 가지고 있는 구슬의 수만큼을 주고 다시 석기가 한초와 효근이에게 각자 가지고 있는 구슬의 수만큼을 주었더니 효근이는 16개, 한초는 16개, 석기는 4개의 구슬을 가지게 되었습니다. 처음에 한초가 가지고 있었던 구슬은 몇 개입니까?

**23** 지혜는 책을 읽기 시작할 때와 책을 모두 읽었을 때, 거울에 비친 시계를 보았더니 그림과 같았습니다. 지혜가 책을 읽는 데 걸린 시간은 몇 시간 몇 분입니까?

시작한 시각

끝낸 시각

**24** 석기의 키는 **1** m **45** cm이고, 지혜의 키는 **1** m ㉠㉡ cm입니다. 석기와 지혜의 키의 합은 **2** m ㉡㉠ cm이고, 키의 차는 **20** cm보다 작습니다. 이때 ㉠㉡이 될 수 있는 모든 수의 합을 구하시오. (단, ㉠㉡과 ㉡㉠은 모두 두 자리 수입니다.)

**25** 상연이는 영수에게 그림과 같은 **3**개의 상자를 주었고, 상자 안에는 각각 파란 구슬 **2**개, 흰 구슬 **2**개, 흰 구슬 **1**개와 파란 구슬 **1**개가 들어 있습니다. 상연이는 영수에게 상자 위에 쓰여진 글이 모두 틀리다고 말해 주었고, 이 말을 들은 영수는 그 중 한 상자 안에서 구슬 한 개를 꺼내 본 후 꺼낸 구슬의 색에 관계없이 **3**개의 상자에 들어 있는 구슬을 모두 알 수 있었습니다. 영수가 구슬을 꺼낸 상자는 어떤 상자입니까?

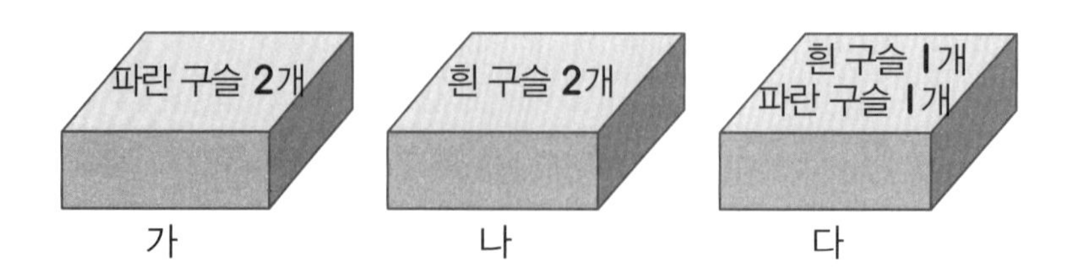

# 올림피아드 예상문제

| 전국예상등위 | | | |
| --- | --- | --- | --- |
| 대상권 | 금상권 | 은상권 | 동상권 |
| 24/25 | 22/25 | 20/25 | 18/25 |

**1** 서로 다른 숫자 ㉮와 ㉯에 대하여 오른쪽과 같은 뺄셈식이 성립한다고 합니다. 이때 ㉯㉮㉮－㉯㉯의 값을 구하시오.

```
   ㉮㉯㉯
 - ㉯㉯㉮
 ─────────
     ㉮㉮
```

**2** 원 모양의 피자가 한 판 있습니다. 이 피자를 7조각으로 나누려면 최소 몇 번을 잘라야 합니까?

**3** 영수는 가지고 있던 구슬 중 $\frac{1}{5}$을 동생에게 주었고, 나머지 구슬 중 $\frac{2}{3}$를 형에게 주었습니다. 형이 받은 구슬이 64개일 때, 영수가 처음에 가지고 있던 구슬은 몇 개입니까?

**4** 들이가 9 L인 물통이 있고, 들이가 물통의 $\frac{1}{3}$인 주전자와 들이가 주전자의 $\frac{1}{5}$인 병이 있습니다. 빈 물통을 가득 채우려면 물은 최소 몇 병이 필요합니까?

**5** 다음과 같이 뛰어서 셀 때, **4936**과 **7411** 사이에 있는 수는 모두 몇 개입니까?

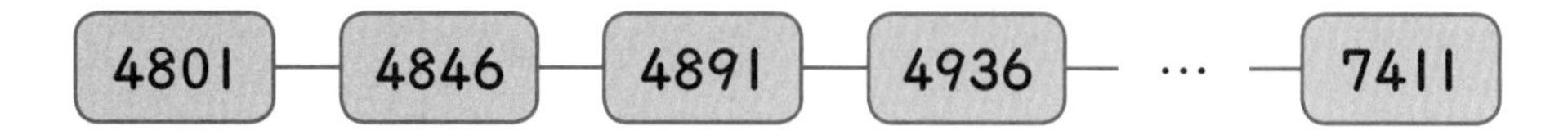


**6** ⬭ 안의 수는 ▭ 안의 두 수의 차를 나타냅니다. 이때 ㉮+㉯+㉰+㉱의 최댓값은 얼마입니까?

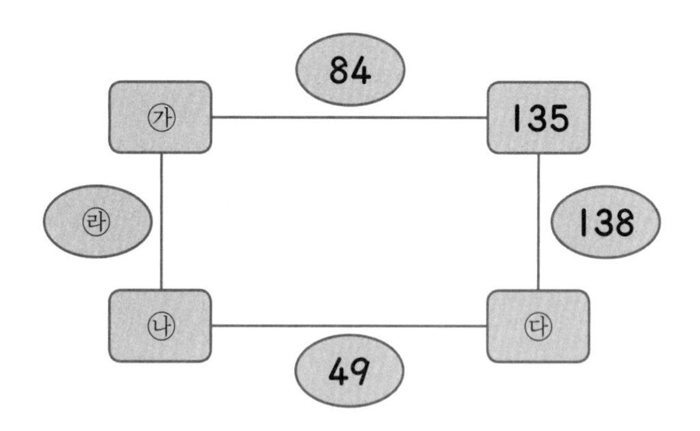


**7** 오른쪽 도형에서 사각형 ㄱㄴㄷㄹ은 정사각형이고, 네 점 ㅁ, ㅂ, ㅅ, ㅇ은 각 변의 가운데 점일 때, 크고 작은 직각삼각형은 모두 몇 개입니까?

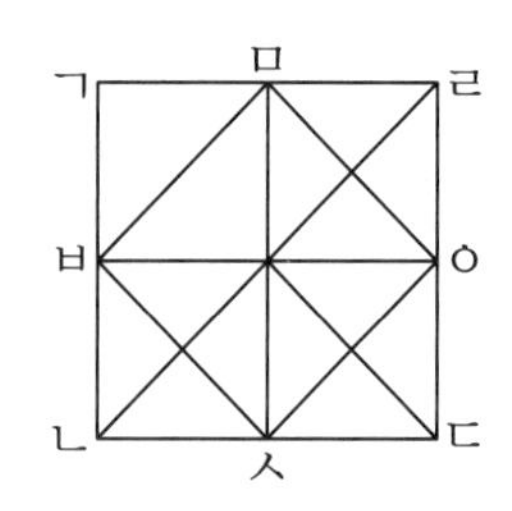

**8** 네 수 가, 나, 다, 라가 있습니다. 가÷나=**3**, 나÷다=**3**, 다÷라=**2**이면 가÷라는 얼마입니까?

**9** 도형의 둘레의 길이는 몇 cm입니까?

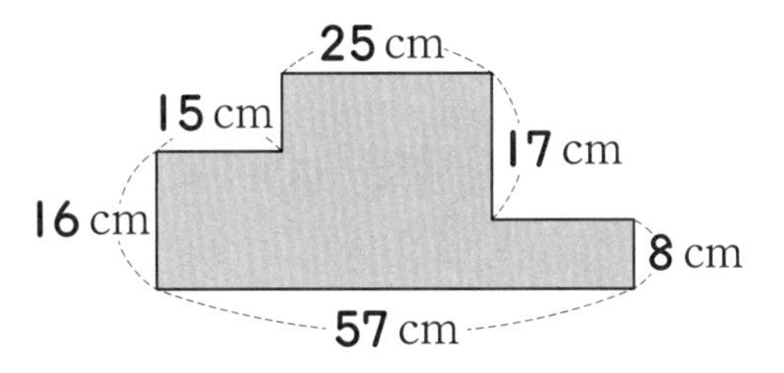


**10** ㉠㉡㉢㉣은 네 자리 수이고, 서로 다른 문자는 서로 다른 숫자를 나타냅니다. 네 자리 수 ㉠㉡㉢㉣을 구하시오.

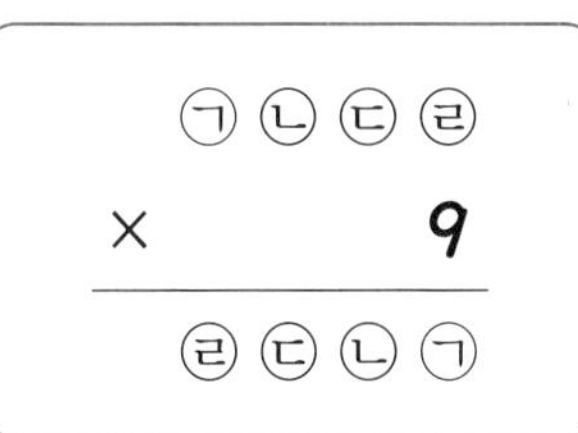

**11** 오른쪽 그림에서 색칠한 부분은 원 가의 넓이의 $\frac{1}{8}$이고, 원 나의 넓이의 $\frac{1}{5}$이라고 합니다. 원 가의 넓이를 40이라고 할 때, 원 나의 넓이는 얼마입니까?

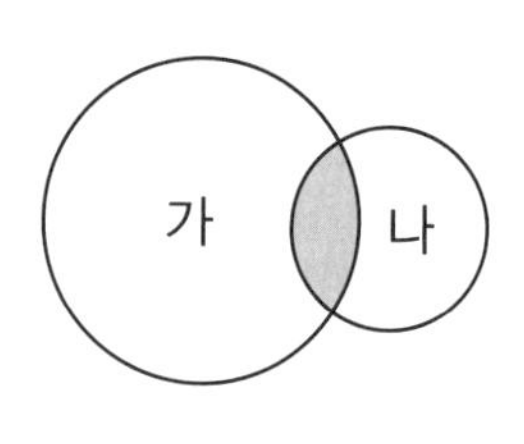


**12** 하루에 2분 30초씩 늦어지는 시계가 있습니다. 12월 3일 낮 12시에 시계를 정확히 맞추어 놓았을 때, 12월 15일 낮 12시에 이 시계가 가리키는 시각을 구하시오.

**13** 길이가 2 m 54 cm, 3 m 15 cm, 306 cm, 232 cm인 4개의 끈을 2개씩 이어서 새로운 끈 2개를 만들려고 합니다. 두 개의 끈의 길이의 차가 가장 작을 때, 그 차는 몇 cm입니까? (단, 이을 때 매듭의 길이는 생각하지 않습니다.)

**14** 크기가 같은 정사각형 **7**개를 겹쳐 놓은 모양입니다. 이 모양의 둘레가 **256** cm일 때 정사각형의 한 변은 몇 cm인지 구하시오.

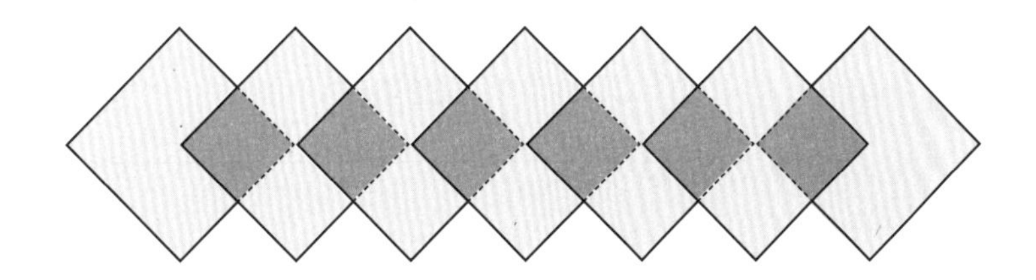

**15** 한초는 국어, 수학, 영어 세 과목을 시험 보았습니다. 국어와 수학 점수의 합은 **188**점이고, 수학과 영어 점수의 합은 **184**점입니다. 수학 점수가 영어 점수보다 **8**점이 더 높을 때, 세 과목의 평균 점수를 구하시오. (단, (평균)=(총점)÷(과목 수)입니다.)

**16** 길이가 **90** cm인 철사를 잘라서 **6** cm짜리 철사 몇 개와 **11** cm짜리 철사 몇 개를 만들려고 합니다. 두 종류의 철사를 적어도 한 개씩 만들고 남는 철사가 없도록 할 때, **6** cm짜리 철사를 몇 개 만들 수 있습니까?

**17** □ 안에 1부터 6까지 6개의 숫자를 한 번씩 써넣어 계산 결과가 가장 작은 뺄셈식을 만들 때 뺄셈식의 답은 얼마입니까?

□□□ − 419 = □□□

**18** 그림과 같은 특수 시계가 있습니다. 짧은바늘이 눈금 한 칸을 움직일 때 긴바늘은 한 바퀴를 돕니다. 긴바늘이 한 바퀴 도는 데 걸리는 시간은 48분입니다. 유승이는 〈그림 1〉인 시각에 산에 오르기 시작하여 〈그림 2〉가 되는 시각에 산을 내려왔습니다. 유승이가 등산한 시간은 몇 분입니까?

〈그림 1〉

〈그림 2〉

**19** 지혜, 가영, 용희는 과녁맞히기놀이를 하여 오른쪽 그림과 같이 맞혔습니다. 모두 3번씩 맞혀서 14점씩 얻었고, 지혜는 1회에 6점판에 맞혔습니다. 가영이는 2점판에 한 번도 맞히지 못했을 때, 용희가 맞힌 점수를 모두 쓰시오.

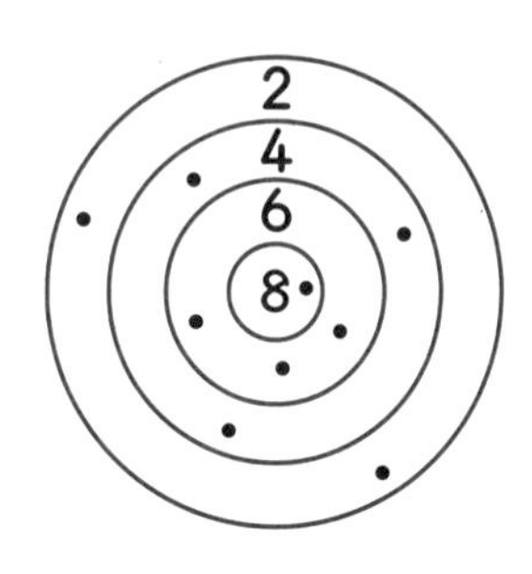

## 20

가로가 8 cm, 세로가 3 cm인 직사각형 모양의 카드가 있습니다. 이 카드를 오른쪽 그림과 같이 늘어놓아 될 수 있는 대로 작은 정사각형을 만들려면 몇 장의 카드가 필요하겠습니까?

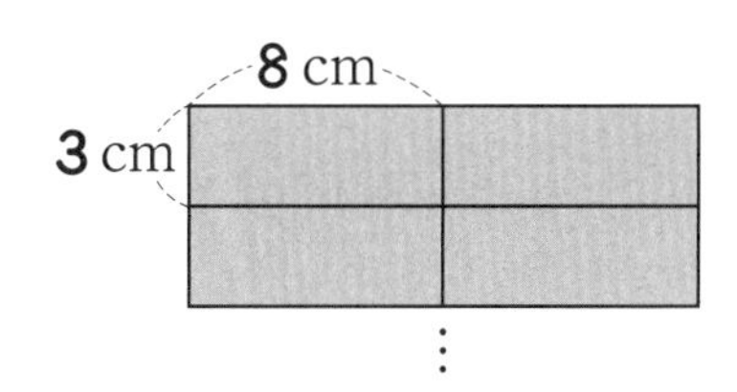


## 21

□ 안에 알맞은 숫자를 써넣으시오.

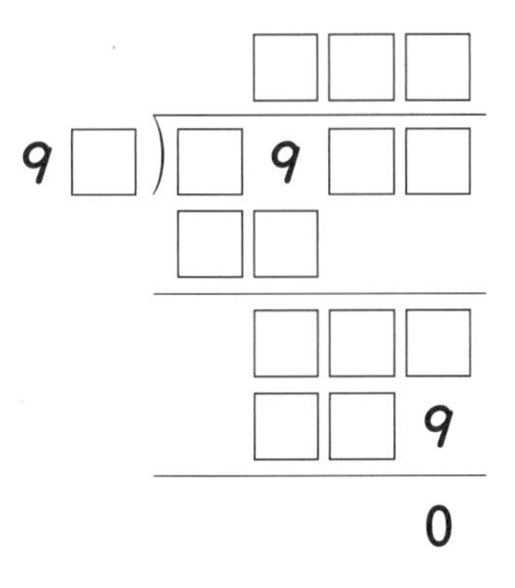


## 22

오른쪽 그림에서 색칠한 직사각형의 둘레가 16 cm일 때 가장 큰 직사각형의 둘레는 몇 cm입니까?

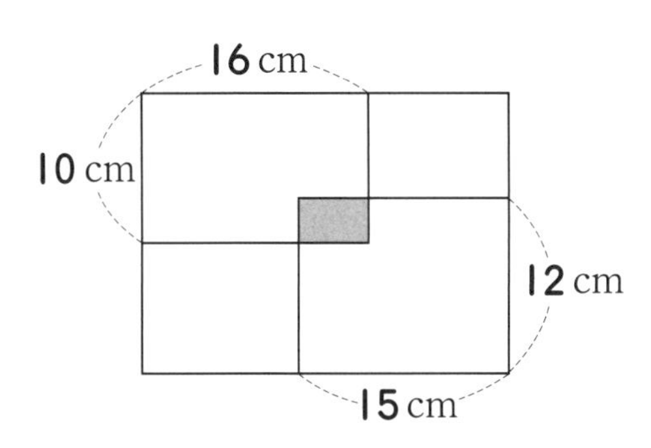

**23** 오른쪽 도형을 보고 물음에 답하시오.

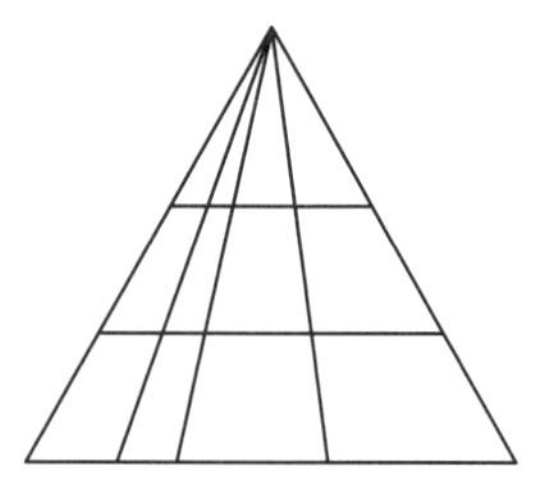

(1) 도형에서 찾을 수 있는 크고 작은 선분은 모두 몇 개입니까?

(2) 도형에서 찾을 수 있는 크고 작은 삼각형은 모두 몇 개입니까?

**24** 이웃한 세 수의 합이 **450**이 되도록 아래의 빈칸에 알맞은 수를 써넣을 때, ★에 알맞은 수를 구하시오.

|  | 123 |  |  |  |  | 250 | ★ |
|---|---|---|---|---|---|---|---|

**25** 네 자리 수인 **3131**은 (백의 자리 숫자)×(십의 자리 숫자)×(일의 자리 숫자)의 곱이 천의 자리의 숫자가 됩니다. 이와 같이 (백의 자리 숫자)×(십의 자리 숫자)×(일의 자리 숫자)의 곱이 천의 자리 숫자가 되는 수는 모두 몇 개입니까?

# 올림피아드 예상문제

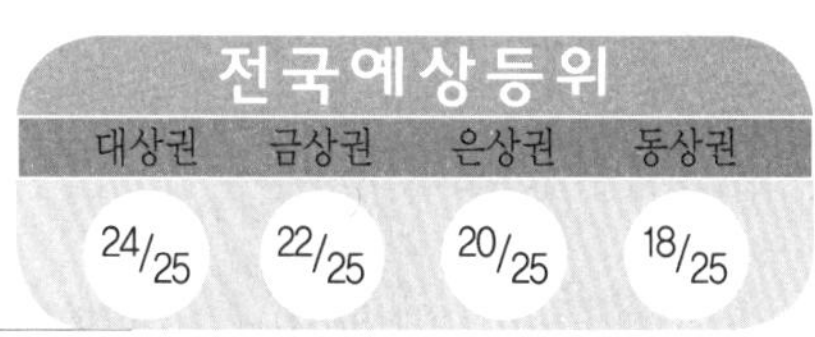


**1** 2, 4, 6, 8, …과 같은 수를 짝수라 하고, 1, 3, 5, 7, …과 같은 수를 홀수라 합니다. 1부터 1500까지의 수 중에서 홀수끼리의 합과 짝수끼리의 합의 차를 구하시오.

**2** 어떤 두 자리 수를 17로 나누면 몫은 ㉠이고 나머지는 ㉡입니다. ㉠+㉡의 값이 가장 클 때의 값을 구하시오.

**3** 물의 깊이를 재기 위해 막대를 바닥에 수직으로 세웠더니 8 m가 남았고 이 막대를 반으로 잘라서 바닥에 수직으로 세웠더니 4 m가 모자랐습니다. 물의 깊이는 몇 m입니까?

**4** 다음과 같은 규칙에 따라 분수를 늘어놓을 때, □ 안에 알맞은 수를 써넣으시오.

$$\frac{1}{4} \quad \frac{2}{7} \quad \frac{3}{10} \quad \frac{4}{13} \quad \frac{5}{16}$$

(1) $\frac{\square}{22}$　　(2) $\frac{11}{\square}$　　(3) $\frac{\square}{61}$

**5** 예슬이와 상연이는 각각 다음과 같이 4장의 숫자 카드를 가지고 있습니다. 예슬이와 상연이가 각각 자기가 가지고 있는 서로 다른 두 장의 숫자 카드로 두 자리의 자연수를 만들 때 상연이가 만든 수가 예슬이가 만든 수로 나누어떨어지는 것은 모두 몇 쌍입니까?

예슬 : 1 3 5 7

상연 : 2 4 6 8

**6** 하루에 4명씩 15일 만에 끝낼 수 있는 일이 있습니다. 이 일을 10일 만에 끝마치려면 하루에 몇 명씩 일을 해야 합니까? (단, 한 사람이 하루에 하는 일의 양은 일정합니다.)

**7** 영수는 가지고 있던 구슬의 $\frac{1}{5}$을 동생에게 주었고, 동생에게 주고 남은 구슬의 $\frac{1}{3}$을 형에게 주었습니다. 형이 받은 구슬의 개수가 8개일 때, 영수가 처음에 가지고 있던 구슬은 몇 개입니까?

**8** 네 장의 숫자 카드 0, 2, 4, 8 중 **3**장을 골라 **5**와 **12**로 나누어떨어지는 세 자리 수를 만들려고 합니다. 세 자리 수는 모두 몇 개 만들 수 있습니까?

**9** 물통에 물을 넣고 있습니다. 물을 넣기 시작한 시각부터 **5**분 후 물통의 $\frac{1}{4}$이 찼다면, **11**분 후에는 물통의 몇 분의 몇이 차겠습니까?

**10** **1**시간에 **66** km의 빠르기로 달리는 자동차가 ㉮에서 ㉯까지 가는 데 **3**시간 **40**분이 걸렸습니다. ㉮에서 ㉯까지의 거리는 몇 km입니까?

**11** 큰형, 작은형, 동민이가 있습니다. 큰형과 작은형의 나이의 곱은 **323**, 작은형과 동민이의 나이의 곱은 **238**입니다. 각각의 나이를 구하시오.

**12** 가영이네 학교의 **3**학년 학생 수는 **300**명과 **350**명 사이입니다. **6**줄로 세워도, **7**줄로 세워도 남는 어린이가 없이 꼭 맞았다면 **3**학년 학생은 모두 몇 명입니까?

**13** 오른쪽 그림은 **3**개의 반원을 겹쳐 놓은 것입니다. 그림에서 색칠한 부분의 둘레의 길이를 구하시오. (단, 원의 둘레의 길이는 지름의 **3**배로 계산합니다.)

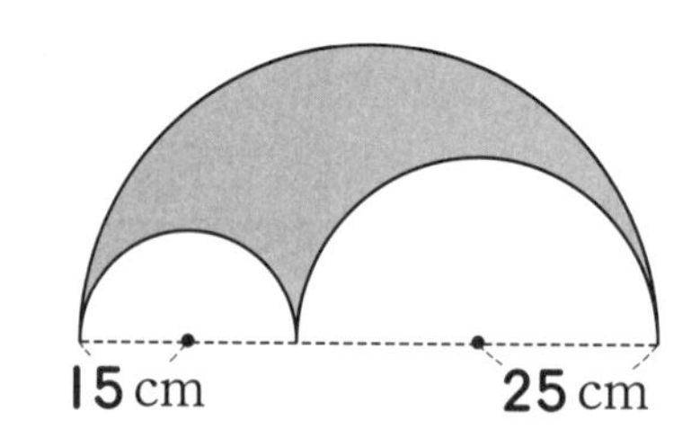

**14** 벽돌 72장을 나르는데 아버지 혼자서 하면 24분이 걸리고, 석기 혼자서 하면 36분이 걸립니다. 아버지와 석기가 함께 벽돌 360장을 나르는 데 걸리는 시간은 몇 분입니까?

**15** 어느 직사각형의 가로의 길이를 3 cm 늘이고, 세로의 길이를 3 cm 줄였더니 둘레의 길이가 132 cm인 정사각형이 되었습니다. 처음 직사각형의 가로와 세로의 길이를 각각 구하시오.

**16** 매일 그 수가 2배로 늘어나는 세균 한 마리를 병에 넣었더니 그 병이 가득 차는 데 24일이 걸렸습니다. 병의 $\frac{1}{4}$이 차는 데에는 며칠이 걸렸겠습니까?

**17** 오른쪽 도형에서 두 사각형 ㄱㄴㄷㄹ과 ㅁㄴㅂㅅ은 정사각형입니다. 도형 ㄱㄴㄷ은 원의 $\frac{1}{4}$일 때, 선분 ㅁㅂ의 길이는 몇 cm입니까?

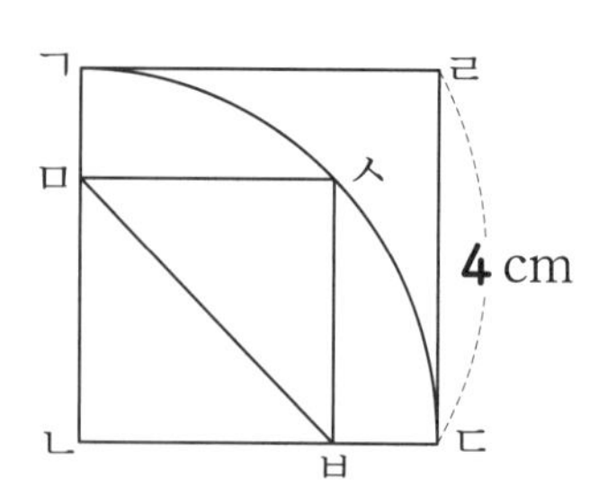


**18** 표는 1부터 900까지의 수를 배열한 것입니다. (△1, ②)=4, (△3, ③)=7로 나타낼 때, (△12, ⑮)의 값은 얼마입니까?

| | ① | ② | ③ | ④ | ⑤ | | ㉙ | ㉚ |
|---|---|---|---|---|---|---|---|---|
| △1 | 1 | 4 | 9 | 16 | 25 | | | 900 |
| △2 | 2 | 3 | 8 | 15 | 24 | … | | |
| △3 | 5 | 6 | 7 | 14 | 23 | | | |
| △4 | 10 | 11 | 12 | 13 | 22 | | | |
| △5 | 17 | 18 | 19 | 20 | 21 | | | |
| | | ⋮ | | | | ⋱ | | |
| △29 | | | | | | | | |
| △30 | | | | | | | | |

**19** 다음 계산식에서 □ 안에 모두 같은 수를 넣어 등식이 성립하도록 하려고 합니다. □ 안에 알맞은 수를 구하시오.

$$(\square+\square)+(\square-\square)+(\square\times\square)+(\square\div\square)=196$$

**20** 두 수 30, 31의 각 자리의 숫자를 더하면 $3+0+3+1=7$입니다. 1부터 200까지의 자연수의 각 자리의 숫자를 더한 후 3으로 나누면 얼마가 됩니까?

**21** M, A, T, H는 서로 다른 숫자를 나타냅니다. M, A, T, H에 알맞은 숫자를 각각 구하시오.

$$\begin{array}{r} \mathrm{M\,A\,T\,H} \\ \mathrm{A\,T\,H} \\ \mathrm{T\,H} \\ +\quad\quad \mathrm{H} \\ \hline 2\,0\,0\,0 \end{array}$$

**22** 각 주사위의 6개 면에는 각각 1부터 6까지의 수가 쓰여져 있고, 빈대편의 두 면에 쓰여져 있는 두 수의 합은 모두 7입니다. 주사위 5개를 붙여서 오른쪽 그림과 같은 모양을 만들었을 때, 붙어 있는 두 면에 쓰여진 수의 합은 모두 8입니다. 그림에서 ㉮에 쓰여져 있는 수를 구하시오.

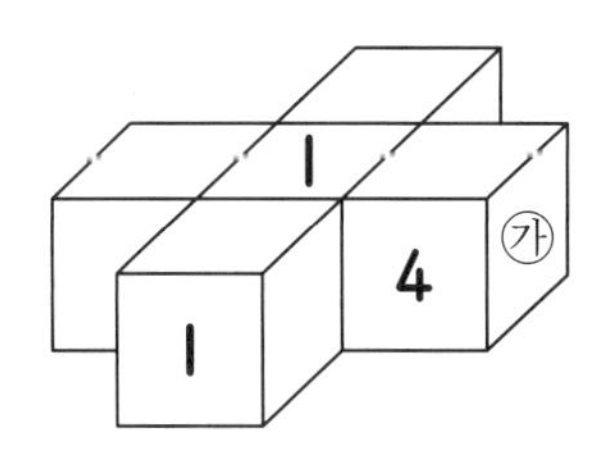

**23** 오른쪽 그림과 같은 규칙으로 성냥개비를 사용하여 삼각형 모양으로 늘어놓았습니다. 가장 큰 삼각형의 한 변에 10개의 성냥개비가 놓였을 때, 사용된 성냥개비의 개수는 모두 몇 개입니까?

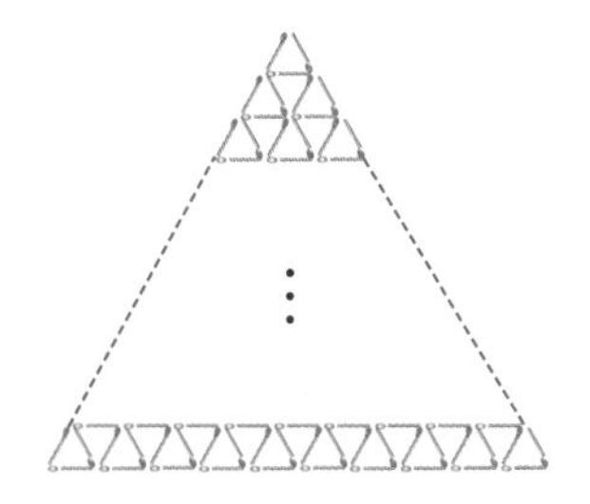

**24** 오른쪽 그림은 정삼각형 2개를 겹쳐서 변과 변이 만나는 점을 표시한 것입니다. 정삼각형 3개를 겹쳐서 변과 변이 만나는 점을 가장 많게 하였을 때, 그 점은 모두 몇 개입니까?

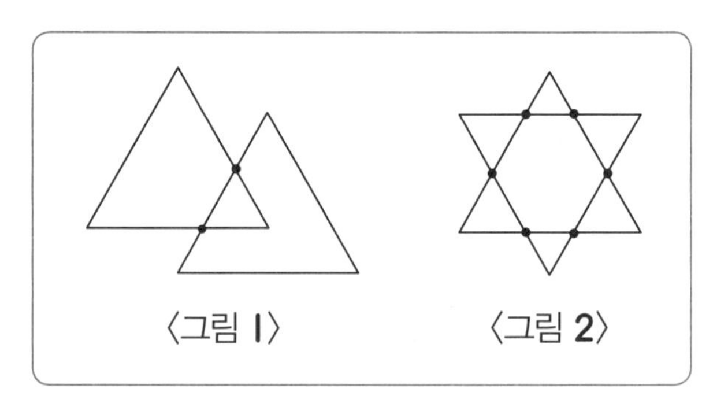
〈그림 1〉 〈그림 2〉

**25** 80명의 학생이 캠프를 갔는데 그 중 남학생은 50명이고, 여학생은 30명입니다. 학생들이 사용할 수 있는 방의 정원은 11명, 7명, 5명으로 3종류의 방이 있습니다. 남녀 학생이 서로 다른 방을 사용하려면 최소 몇 개의 방이 필요합니까? (단, 모든 방에는 정원이 모두 채워져야 합니다.)

# 올림피아드 예상문제

| 전국예상등위 | | | |
|---|---|---|---|
| 대상권 | 금상권 | 은상권 | 동상권 |
| 24/25 | 22/25 | 20/25 | 18/25 |

**1** 표의 빈칸에 바로 앞 칸의 수에서 같은 수를 뺀 수를 차례로 적어 넣으려고 합니다. ㉮에 들어갈 수는 얼마입니까?

| 524 | | | ㉮ | | | | 223 |
|---|---|---|---|---|---|---|---|

**2** 7을 100번 곱한 수를 5로 나누었을 때의 나머지를 구하시오.

**3** 다음과 같은 규칙으로 수를 늘어놓을 때, 처음부터 몇 번째 수까지 더해야 그 합이 500이 되겠습니까?

1, 3, 3, 3, 5, 5, 5, 5, 5, 7, 7, 7, ⋯

**4** 천의 자리의 숫자가 3이고, 십의 자리의 숫자가 9인 네 자리 수 중에서 백의 자리의 숫자를 □, 일의 자리의 숫자를 △라 할 때, □+△의 합이 7이 되는 수는 모두 몇 개입니까?

**5** **3756**보다 크고 **4332**보다 작은 네 자리 수 중에서 백의 자리의 숫자와 십의 자리의 숫자가 같은 수는 모두 몇 개입니까?

**6** 세 수 ㉮, ㉯, ㉰가 있습니다. ㉮÷㉯=**15**이고 ㉯÷㉰=**5**이면, ㉮÷㉰는 얼마입니까?

**7** 오른쪽 도형에서 찾을 수 있는 크고 작은 사각형은 모두 몇 개입니까?

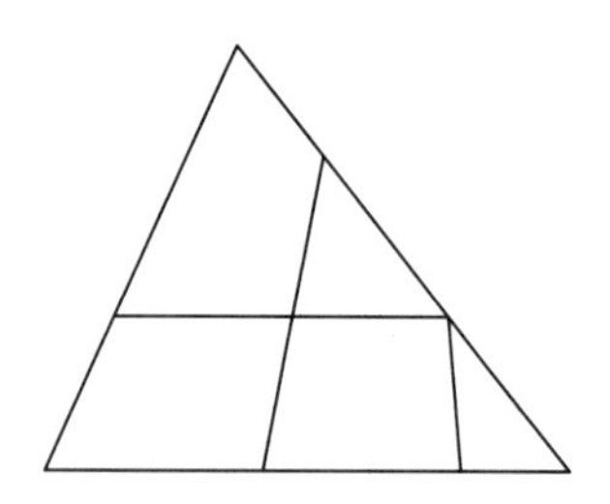

**8** ㉠은 2를 17개 곱한 수이고, ㉡은 5를 22개 곱한 수입니다. ㉠×㉡은 몇 자리 수입니까?

**9** 떨어진 높이의 $\frac{4}{5}$만큼 튀어오르는 공이 있습니다. 이 공을 125 m 높이에서 떨어뜨렸을 때, 세 번째로 튀어오른 높이는 몇 m입니까?

**10** 보기 는 전자시계에서 시각을 나타내는 각 숫자를 더한 것입니다.

보기

〈오후 2시 35분〉

2:35 ➡ 2+3+5=10

공연이 시작한 시각은 보기 의 방법으로 나타내었을 때 오후 2시 이후 6번째로 15가 되는 시각이고, 공연이 끝난 시각은 보기 의 방법으로 나타내었을 때 오후 2시 이후 8번째로 16이 되는 시각입니다. 전체 공연 시간은 몇 분입니까?

## 11

[4], [0], [8]을 한 번씩 사용하여 만든 세 자리 수 중 두 번째로 큰 수와 [5], [2], [7]을 한 번씩 사용하여 만든 세 자리 수 중 세 번째로 작은 수의 차는 얼마입니까?

## 12

어떤 수의 $\frac{1}{5}$과 49의 $\frac{3}{7}$을 곱하였더니 525가 되었습니다. 어떤 수에 7을 곱하면 얼마입니까?

## 13

오른쪽 그림과 같이 둘레가 96 m인 정사각형 모양의 땅 안에 정사각형 모양의 꽃밭을 만들었습니다. 이 꽃밭의 한 변의 길이는 몇 m입니까?

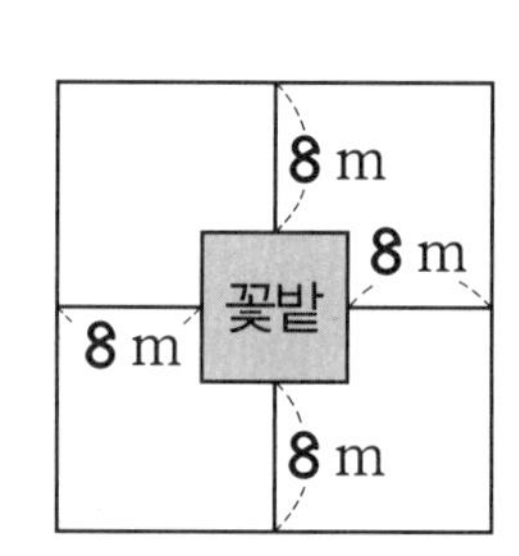

**14** 오른쪽 그림과 같은 규칙으로 선분 위에 원의 중심을 찍고, 가장 왼쪽부터 원을 차례로 그려 나갑니다. 이 선분의 길이가 **5** m일 때, 선분 안에 그려지는 원은 모두 몇 개입니까?

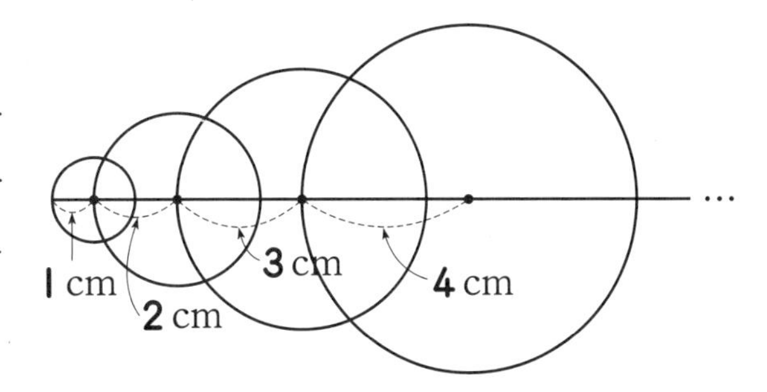


**15** 가로와 세로가 각각 **29** cm와 **19** cm인 종이를 잘라 가로와 세로가 각각 **3** cm와 **4** cm인 카드를 만들려고 합니다. 카드는 최대 몇 장까지 만들 수 있습니까?

**16** 오른쪽 막대그래프는 ㉮, ㉯, ㉰, ㉱ 그릇 속에 들어 있는 물의 양을 나타낸 것입니다. ㉮, ㉯, ㉰, ㉱ 그릇 속에 들어 있는 물의 양이 모두 **84** L라면 ㉱ 그릇 속에 들어 있는 물의 양은 몇 L입니까?

| 물의 양 / 그릇 | (L) |
|---|---|
| ㉮ | |
| ㉯ | |
| ㉰ | |
| ㉱ | |

**17** 규칙에 따라 수를 늘어놓았습니다. 2025번째 수는 얼마입니까?

1, 5, 7, 11, 13, 17, 19, …

**18** 보기 에서 규칙을 찾아 (3☆6)+(9☆7)을 계산한 값은 얼마입니까?

보기

3☆5=12　　4☆6=20　　8☆9=64

**19** 크기가 같은 검은색과 흰색의 쌓기나무를 교대로 쌓아서 오른쪽 그림과 같이 상자 모양을 만들었습니다. 같은 색의 쌓기나무가 이웃하지 않을 때, 흰색 쌓기나무는 모두 몇 개 사용되었습니까?

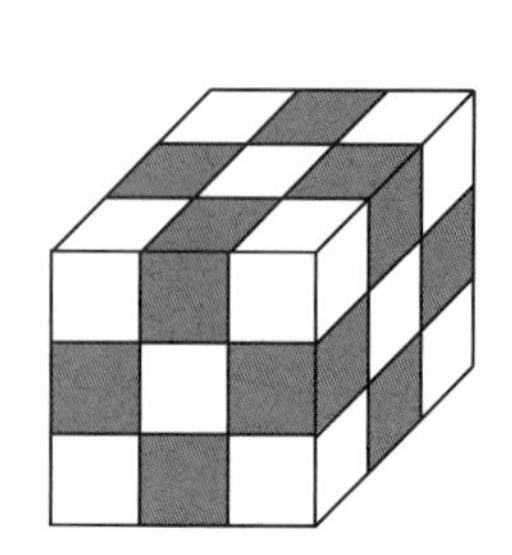

**20** 규형이는 방학 동안 책을 읽기로 하고 다음과 같은 계획을 세웠습니다. 규형이가 매일 쉬지 않고 같은 빠르기로 책을 읽는다면, 규형이가 책을 읽기 시작해야 할 시각은 몇 시 몇 분입니까?

- 매일 200쪽씩 책을 읽습니다.
- 오전 11시까지 전체의 $\frac{1}{5}$을 읽습니다.
- 오후 1시까지 전체의 $\frac{4}{5}$를 읽습니다.

**21** 1부터 10까지의 수를 ○ 안에 한 번씩 써넣어서 각 변 위의 세 수의 합이 같고, 그 합이 최대가 되도록 할 때 각 변 위의 세 수의 합은 얼마입니까?

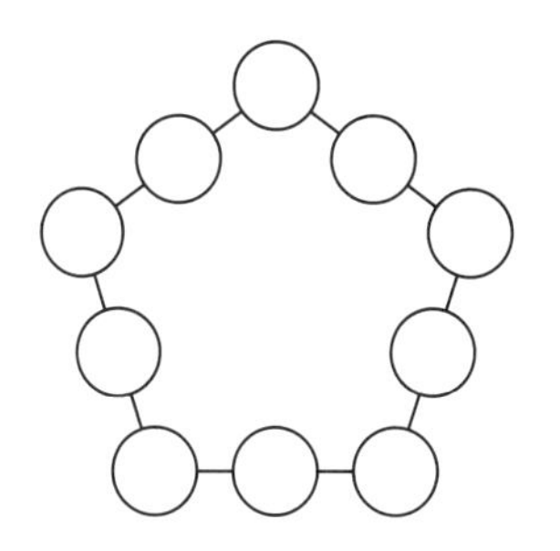

**22** 오른쪽 그림에서 찾을 수 있는 ★이 포함된 크고 작은 직사각형의 개수를 구하시오.

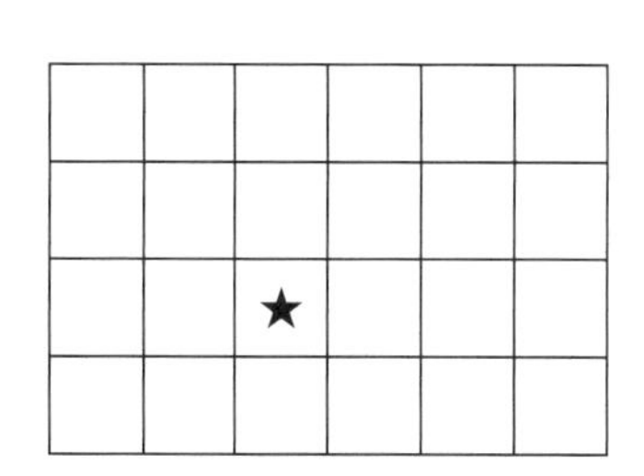

**23** 3, 4, 5, 6, 7 …과 같이 1씩 커지는 자연수를 연속된 자연수라고 합니다. 연속된 자연수 25개의 합이 $24 \times 25$라고 할 때, 이 25개의 연속된 자연수 중 가장 큰 수와 가장 작은 수의 곱은 얼마입니까?

**24** 가로가 450 mm, 세로가 175 mm인 직사각형 모양의 종이에서 가장 큰 정사각형을 잘라내고 그 나머지 부분에서도 가장 큰 정사각형을 잘라내려고 합니다. 이와 같은 과정을 반복하여 잘라낸 정사각형은 최대 몇 개입니까?

**25** 방학 중 비상연락망을 다음과 같이 만들었습니다. 1단계로 학교에서 2명의 학생에게 전화를 하고, 2단계에서는 전화를 받은 2명의 학생이 각각 또 다른 2명의 학생에게 전화를 합니다. 이와 같은 방법으로 3학년 전체 학생 254명에게 모두 전화를 하려면 몇 단계를 거쳐야 합니까?

# 올림피아드 예상문제

| 전국예상등위 | | | |
|---|---|---|---|
| 대상권 | 금상권 | 은상권 | 동상권 |
| 24/25 | 22/25 | 20/25 | 18/25 |

**1** 13개의 연속되는 홀수의 합은 1625입니다. 그중 가장 큰 홀수는 무엇입니까? (단, 홀수는 2로 나누어떨어지지 않는 수입니다.)

**2** 1부터 100까지의 자연수 중에서 5 또는 7로 나누어떨어지지 않는 모든 수들의 합을 구하시오.

**3** 똑같은 양의 우유가 들어 있는 6개의 통에서 우유를 5 L씩 꺼내었더니, 각각의 통에 남은 우유의 양의 합이 처음에 하나의 통에 들어 있던 우유의 양과 같아졌습니다. 처음에 하나의 통에 들어 있던 우유는 몇 L입니까?

**4** 원에 선분을 그어 몇 부분으로 나누려고 합니다. 선분 5개를 그을 때 최대 몇 부분으로 나누어집니까?

**5** 식빵 1개와 크림빵 6개의 값은 3600원이고, 같은 식빵 2개와 크림빵 4개의 값은 4800원입니다. 식빵 1개의 값은 얼마입니까?

**6** 5장의 숫자 카드 중에서 서로 다른 3장을 뽑아 세 수의 곱을 구할 때, 모든 곱의 합을 구하시오.

**7** 오른쪽 그림과 같이 반원의 둘레 위에 6개의 점이 있습니다. 이 점 중 3개의 점을 꼭짓점으로 하는 삼각형은 모두 몇 개 만들 수 있습니까?

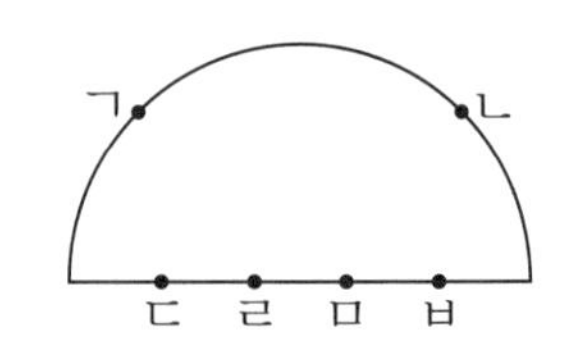

**8** 네 자리 수 ㉠55㉡은 36으로 나누어떨어집니다. 물음에 답하시오.

(1) ㉠+㉡의 값은 얼마입니까?

(2) ㉠55㉡이 가장 큰 수일 때와 가장 작은 수일 때의 차를 36으로 나누면 몫은 얼마입니까?

**9** 규칙을 찾아 □ 안에 알맞은 수를 써넣으시오.

$$1 \times 8 + 1 = 9$$
$$12 \times 8 + 2 = 98$$
$$123 \times 8 + 3 = 987$$
$$1234 \times 8 + 4 = 9876$$
$$\vdots$$
$$\square \times 8 + 9 = 987654321$$

**10** 세 수 ㉮, ㉯, ㉰가 있습니다. ㉮와 ㉯의 합은 54, ㉯와 ㉰의 합은 60, ㉰와 ㉮의 합은 56입니다. ㉯를 구하시오.

**11** 가와 나는 33보다 크고 179보다 작은 서로 다른 자연수입니다. 오른쪽 식을 보고 물음에 답하시오.

$$\frac{가\times나}{가-나}$$

(1) 식의 계산 결과가 가장 작을 때, 가와 나는 각각 얼마입니까?

(2) 식의 계산 결과가 가장 클 때, 가와 나는 각각 얼마입니까?

**12** 오른쪽과 같이 한솔이가 수를 말하면 유승이는 규칙에 따라 답을 합니다. 한솔이가 57을 말하면 유승이는 어떤 수로 답해야 합니까?

| 한솔 | | 유승 |
|---|---|---|
| 13 | → | 16 |
| 25 | → | 49 |
| 35 | → | 64 |
| 72 | → | 81 |
| 57 | → | □ |

**13** 오른쪽 그림은 똑같은 원 2개를 겹쳐 놓은 것입니다. 색칠되지 않은 부분이 원 1개의 $\frac{5}{9}$일 때, 그림에서 색칠된 부분은 전체의 몇 분의 몇입니까?

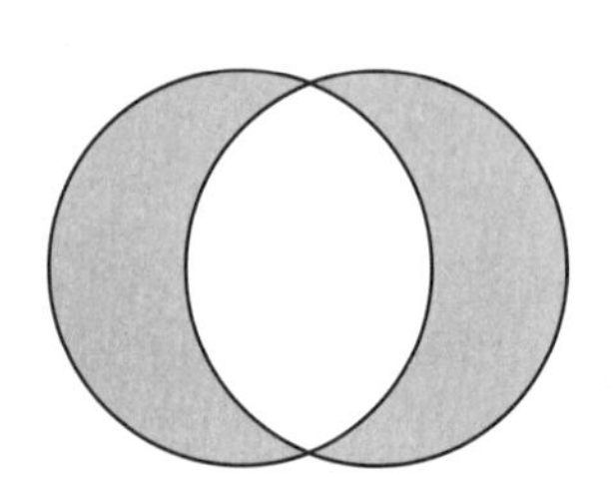

**14** 한별이네 반 학생들에게 색종이를 나누어 주려고 합니다. 한 명에게 7장씩 나누어 주면 8장이 남고, 6명에게 15장씩 나누어 주고 나머지 학생들에게 5장씩 나누어 주면 남김없이 모두 나누어 줄 수 있습니다. 한별이네 반 학생들에게 나누어 줄 색종이는 모두 몇 장입니까?

**15** 오른쪽 그림과 같이 정사각형의 가운데 점에서 시작하여 서쪽으로 2 cm 5 mm, 북쪽으로 5 cm, 동쪽으로 7 cm 5 mm, 남쪽으로 10 cm, …와 같은 방법으로 선을 계속 그어 정사각형의 한 변에 닿으려면, 최소 몇 cm 몇 mm를 그어야 합니까?

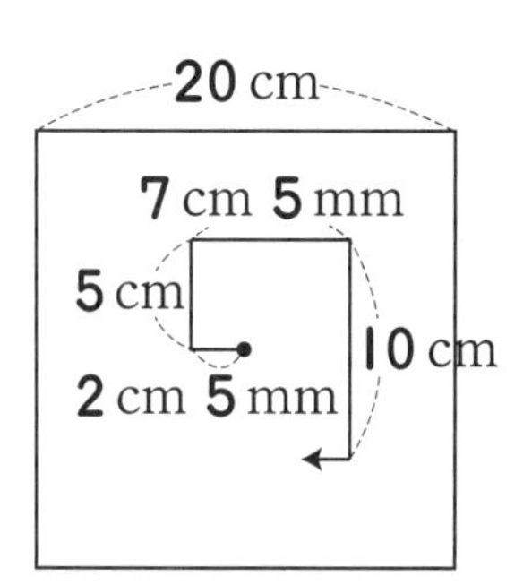


**16** 수를 규칙에 따라 늘어놓은 것입니다. □ 안에 알맞은 수를 써넣으시오.

$\frac{1}{2}$, $\frac{2}{3}$, $\frac{3}{5}$, $\frac{5}{8}$, $\frac{8}{13}$, □, □, $\frac{34}{55}$

**17** 한솔이네 마을 사람은 300명이고, 그중에서 남자는 140명입니다. 마을 사람들 중 학생은 130명이고, 그중 60명은 여학생입니다. 남자 중 학생이 아닌 사람은 몇 명입니까?

**18** 오른쪽 그림에서 원 가의 반지름은 원 나의 반지름의 2배이고, 원 나와 원 다의 크기는 같습니다. 삼각형은 세 원의 중심을 연결한 도형이고, 삼각형의 둘레의 길이는 65 cm입니다. 원 가의 지름은 몇 cm입니까?

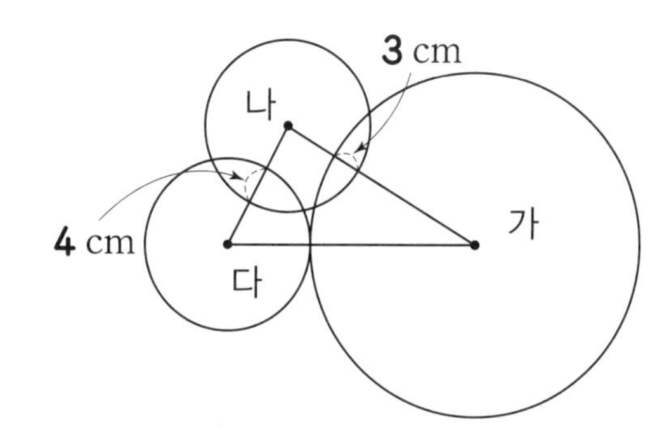


**19** 3개의 톱니바퀴가 서로 맞물려 돌아가고 있습니다. 가 톱니 수는 6개, 나 톱니 수는 8개, 다 톱니 수는 4개일 때, 가 톱니바퀴가 12바퀴 돌면, 다 톱니바퀴는 몇 바퀴 돌겠습니까?

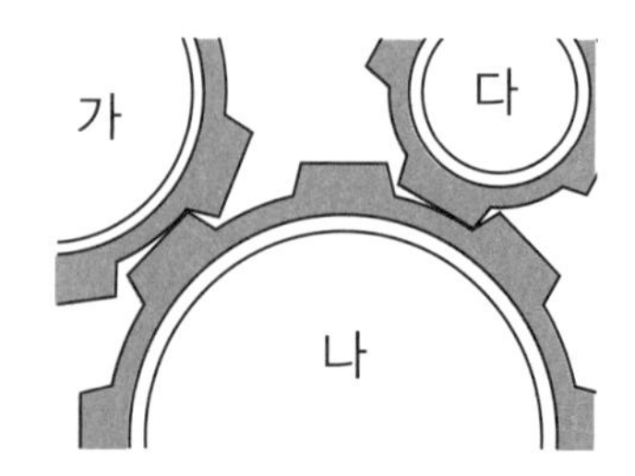

**20** 수가 규칙적으로 나열되어 있습니다. 처음부터 100번째 수까지의 합을 구하였을 때, 백의 자리의 숫자는 무엇입니까?

1, 10, 101, 1010, 10101, 101010, ⋯

**21** 오른쪽 그림에서 찾을 수 있는 크고 작은 모든 직사각형의 개수를 구하시오.

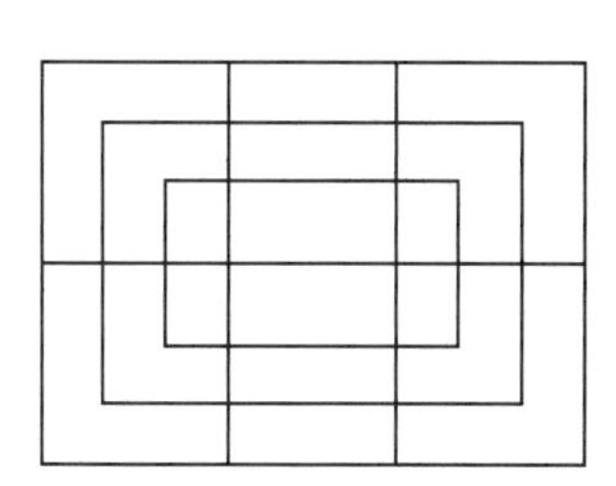

**22** 주머니에 흰색, 검은색, 빨간색, 파란색, 노란색, 초록색의 공이 각각 몇 개씩 들어 있습니다. 반드시 같은 색 공 2개를 꺼내려면 최소한 몇 개의 공을 꺼내야 되겠습니까?

**23** 오른쪽 그림과 같이 안이 꽉 찬 정사각형 모양으로 150개에서 250개 사이의 바둑돌을 늘어놓은 후, A가 먼저 시작하여 A와 B가 번갈아가면서 바둑돌을 8개씩 가져갔습니다. 맨 마지막에 B가 1개의 바둑돌을 가져갔다면 B가 가져간 바둑돌은 모두 몇 개입니까?

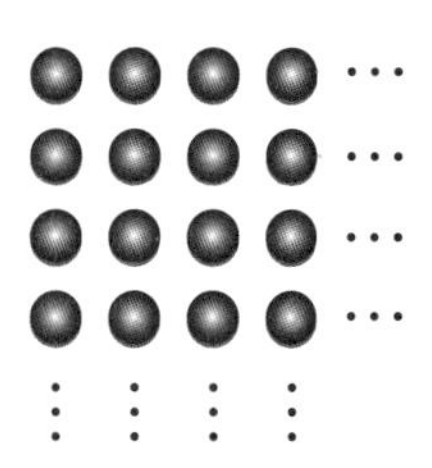

**24** 주어진 수들은 앞의 두 수를 곱한 후, 곱의 일의 자리의 숫자를 늘어놓은 것입니다. 이와 같은 규칙으로 수를 늘어놓을 때, 1000번째에 놓이는 수는 무엇입니까?

3, 8, 4, 2, 8, 6, 8, ···

**25** 영수, 지혜, 용희, 가영, 석기는 서로 한 번씩 탁구 경기를 했습니다. 지금까지 영수는 4경기, 지혜는 3경기, 용희는 2경기, 가영이는 1경기를 했다면 석기는 몇 경기를 했겠습니까?

# 올림피아드 예상문제

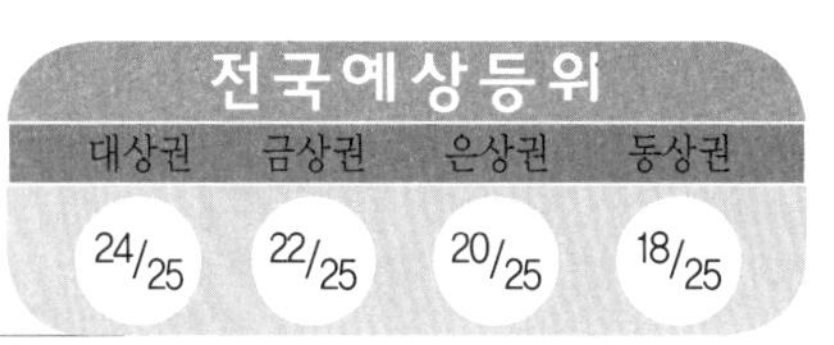


**1** 예빈이는 올해 **6**살이고 이모는 **26**살입니다. 이모의 나이가 예빈이의 나이의 **3**배가 되는 때는 지금으로부터 몇 년 후입니까?

**2** **6**과 **8**이 쓰여 있는 두 종류의 카드가 **8**장 있습니다. 이 카드에 쓰여진 수를 모두 더하면 **54**가 될 때, **6**이 쓰여 있는 카드는 몇 장입니까?

**3** 어느 분수의 분자와 분모의 합은 **25**이고, 분모를 분자로 나누었더니 몫은 **5**, 나머지는 **1**이었습니다. 이 분수를 구하시오.

**4** 다음 숫자 카드를 한 번씩만 사용하여 두 개의 세 자리 수를 만들려고 합니다. 만든 두 수의 차 중에서 가장 작은 값을 구하시오.

**5** 천의 자리의 숫자가 4이고, 백의 자리의 숫자가 9인 네 자리 수 중에서 십의 자리의 숫자와 일의 자리의 숫자의 합이 6이 되는 수는 모두 몇 개입니까?

**6** 소금이 전체의 $\frac{1}{16}$만큼 들어 있는 소금물 48 g과 소금이 전체의 $\frac{1}{28}$만큼 들어 있는 소금물 112 g이 있습니다. 두 소금물을 섞었을 때 소금물에는 몇 g의 소금이 들어 있겠습니까?

**7** 다음과 같이 쌓기나무를 규칙적으로 쌓을 때, 15번째에 놓이는 모양을 만들려면 쌓기나무는 몇 개 필요합니까?

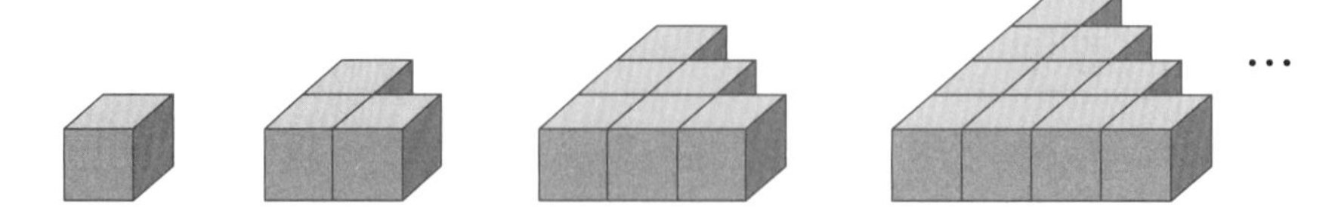

**8** 다음과 같이 수를 나열하여 6개의 수를 직사각형으로 묶었더니 그 안의 수의 합이 81이었습니다. 이와 같이 묶은 6개의 수의 합이 459일 때, 그 수들 중 가장 큰 수를 구하시오.

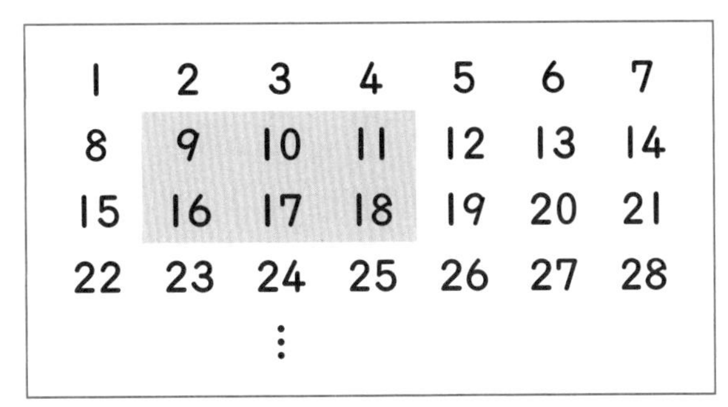

| | | | | | | |
|---|---|---|---|---|---|---|
| 1 | 2 | 3 | 4 | 5 | 6 | 7 |
| 8 | 9 | 10 | 11 | 12 | 13 | 14 |
| 15 | 16 | 17 | 18 | 19 | 20 | 21 |
| 22 | 23 | 24 | 25 | 26 | 27 | 28 |
| | | ⋮ | | | | |

**9** $1+2+3+\cdots+10=55$를 이용하여 $8+16+24+\cdots+80$을 구하시오.

**10** □ 안에 1부터 9까지의 숫자를 한 번씩 써넣어 식이 성립하도록 하시오.

$$\square \div \square = \square \div \square = \square\square\square \div \square\square = 3$$

**11** 사과, 귤, 감 **3**가지 과일이 있습니다. 귤의 개수를 사과의 개수로 나누면 $\frac{5}{8}$가 되고 감의 개수를 귤의 개수로 나누면 $\frac{2}{15}$가 됩니다. 감의 개수를 사과의 개수로 나누면 얼마가 되겠습니까?

**12** 수 **2**, **4**, **6**, **8**, **10**, …을 다음과 같은 규칙으로 묶었습니다. **10**번째 묶음에 있는 수의 합을 구하시오.

(**2**), (**4**, **6**), (**8**, **10**, **12**), …

**13** 오른쪽 도형에서 찾을 수 있는 크고 작은 직각삼각형은 모두 몇 개입니까?

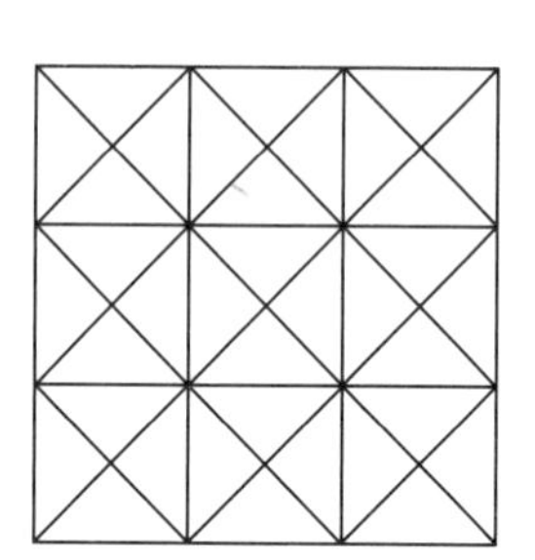

**14** 아버지의 시계는 하루에 **42**초씩 늦어진다고 합니다. 지금 시계를 **8**시 **5**분 **35**초로 맞추어 놓으면 정확히 **120**시간 후 아버지의 시계는 몇 시 몇 분 몇 초를 가리키겠습니까?

**15** ㉮, ㉯, ㉰ 세 종류의 구슬이 담긴 세 접시의 무게가 모두 같습니다. ㉮ 구슬 **1**개와 ㉯ 구슬 **1**개의 무게의 합은 ㉰ 구슬 몇 개의 무게와 같습니까? (단, 접시의 무게는 같습니다.)

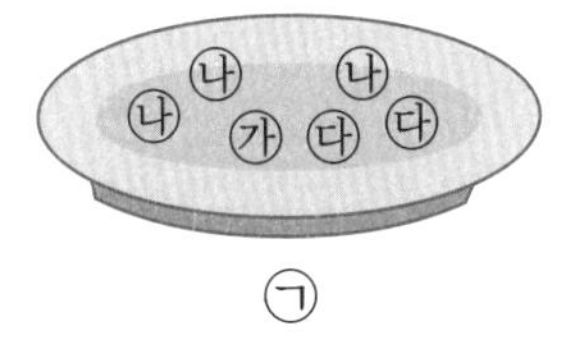

㉠

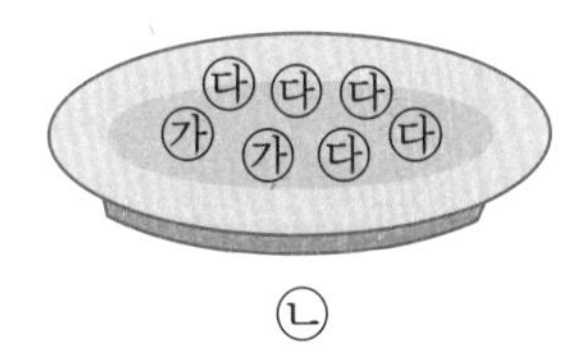

㉡

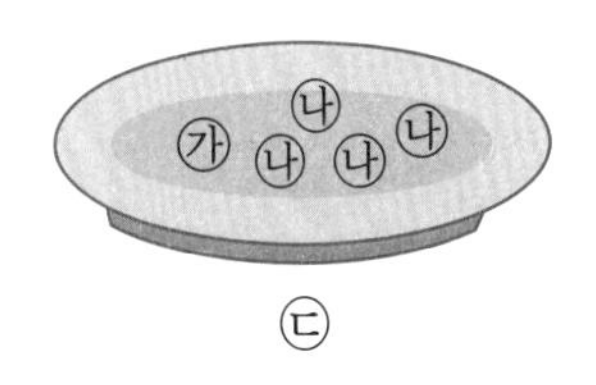

㉢

**16** ㉠과 ㉡이 각각 한 자리의 자연수일 때, ㉠과 ㉡을 각각 구하시오.

- ㉠+㉠+㉠=㉡+**19**
- **3**㉠×㉡**1**=㉠㉠㉠

**17** 6장의 서로 다른 숫자 카드를 모두 사용하여 보기 와 같은 세 자리 수를 각각 만들었습니다. 만든 수의 합은 712이고, 차는 122일 때 ㉠+㉡+㉢+㉣의 값을 구하시오.

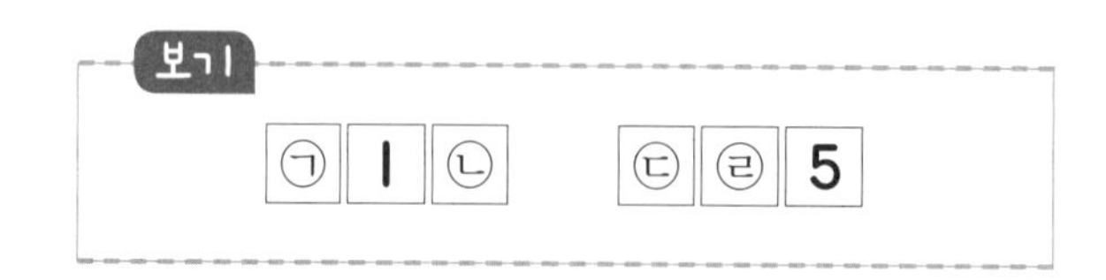


**18** 수를 어떤 규칙에 따라 늘어놓았습니다. 18번째 수를 구하시오.

8, 6, 9, 11, 10, 16, 11, 21, 12, …

**19** 규칙에 따라 흰색 타일과 검은색 타일을 바닥에 깔았습니다. 흰색 타일을 289개 사용했을 때, 둘레에 놓인 검은색 타일은 몇 개입니까?

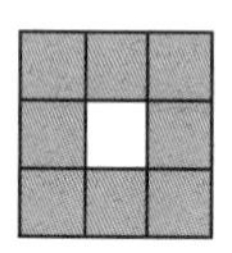 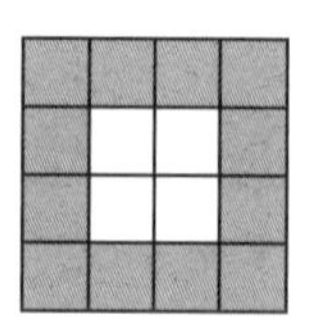 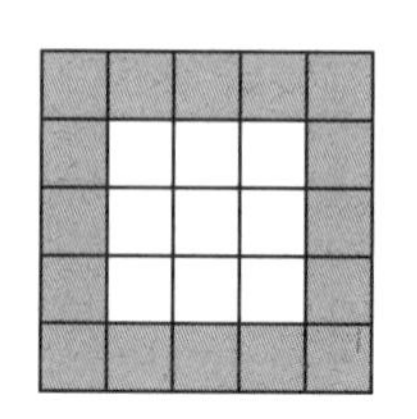 …

**20** 물통 ㉮에는 240 g, ㉯에는 144 g의 물이 들어 있습니다. ㉮ 물통에서 ㉯ 물통으로 1분에 2 g씩 물을 옮겨 담는다면, 몇 분 후에 두 물통에 담긴 물의 양이 같아지겠습니까?

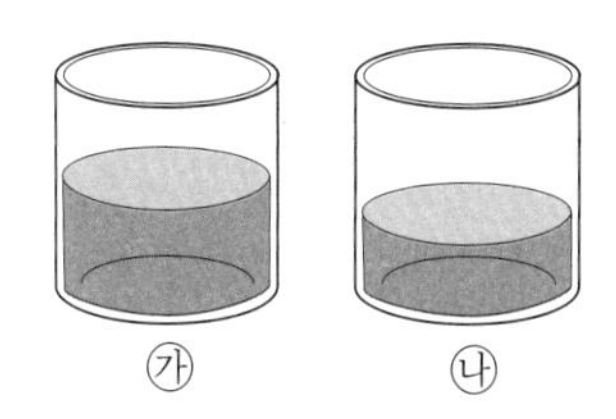


**21** 현재 아버지, 어머니, 딸의 나이를 모두 더하면 68살입니다. 어머니는 아버지보다 2살 적고, 7년 후 아버지의 나이는 7년 후 딸의 나이의 3배와 같습니다. 현재 딸의 나이는 몇 살입니까?

**22** 20개의 성냥개비로 크고 작은 정사각형 9개를 만들었습니다. 성냥개비 3개를 이동시켜서 똑같은 크기의 정사각형을 5개 만들려고 합니다. 이동시킬 성냥개비의 번호의 합을 구하시오. (단, 성냥개비의 양끝은 다른 성냥개비와 만난다.)

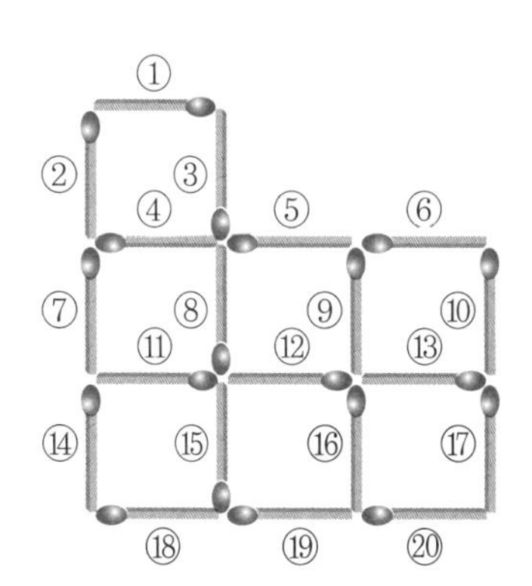

**23** 기차가 ㉠역을 출발하여 ㉡역까지 가는 데 몇 분이 걸리는지 구하시오. (단, 역마다 이동하는 시간은 일정합니다.)

- ㉠역(첫 번째 역)부터 ㉡역(10번째 역)까지 역은 모두 10개 있습니다.
- 각 역에 도착하면 2분씩 쉽니다.
- ㉠역(첫 번째 역)을 출발하여 4번째 역까지 가는 데 걸리는 시간은 28분입니다.

**24** 길이가 2002 cm인 색 테이프를 233 cm와 255 cm인 두 종류의 색 테이프로 여러 개 자르려고 합니다. 이와 같은 방법으로 잘랐을 때, 남게 되는 색 테이프의 길이 중에서 가장 짧은 것은 몇 cm입니까?

**25** 보기 는 바둑돌을 속이 빈 정사각형 모양으로 2열이 되도록 늘어놓은 것입니다. 이와 같은 방법으로 바둑돌 300개를 모두 이용하여 5열이 되도록 늘어놓을 때, 가장 바깥쪽의 한 변에는 몇 개의 바둑돌이 놓여집니까?

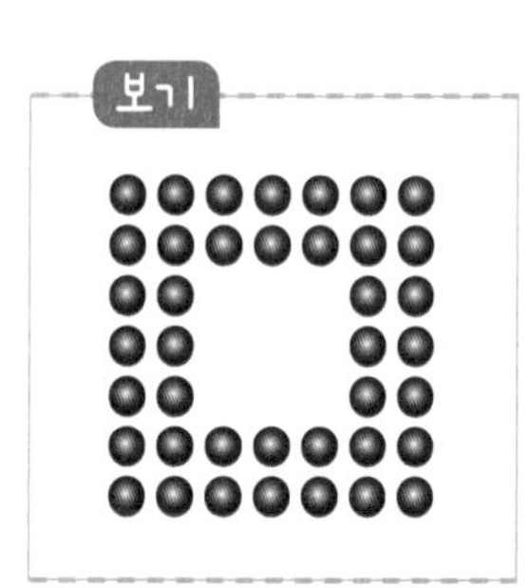

# 올림피아드 예상문제

| 전국예상등위 | | | |
|---|---|---|---|
| 대상권 | 금상권 | 은상권 | 동상권 |
| 24/25 | 22/25 | 20/25 | 18/25 |

**1** 수를 다음과 같은 규칙으로 늘어놓았습니다. 앞에서부터 **77**번째 수까지의 합을 구하시오.

| 1, 2, 2, 2, 3, 3, 3, 3, 3, 4, 4, 4, 4, 4, 4, 4, … |
|---|

**2** 낮의 길이가 하루의 $\frac{17}{36}$이라면 밤의 길이는 몇 시간 몇 분입니까?

**3** 도형에서 찾을 수 있는 크고 작은 삼각형은 모두 몇 개입니까?

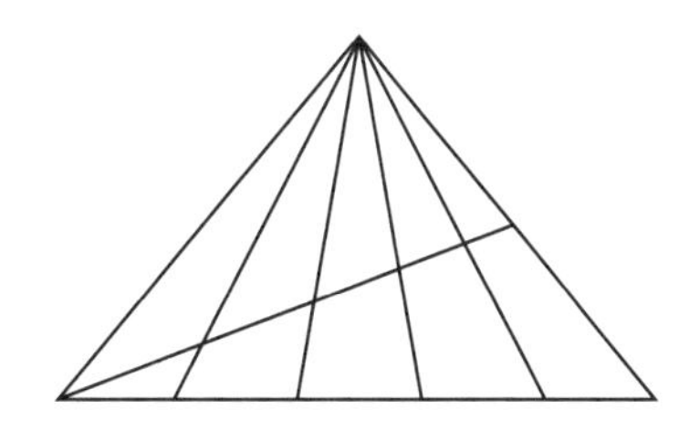

**4** 어떤 두 자리 수 ㉠㉡이 있습니다. ㉠과 ㉡ 사이에 한 자리 숫자 ㉢을 넣어 만든 세 자리 수 ㉠㉢㉡이 처음 두 자리 수 ㉠㉡의 **7**배가 될 때, 처음 두 자리 수를 구하시오.

**5** 다음과 같이 성냥개비로 정사각형을 만들 때, 20번째에 놓인 성냥개비는 모두 몇 개입니까?

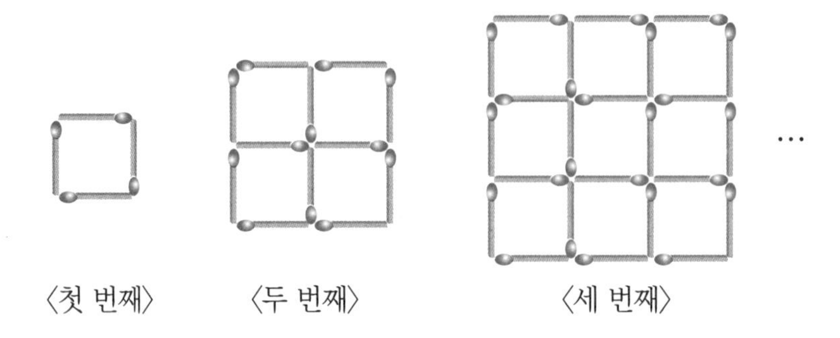


**6** 100을 연속하는 세 자연수의 합으로 나누었더니 몫은 2이고, 나머지는 10이었습니다. 이 연속하는 세 자연수 중에서 가장 작은 수와 가장 큰 수의 합을 5로 나누면 몫은 얼마입니까?

**7** 오른쪽 도형에서 찾을 수 있는 크고 작은 삼각형은 모두 몇 개입니까?

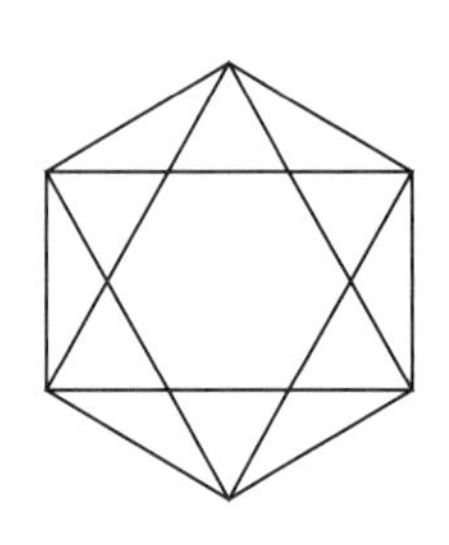

**8** 오른쪽 그림과 같이 산에 가, 나, 다, 라, 마, 바의 등산로가 있습니다. 이 산의 정상(▲)에 올라갔다 내려오는 방법은 모두 몇 가지입니까?

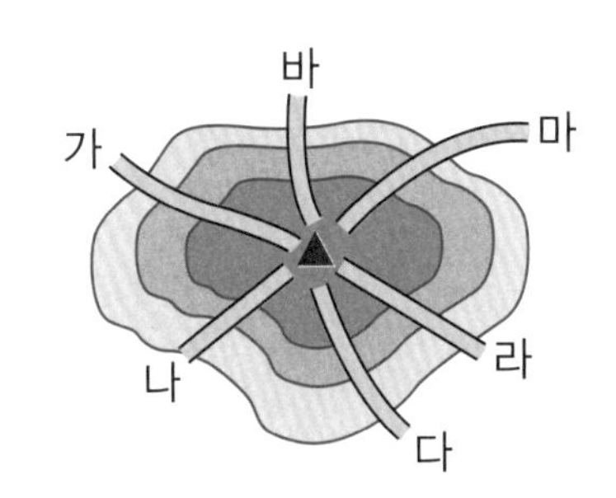


**9** 1에서 5까지의 합을 보기 와 같이 구할 수 있습니다. 보기 와 같은 방법으로 $2+4+6+\cdots+96+98+100$을 계산하시오.

보기

$$\begin{array}{r} 1+2+3+4+5 \\ +)\ 5+4+3+2+1 \\ \hline 6+6+6+6+6=6\times5=30 \end{array}$$

따라서 1에서 5까지의 합은 $30\div2=15$입니다.

**10** 가로 42 cm, 세로 36 cm인 직사각형 모양의 종이를 잘라 모양과 크기가 같은 여러 장의 정사각형 모양의 카드를 만들려고 합니다. 종이를 모두 사용하여 가장 큰 정사각형을 만들 때, 정사각형 모양의 카드는 몇 장을 만들 수 있습니까?

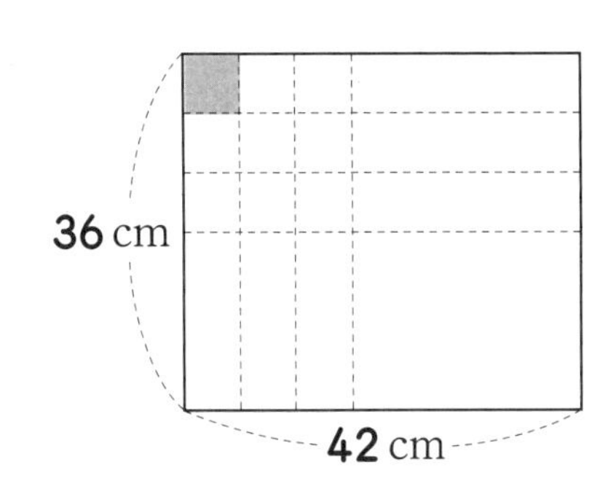

**11** 한 자리 수와 두 자리 수가 있습니다. 이 두 수의 합은 **52**이고 곱은 **352**일 때, 이 두 수를 구하시오.

**12** 가♥나=(가÷나)+(나÷**2**)와 같이 계산할 때, □ 안에 알맞은 수를 구하시오.

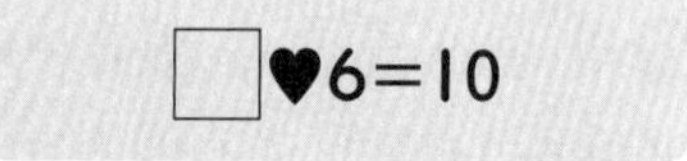
□♥6=10

**13** 그림과 같이 크기가 같은 원 **45**개를 일정한 부분만큼 겹쳐지게 하여 늘어놓았습니다. 원의 반지름이 **9** cm일 때, ㉠의 길이를 구하시오. (단, ㉠은 원의 중심과 중심을 이은 선분 위에 있습니다.)

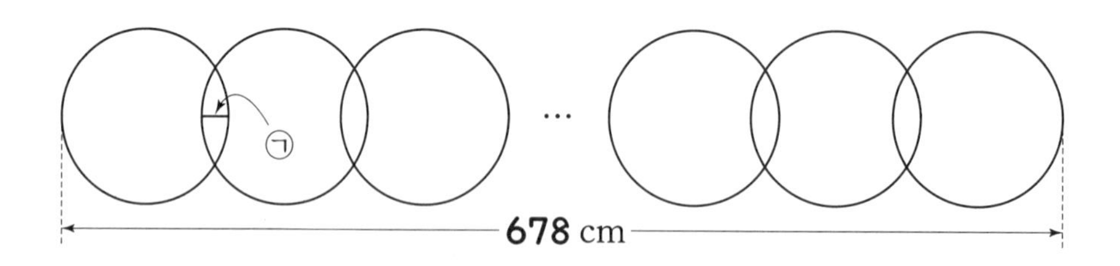

**14** 여섯 개의 숫자 카드 2, 5, 0, 6, 3, 7 중 두 장을 뽑아 만든 두 자리 수 중 6번째로 큰 수를 ㉠, 6번째로 작은 수를 ㉡이라 할 때, (㉠−㉡)×6은 얼마입니까?

**15** 1부터 100까지의 자연수 중 6과 8로 모두 나누어떨어지는 수를 모두 찾아 그 합을 구하시오.

**16** 그림과 같이 어떤 규칙에 따라 시계가 놓여 있습니다. 마지막 시계가 나타내는 시각을 구하시오.

**17** 65에서 155까지의 자연수가 있습니다. 이 중 한가운데 있는 수를 ㉠, 이 수들의 합을 ㉡이라고 할 때, ㉠과 ㉡의 차를 11로 나누면 몫은 얼마입니까?

**18** 윗접시 저울의 왼쪽에 6 g짜리의 추를 □개 올려놓고, 오른쪽에 8 g짜리의 추를 △개 올려놓았더니 저울이 평형을 이루었습니다. 양쪽에 놓인 추가 모두 84개일 때, □에 알맞은 수를 구하시오.

**19** 보기 의 식은 어떤 규칙에 따라 계산한 것입니다. 보기 와 같은 규칙이 성립하도록 □ 안에 알맞은 수를 써넣으시오.

> 보기
>
> 1※2=4, 3※2=8, 4※3=14, 5※6=32

(1) 12※13=□

(2) □※22=442

**20** 글자를 다음과 같은 규칙으로 늘어놓았습니다. 1000번째에 놓이는 글자는 무엇입니까?

가, 바, 마, 나, 라, 다, 가, 바, 마, 나, 라, 다, 가, 바, 마, …

**21** □ 안에 알맞은 숫자를 써넣을 때, ㉠+㉡+㉢+㉣의 값을 구하시오.

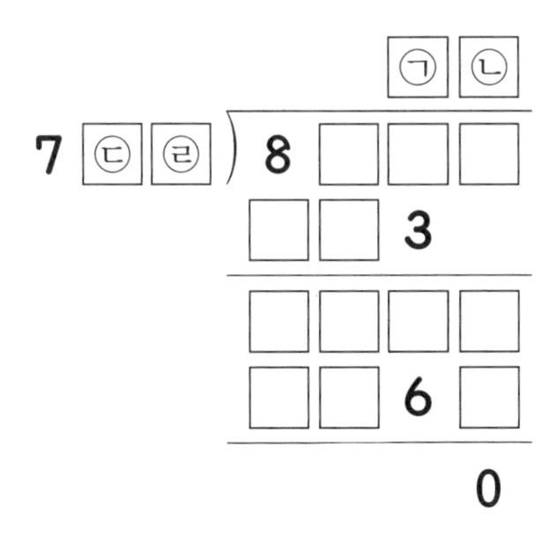

**22** 1부터 연속되는 자연수의 합을 구하는데 잘못하여 어떤 한 수를 두 번 더하였더니 3350이 되었습니다. 두 번 더한 수는 무엇입니까?

**23** 오른쪽 그림과 같이 원 위에 8개의 점이 있습니다. 이 중 세 점을 꼭짓점으로 하여 삼각형을 만들 때, 두 점 ㄷ과 ㅅ 중 적어도 한 점을 꼭짓점으로 하는 삼각형은 모두 몇 개입니까?

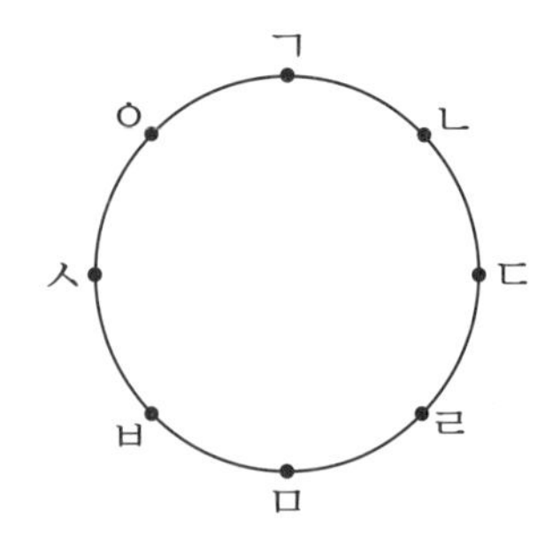


**24** 학생들에게 공책을 나누어 주는데 한 명에게 6권씩 나누어 주면 2권이 모자라고, 8명에게는 8권씩 나누어 주고 나머지 학생들에게 4권씩 나누어 주면 정확히 맞습니다. 공책은 모두 몇 권입니까?

**25** 동민이는 물건 2000개를 옮기는데 1개를 옮길 때마다 10원씩 받기로 하고 물건을 깨뜨리면 운반비를 받지 않고 1개당 35원씩 보상하기로 하였습니다. 물건을 모두 옮긴 후 19280원을 받았다면 동민이가 깨뜨린 물건은 몇 개입니까?

# 올림피아드 예상문제

| 전국예상등위 | | | |
|---|---|---|---|
| 대상권 | 금상권 | 은상권 | 동상권 |
| 24/25 | 22/25 | 20/25 | 18/25 |

**1** 1부터 200까지의 자연수 중에서 3 또는 13으로 나누어떨어지는 수들의 합을 구하시오.

**2** 지혜의 나이는 아버지의 연세의 $\frac{1}{7}$이고, 어머니의 연세는 아버지의 연세보다 3살이 적습니다. 세 사람의 나이의 합이 72살일 때, 어머니의 연세를 구하시오.

**3** ㉠과 ㉡이 다음과 같을 때, ㉠－㉡의 값을 구하시오.

㉠$=98+99+100+\cdots+152+153$
㉡$=97+96+95+\cdots+3+2+1$

**4** 규칙에 따라 ㉠과 ㉡에 알맞은 분수를 찾아 ㉠+㉡의 값을 구하시오.

$1\quad \frac{1}{2}\quad \frac{1}{4}\quad \frac{1}{8}\quad \frac{1}{16}$ ㉠ ㉡

**5** 30으로 나누었을 때 나머지가 가장 크게 되는 세 자리 수 중 가장 큰 수를 구하시오.

**6** 10분 동안 한 대를 빌려 타는 데 300원씩 하는 자전거를 1시간 30분 동안 5명이 4대를 빌려 탔습니다. 5명이 똑같이 돈을 낸다면 한 사람이 얼마씩 내야 합니까?

**7** 7○[6○{5○(4○3)}]의 ○ 안에 +, ×를 2개씩 써넣어 계산했을 때, 나올 수 있는 가장 큰 답과 가장 작은 답의 차를 구하시오.

**8** 어떤 가분수의 분자는 분모의 4배보다 1 크고, 분자와 분모의 합은 16입니다. 이 가분수를 구하시오. (단, 가분수란 분자가 분모와 같거나 분모보다 큰 분수를 뜻합니다.)

**9** 다음과 같은 규칙으로 수를 늘어놓을때 100번째의 수는 $\frac{ㄴ}{ㄱ}$입니다. 이때 ㄱ+ㄴ의 값을 구하시오.

$$\frac{1}{2}, \frac{1}{3}, \frac{2}{3}, \frac{1}{4}, \frac{2}{4}, \frac{3}{4}, \frac{1}{5}, \frac{2}{5}, \frac{3}{5}, \frac{4}{5}, \cdots$$

**10** 오른쪽 그림과 같이 10원짜리 동전을 2열로 속이 빈 정사각형 모양으로 늘어놓았더니 바깥쪽의 한 변에 있는 동전의 수가 14개였습니다. 동전의 금액은 모두 얼마입니까?

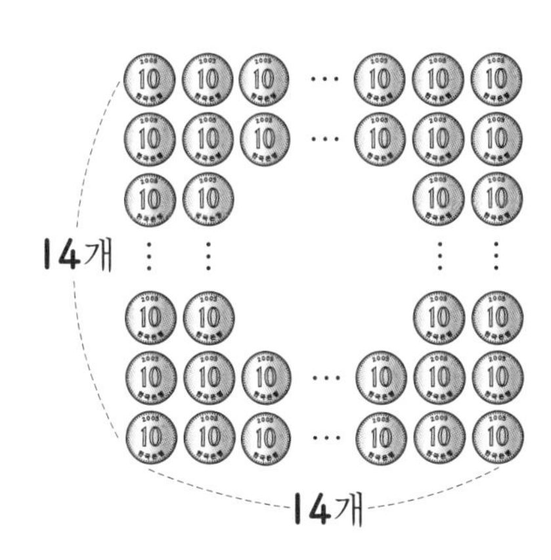

**11** 두 수 30, 31의 각 자리 숫자를 더하면 3+0+3+1=7입니다. 1부터 110까지의 모든 자연수의 각 자리의 숫자를 더하면 얼마가 됩니까?

**12** 어떤 과일 가게에서 1개에 1400원 하는 사과 100개를 사 왔는데 그중에서 12개는 썩어서 버렸습니다. 나머지를 모두 팔아 27200원의 순이익을 얻었다면 이 가게에 서는 사과 1개를 얼마씩에 판 것입니까?

**13** 물품을 사기 위해 돈을 모으려고 합니다. 한 사람에게 700원씩 걷으면 필요한 금액보다 3420원이 부족하고, 한 사람에게 850원씩 걷으면 2280원이 남습니다. 한 사람에게 얼마씩 걷어야 꼭 맞겠습니까?

**14** 어떤 두 수의 곱은 **522**이고, 큰 수를 작은 수로 나누면 나머지가 **3**입니다. 이때 큰 수와 작은 수의 합은 얼마입니까?

**15** 가는 나의 **2**배보다 **2** 크고, 다는 나의 **3**배보다 **3** 크다고 합니다. 가, 나, 다의 합이 **35**일 때, 가, 나, 다를 각각 구하시오.

**16** **27**명의 어린이가 가위바위보를 했습니다. 바위를 낸 어린이는 **8**명이었고, 펼쳐진 손가락의 개수는 모두 **62**개였습니다. 보를 낸 어린이는 몇 명입니까?

**17** $\begin{bmatrix} ㉮ & ㉯ \\ ㉰ & ㉱ \end{bmatrix}$ = ㉮ × ㉰ − ㉯ ÷ ㉱입니다. $\begin{bmatrix} 15 & \square \\ 10 & 3 \end{bmatrix}$ = **96**일 때, □ 안에 알맞은 수를 구하시오.

**18** 일직선으로 된 복도의 길이가 **7** m **40** cm입니다. 여기에 폭 **40** cm인 그림을 **11**장 붙이려고 합니다. 그림과 그림 사이, 복도의 끝과 그림 사이의 간격을 모두 똑같게 하려면 간격을 몇 cm로 하면 됩니까?

**19** 그림과 같이 바둑돌을 규칙적으로 늘어놓을 때, **22**번째에 놓이는 바둑돌은 몇 개입니까?

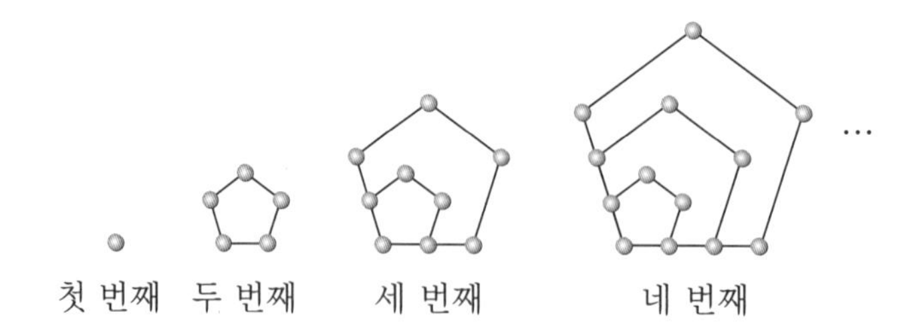

**20** 직사각형 안에 그림과 같은 규칙으로 반지름이 같은 원 **25**개를 꼭 맞게 늘어놓았습니다. 직사각형의 세로가 **8** cm라면 가로는 몇 cm입니까?

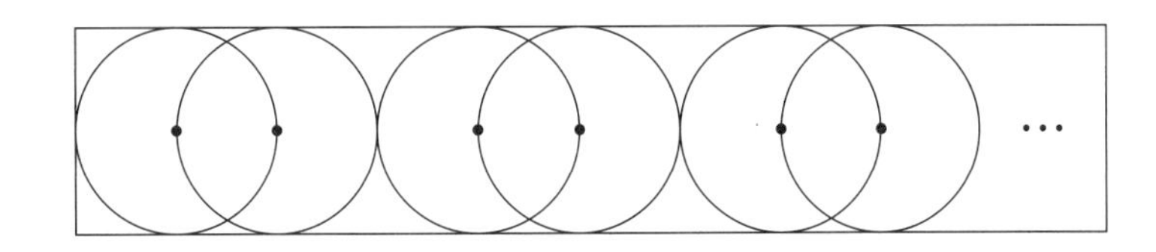

**21** **2**부터 **11**까지의 자연수를 작은 사각형 안에 하나씩 써넣으려고 합니다. 작은 사각형 **4**개로 이루어진 큰 사각형 (◇) **3**개의 네 수의 합이 같고, 그 합이 최대가 되도록 작은 사각형 안에 알맞은 수를 써넣으시오.

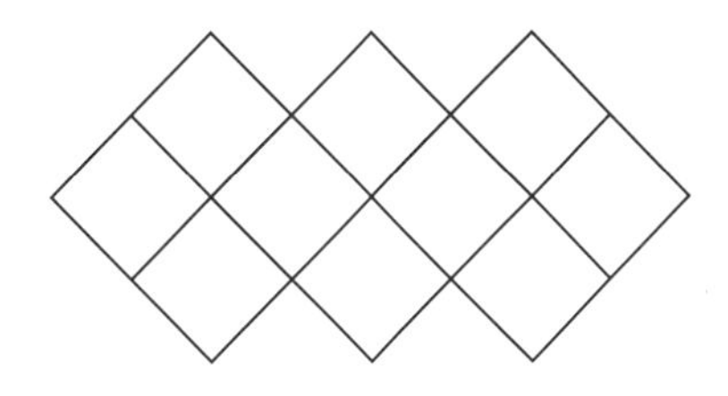

**22** 큰 컵은 한 번에 기름을 **250** mL, 작은 컵은 한 번에 기름을 **150** mL 담을 수 있습니다. 이 두 컵으로 큰 통 안에 **350** mL의 기름을 붓는 방법을 설명하시오.

**23** 네 개의 수 ㉠, ㉡, ㉢, ㉣은 서로 다른 수입니다. ㉠과 ㉡의 차는 187이고, ㉢과 ㉣의 차는 134, ㉠과 ㉣의 차는 321입니다. ㉡과 ㉢의 차가 될 수 있는 수 중에서 가장 큰 수와 가장 작은 수의 차를 구하시오.

**24** 어떤 세균이 4분마다 한 마리가 2마리로 분열을 합니다. 시험관 안에 한 마리의 세균을 넣었더니 한 시간 만에 세균이 가득 찼다면, 시험관의 $\frac{1}{8}$만큼 차는 데는 몇 분이 걸린 셈입니까?

**25** 오른쪽 그림과 같이 정사각형 6개를 붙여서 그린 후 정사각형의 꼭짓점을 연결하여 3개의 선분을 그렸습니다. 오른쪽 그림에서 찾을 수 있는 크고 작은 직각삼각형은 모두 몇 개입니까?

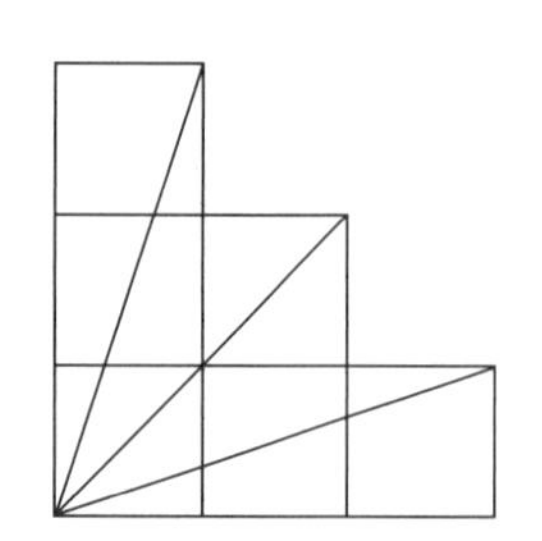

# 올림피아드 예상문제

| 전국예상등위 | | | |
|---|---|---|---|
| 대상권 | 금상권 | 은상권 | 동상권 |
| 24/25 | 22/25 | 20/25 | 18/25 |

**1** □ 안에 **0**부터 **9**까지의 숫자를 한 번씩만 써넣어 식을 완성하시오.

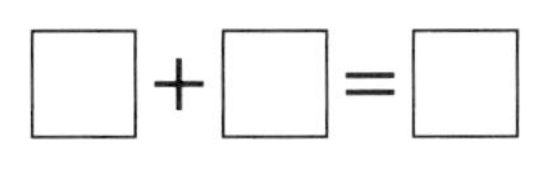

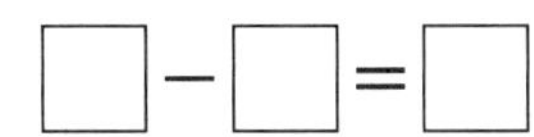

$\square \times \square = \square\square$

**2** 길이가 **72** m인 도로의 양쪽에 **8** m 간격으로 가로수를 심으려고 합니다. 나무는 모두 몇 그루 필요합니까? (단, 도로의 처음과 끝에는 반드시 나무를 심어야 합니다.)

**3** 다음과 같은 규칙으로 분수를 늘어놓을 때, $\frac{17}{30}$은 몇 번째에 놓이는 수입니까?

$$\frac{1}{1}, \frac{1}{2}, \frac{2}{1}, \frac{1}{3}, \frac{2}{2}, \frac{3}{1}, \frac{1}{4}, \frac{2}{3}, \frac{3}{2}, \frac{4}{1}, \frac{1}{5}, \frac{2}{4}, \cdots$$

**4** **39**, **55**, **57**, **65**, **77**, **133**을 세 수씩 **2**묶음으로 나누었습니다. 각 묶음에 있는 세 수의 곱이 서로 같았다면 이 수들을 어떻게 나눈 것입니까?

**5** 오른쪽 나눗셈에서 □ 안에 알맞은 수를 써넣을 때 나누는 수 ㉠㉡은 얼마입니까?

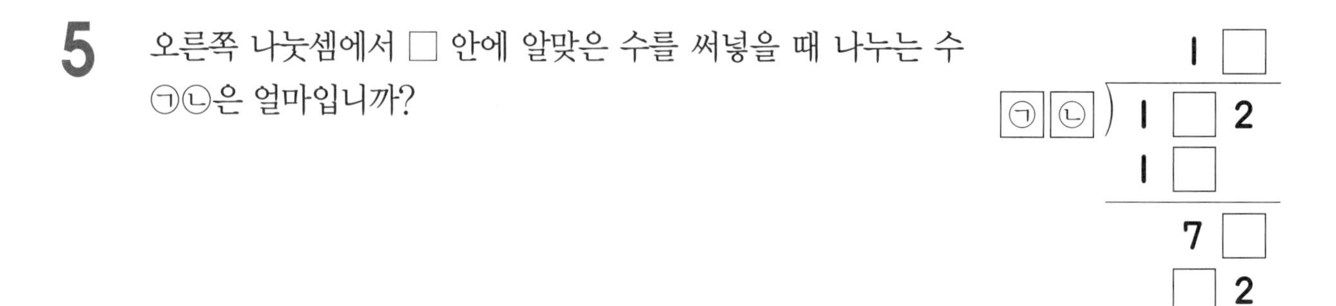

**6** **150**과 **298**을 어떤 수로 나누면 각각의 나머지의 합은 **16**이고, 몫은 큰 수가 작은 수의 **2**배가 됩니다. 어떤 수를 모두 구하시오.

**7** 수학 시험을 **1**년에 **5**번 봅니다. **4**번째까지의 평균 점수가 **62**점일 때, **1**년 동안의 평균 점수가 **65**점이 되도록 하려면 **5**번째 시험에서는 몇 점을 받아야 합니까? (단, 평균 점수는 전체 점수의 합을 시험을 본 횟수로 나눈 것입니다.)

**8** **326**과 같이 백의 자리 숫자와 십의 자리 숫자를 곱한 수가 일의 자리 숫자가 되는 세 자리 수 중에서 **3**번째로 큰 수와 **3**번째로 작은 수의 합을 구하시오.

**9** 식이 성립하도록 □ 안에 알맞은 수를 써넣으시오.

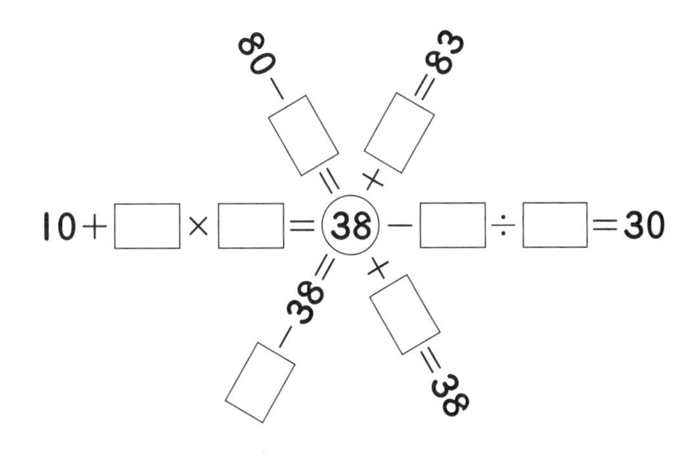


**10** 서로 다른 두 수 ㉮, ㉯가 다음 식을 만족할 때 ㉮와 ㉯를 각각 구하시오.

(㉮−㉯)×**19**=**57** (㉮+㉯)×**3**=**57**

**11** 오른쪽 그림과 같이 30칸으로 이루어진 모눈종이에 점선을 따라 사각형을 그리려고 합니다. 점 ㉠을 한 꼭짓점으로 하는 크고 작은 정사각형과 점 ㉡을 한 꼭짓점으로 하는 크고 작은 정사각형을 모두 몇 개 그릴 수 있습니까?

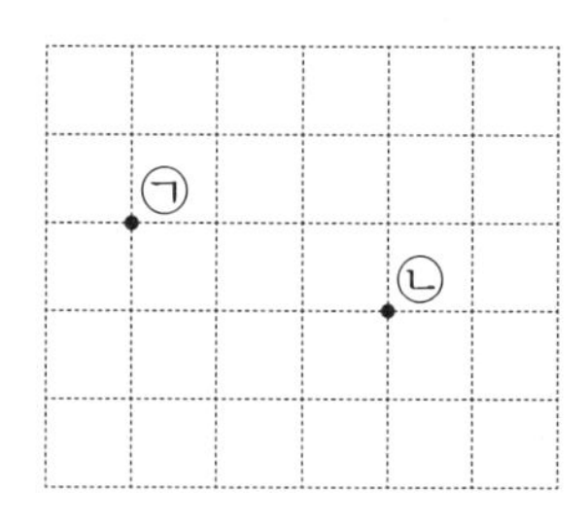


**12** 가로, 세로, 대각선의 합이 같아지도록 빈칸에 알맞은 수를 써넣으려고 합니다. ㉠에 알맞은 수를 구하시오.

| 14 | | 18 |
|---|---|---|
| | ㉠ | |
| 20 | 13 | |

**13** 보기 와 같이 12839479의 숫자 사이에 + 또는 −를 알맞게 써넣어 식이 성립하도록 할 때 ㉠에 알맞은 수를 구하시오.

보기

3462517 ➡ 346 + 25 − 17 = 354

12839479 ➡ □ ○ ㉠ ○ □ = 1110

**14** 갑과 을이 가위바위보를 해서 이기면 3걸음 앞으로 나아가고, 지면 2걸음 뒤로 물러서는 놀이를 했습니다. 13번의 가위바위보를 하여 갑이 처음보다 4걸음 나아갔다면, 갑은 13번 중 몇 번을 진 것입니까? (단, 비긴 적은 없습니다.)

**15** 다음은 예슬이가 본 5과목의 시험 결과를 나타낸 것으로 사회, 과학, 영어의 점수가 가려져 있습니다. 영어 점수가 가장 낮다면 과학은 몇 점이겠습니까? (단, 각 과목은 100점이 만점이고, (평균)=(총점)÷(과목 수)입니다.)

| 국어 | 수학 | 사회 | 과학 | 영어 | 평균 |
|---|---|---|---|---|---|
| 85 | 88 | 8○ | ○8 | ○7 | 87 |

**16** 동생은 오전 7시 55분에, 언니는 오전 8시에 집을 출발해서 두 사람이 동시에 학교에 도착했습니다. 동생은 1분에 60 m의 빠르기로 걷고, 언니는 1분에 80 m의 빠르기로 걷는다고 할 때, 집에서 학교까지의 거리는 몇 m입니까?

**17** 오른쪽 그림과 같이 정사각형을 모양과 크기가 같은 **24**개의 직사각형으로 나누었습니다. 가장 작은 직사각형 한 개의 네 변의 길이의 합이 **66** cm라면 정사각형의 네 변의 길이의 합은 몇 cm입니까?

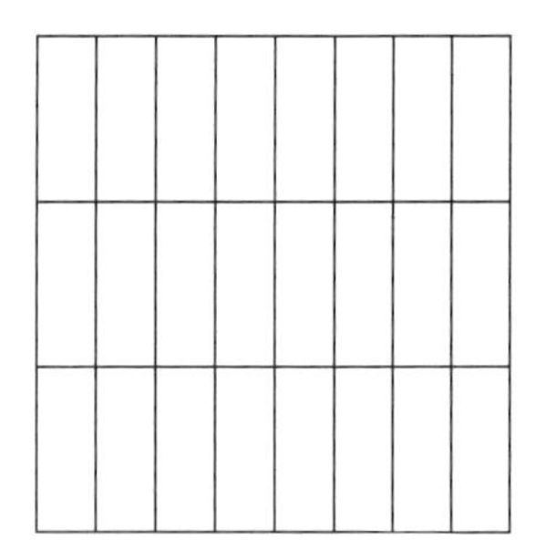

**18** 가에 알맞은 수를 구하시오.

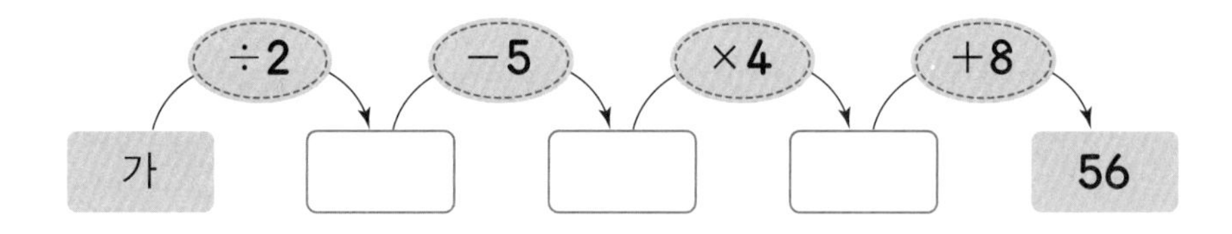


**19** 오른쪽 그림에서 정사각형의 둘레의 길이는 **64** cm이고, 두 변의 길이가 같은 삼각형 ㄱㄴㄷ의 둘레의 길이는 **26** cm입니다. 변 ㄱㄷ의 길이를 구하시오. (단, 점 ㄱ, ㄴ, ㄷ은 원의 중심입니다.)

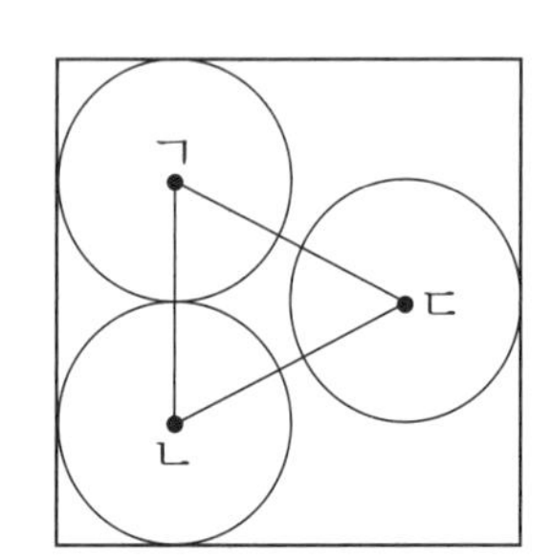

**20** 길이가 135 m인 기차가 1초에 25 m씩 달리고 있습니다. 이 기차가 터널에 들어서기 시작한 지 32초 만에 완전히 통과하였다면 이 터널의 길이는 몇 m입니까?

**21** 오른쪽 그림은 작은 정사각형들로 이루어진 도형입니다. 이 도형에서 찾을 수 있는 크고 작은 정사각형의 개수를 ㉠개, 크고 작은 직사각형의 개수를 ㉡개라 할 때, ㉠+㉡의 값을 구하시오.

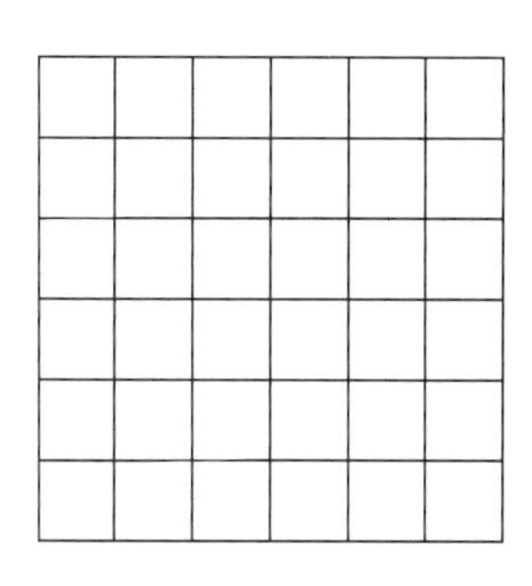

**22** 큰 상자 1개와 같은 크기의 작은 상자 2개를 다음 그림과 같이 두 가지 방법으로 놓았습니다. 길이가 그림과 같이 되었을 때, 큰 상자 높이는 몇 cm입니까?

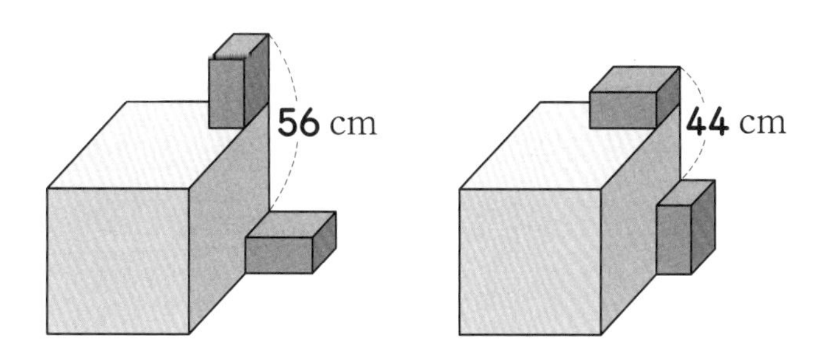

**23** 사탕 한 봉지를 남학생과 여학생을 합하여 15명의 학생들에게 나누어 주려고 합니다. 이 사탕 한 봉지를 남학생에게 3개씩 나누어 주면 4개가 남고, 이 사탕 한 봉지를 여학생에게 5개씩 나누어 주면 1개가 남습니다. 한 봉지에 들어 있는 사탕은 모두 몇 개입니까?

**24** 오른쪽 그림에서 찾을 수 있는 크고 작은 삼각형은 모두 몇 개입니까?

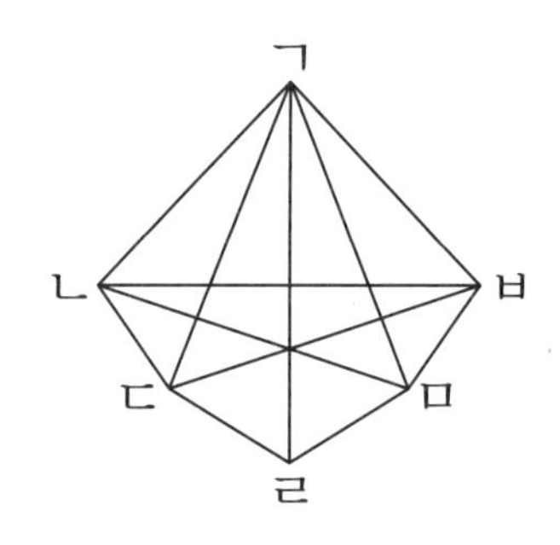


**25** 검은색 바둑돌과 흰색 바둑돌이 섞여 있었습니다. 검은색 바둑돌의 수가 흰색 바둑돌의 수의 2배이고, 이 중에서 검은색 바둑돌은 5개씩, 흰색 바둑돌은 4개씩 동시에 몇 번 꺼냈더니 흰색 바둑돌은 하나도 없고, 검은색 바둑돌은 30개가 남았습니다. 검은색 바둑돌과 흰색 바둑돌은 각각 몇 개가 있었습니까?

# 올림피아드 예상문제

| 전국예상등위 | | | |
|---|---|---|---|
| 대상권 | 금상권 | 은상권 | 동상권 |
| 24/25 | 22/25 | 20/25 | 18/25 |

**1** 영수는 1부터 347까지의 자연수를 한 번씩 썼습니다. 영수는 숫자 2를 모두 몇 번 썼습니까?

**2** 19를 몇 개의 자연수의 합으로 나타내려고 합니다. 나타낸 자연수들의 곱이 가장 크도록 하려면 어떻게 나타내야 하는지 덧셈식을 써 보시오.

**3** 10, 20, 30, 40, 50, 60, 70, 80의 8개 수를 원 안에 한 번씩만 써 넣어 각 큰 원 위의 5개 수의 합이 모두 200이 되게 하려고 합니다. 이때 ㉮와 ㉯에 들어갈 수의 합을 구하시오.

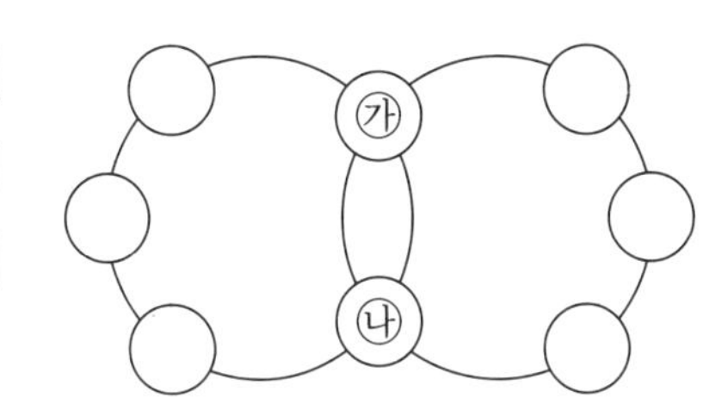


**4** 영수, 지혜, 가영 세 사람의 나이의 합은 39살입니다. 지혜의 나이는 영수의 나이보다 3살 많고, 가영이의 나이는 영수의 나이의 2배입니다. 이 세 사람의 나이는 각각 몇 살입니까?

**5** 지혜는 경주로 수학여행을 갔습니다. 석굴암을 보고 숙소로 돌아오는 길에 잘못하여 1호실, 2호실, 3호실, 4호실, 5호실의 열쇠를 모두 섞어 버렸습니다. 모든 방에 맞는 열쇠를 반드시 찾으려면, 지혜는 열쇠를 최소한 몇 번 사용하면 됩니까?

**6** 두 수의 크기를 비교하였더니 다음과 같았습니다. ㉠과 ㉡에 들어갈 숫자의 순서쌍을 (㉠, ㉡)이라고 할 때, 숫자의 순서쌍은 모두 몇 개입니까?

972㉠ > 9㉡24

**7** 그림과 같이 직사각형 안에 똑같은 원 4개를 겹치는 부분이 같도록 그렸습니다. ㉠에 알맞은 수를 구하시오.

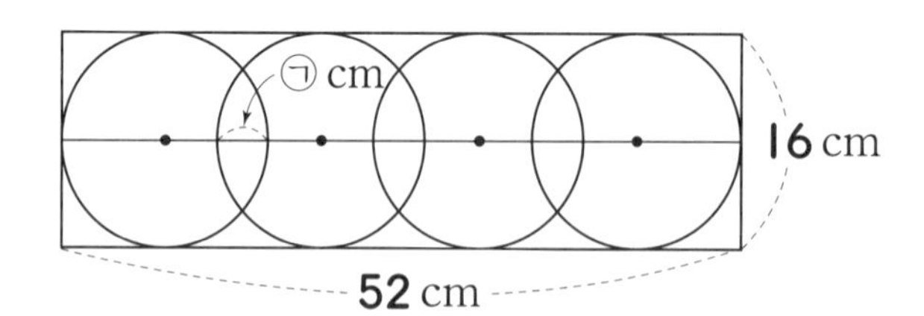

**8** 서로 다른 세 자연수 가, 나, 다의 관계가 다음과 같을 때, 다는 얼마입니까?

가×나=390　　나×다=330　　가+다=24

**9** 웅이가 가지고 있는 구슬의 개수는 다음과 같습니다. 웅이가 가지고 있는 구슬은 몇 개입니까?

- 50개보다 많고 100개보다 적습니다.
- 가지고 있는 구슬을 7개씩 묶으면 6개가 남습니다.
- 가지고 있는 구슬을 8개씩 묶으면 5개가 남습니다.

**10** 수수깡으로 삼각형과 사각형을 만들었습니다. 만들어진 삼각형과 사각형의 개수는 모두 30개이고, 사용된 수수깡은 모두 108개였습니다. 삼각형은 모두 몇 개 만들었습니까? (단, 수수깡을 자르거나 이어서 한 변을 만들지 않았습니다.)

**11** 어느 해 **6**월의 달력을 보니 일요일부터 토요일까지 어느 한 주 동안의 날짜의 합이 **84**였습니다. 이 달의 마지막 금요일은 며칠입니까?

**12** 오른쪽 그림과 같이 크기가 같은 쌓기나무를 규칙적으로 쌓았습니다. 쌓기나무는 모두 몇 개입니까?

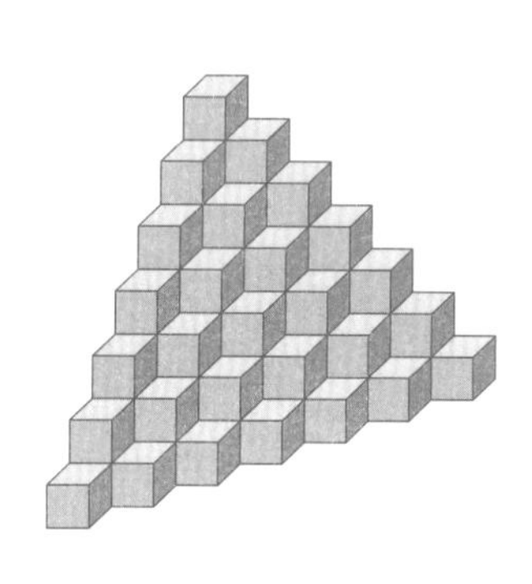

**13** 오른쪽 그림과 같이 사진 **64**장을 압정을 사용하여 게시판에 붙이려고 합니다. 압정을 가장 적게 사용하여 붙이려면, 압정은 모두 몇 개가 필요합니까?

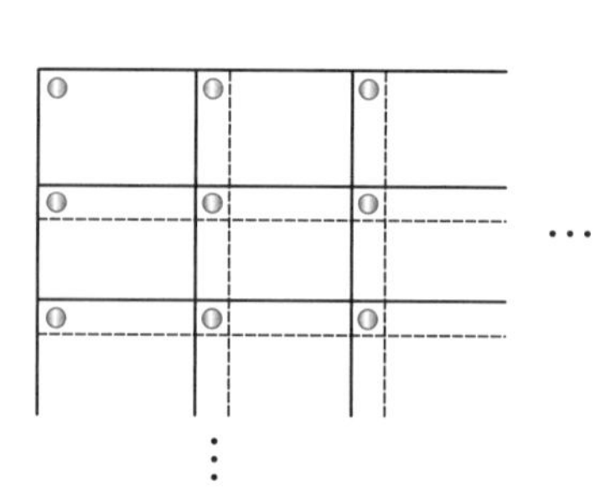

**14** 한 자연수를 두 번 곱한 수를 제곱수라고 합니다. 예를 들면 $1\times1=1$, $2\times2=4$, $3\times3=9$, $4\times4=16$, …에서 1, 4, 9, 16, … 등은 제곱수입니다. 100보다 크고 500보다 작은 자연수 중에서 제곱수는 모두 몇 개 있습니까?

**15** 가는 45개, 나는 15개, 다는 13개, 라는 9개의 구슬을 가지고 있습니다. 이 4명에게 각각 같은 수의 구슬을 나누어 주면 가의 구슬과 나, 다, 라 3명의 구슬의 수의 합이 같게 됩니다. 몇 개씩 구슬을 나누어 주어야 합니까?

**16** 오른쪽 그림은 직사각형의 네 꼭짓점 ㄱ, ㄴ, ㄷ, ㄹ을 원의 중심으로 하여 각각 원의 일부분을 그린 것입니다. 직사각형 ㄱㄴㄷㄹ의 네 변의 길이의 합이 216 cm일 때 선분 ㄴㅅ의 길이는 몇 cm입니까?

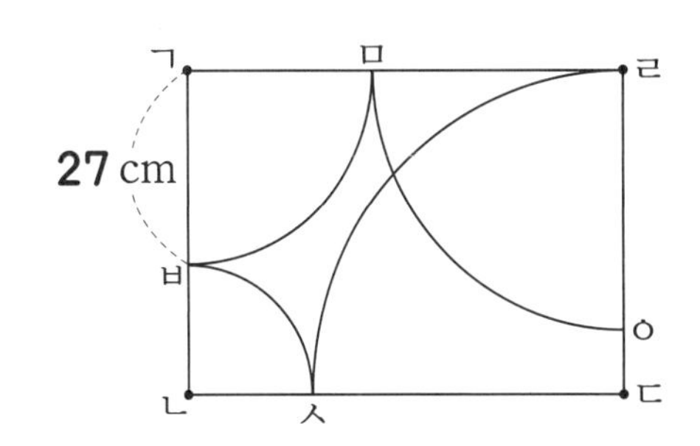

**17** 그림과 같은 규칙으로 바둑돌 **84**개를 늘어놓았습니다. 검은색 바둑돌은 흰색 바둑돌보다 몇 개 더 많이 놓았습니까?

**18** **1**분에 **3.6** km의 빠르기로 달리는 고속열차가 있습니다. 한 곳에 서서 보니 고속열차의 앞부분부터 내 앞을 완전히 지나가는 데 **3**초 걸렸습니다. 이 고속열차가 **1.5** km의 터널을 완전히 통과하는 데 걸리는 시간은 몇 초입니까?

**19** 다음과 같이 자연수를 써 나갈 때, **110**은 어느 열의 수입니까?

| 가 열 | 나 열 | 다 열 | 라 열 | 마 열 | 바 열 | 사 열 |
|---|---|---|---|---|---|---|
| 1 | 2 | 3 | 4 | 5 | 6 | 7 |
| 14 | 13 | 12 | 11 | 10 | 9 | 8 |
| 15 | 16 | 17 | 18 | 19 | 20 | 21 |
| 28 | 27 | 26 | 25 | 24 | 23 | 22 |
| ⋮ | ⋮ | ⋮ | ⋮ | ⋮ | ⋮ | ⋮ |

**20** 상연이는 책에 1쪽부터 쪽수를 매기기 시작하여 모두 360개의 숫자를 써 넣었다고 합니다. 이 책의 마지막 쪽수는 얼마입니까?

**21** 다음과 같이 수를 나열할 때, 17행에 있는 모든 수들의 합은 얼마입니까?

| | | | | | | | | |
|---|---|---|---|---|---|---|---|---|
| | | | 1 | | | | … | 1행 |
| | | 2 | 3 | 4 | | | … | 2행 |
| | 5 | 6 | 7 | 8 | 9 | | … | 3행 |
| 10 | 11 | 12 | 13 | 14 | 15 | 16 | … | 4행 |
| | | | ⋮ | | | | | |

**22** 가로가 10 cm, 세로가 6 cm인 직사각형 모양의 타일을 사용하여 한 변의 길이가 4 m 80 cm인 정사각형 모양의 바닥을 오른쪽 그림과 같은 방법으로 덮으려고 합니다. 몇 장의 타일이 필요하겠습니까?

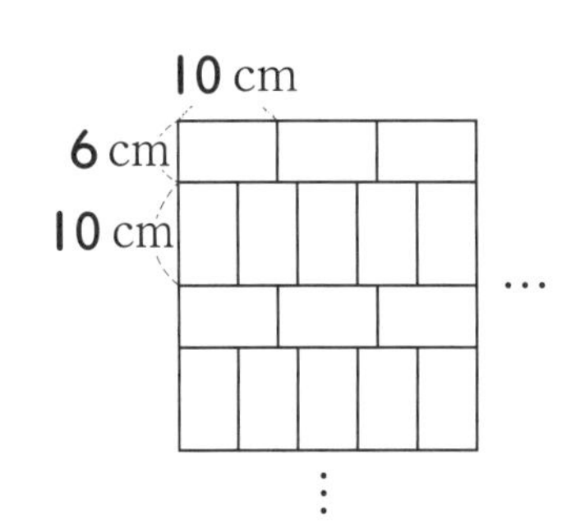

**23** 가로와 세로로 일정한 간격으로 찍힌 12개의 점이 있습니다. 이 점들을 연결하여 만들 수 있는 크고 작은 직사각형은 모두 몇 개입니까?

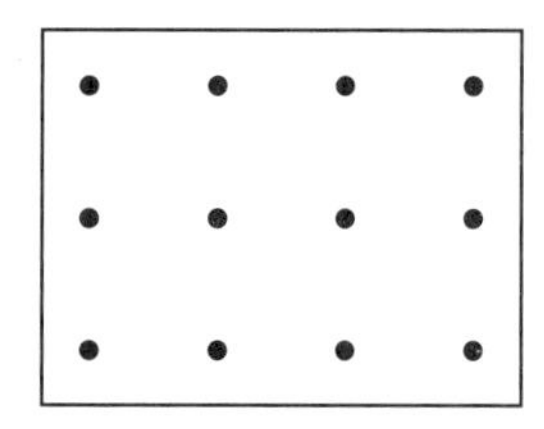

**24** 큰 통에 담겨져 있는 12 L의 석유를 9 L와 5 L들이 통 2개를 사용하여 둘로 똑같이 나누려고 합니다. 어떻게 해야 석유를 똑같이 나눌 수 있습니까?

**25** 예슬이가 친구들을 만나러 가는 데 집에서 출발할 때 시계를 보니 1분에 70 m의 빠르기로 가면 약속 시간에 6분이 늦고, 1분에 133 m의 빠르기로 가면 약속 시간보다 12분 빠르게 도착할 수 있습니다. 예슬이가 출발한 시각은 약속 시간의 몇 분 전입니까?

# 올림피아드 예상문제

| 전국예상등위 | | | |
|---|---|---|---|
| 대상권 | 금상권 | 은상권 | 동상권 |
| 24/25 | 22/25 | 20/25 | 18/25 |

**1** 가, 나, 다, 라 **4**개의 수가 있습니다. 이 **4**개의 수 중에서 **3**개씩 더해 보니 그 합은 각각 **153**, **170**, **128**, **161**이 되었습니다. 이 **4**개의 수 중에서 가장 작은 수를 구하시오.

**2** 한별이가 가진 구슬은 모두 **36**개입니다. 빨간색 구슬은 전체의 $\frac{1}{4}$이고, 파란색 구슬은 전체의 $\frac{1}{3}$이며 나머지는 노란색 구슬입니다. 노란색 구슬은 몇 개입니까?

**3** 오른쪽 그림에서 찾을 수 있는 크고 작은 정사각형은 모두 몇 개입니까?

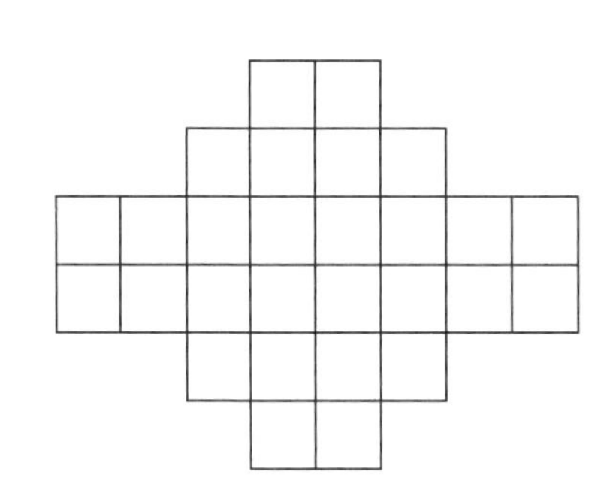

**4** **20**과 **358** 사이의 수 중에서 **4**로 나누어떨어지는 수는 모두 몇 개입니까?

**5** 어떤 일을 하는 데 혼자서 하면 어머니는 **6**시간, 오빠는 **9**시간, 예슬이는 **18**시간이 걸립니다. 이 일을 **3**명이 함께 하면 몇 시간이 걸리겠습니까?

**6** 예슬이와 석기는 원 모양의 공원 둘레를 같은 지점에서 서로 같은 방향으로 뛰었습니다. 예슬이는 **20**초에 **60** m, 석기는 **30**초에 **150** m의 빠르기로 뛰어 **25**분 **24**초 만에 처음으로 만났습니다. 공원 둘레를 같은 지점에서 서로 반대 방향으로 뛴다면, 두 사람은 몇 분 몇 초 후에 처음 만나게 됩니까?

**7** 상연이와 예슬이는 그림과 같이 각각 일정한 규칙으로 원을 그리고 있습니다. 상연이는 지름을 **2**배씩 늘려가면서 원을 **7**개 그렸고, 예슬이는 지름을 **3**배씩 늘려가면서 원을 **5**개 그렸습니다. 상연이가 그린 가장 큰 원과 가장 작은 원의 지름의 차는 **567** cm이고, 예슬이가 그린 가장 큰 원과 가장 작은 원의 지름의 차는 **400** cm입니다. 두 사람이 처음 그린 가장 작은 원의 지름의 차는 몇 cm입니까?

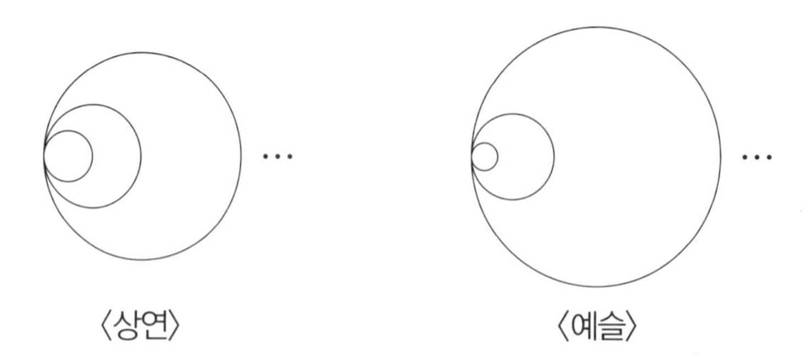

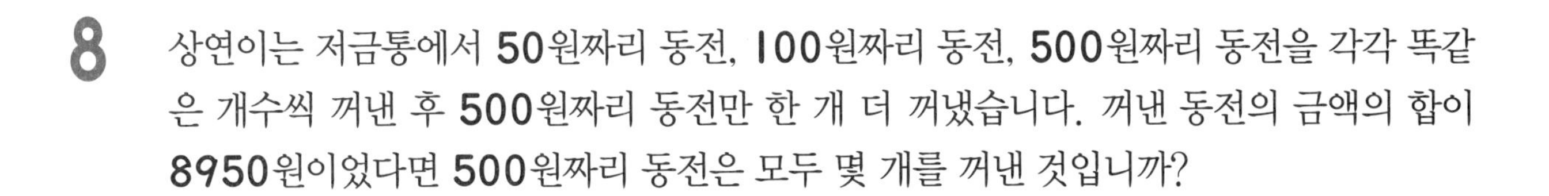

**8** 상연이는 저금통에서 50원짜리 동전, 100원짜리 동전, 500원짜리 동전을 각각 똑같은 개수씩 꺼낸 후 500원짜리 동전만 한 개 더 꺼냈습니다. 꺼낸 동전의 금액의 합이 8950원이었다면 500원짜리 동전은 모두 몇 개를 꺼낸 것입니까?

**9** 오른쪽 그림은 정사각형을 모양과 크기가 같은 3개의 직사각형으로 나눈 것입니다. 한 직사각형의 둘레의 길이가 48 cm라면 정사각형의 둘레의 길이는 몇 cm입니까?

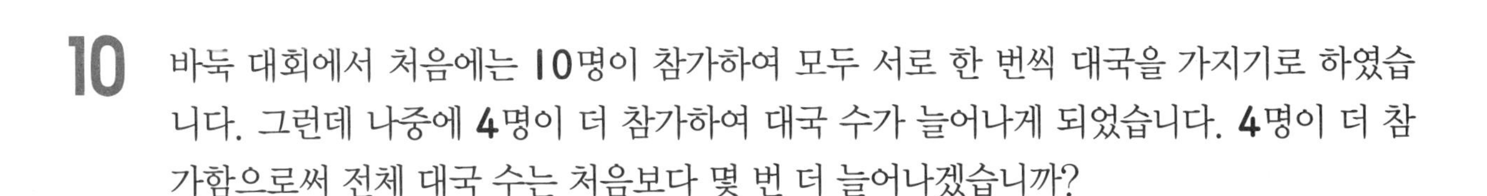

**10** 바둑 대회에서 처음에는 10명이 참가하여 모두 서로 한 번씩 대국을 가지기로 하였습니다. 그런데 나중에 4명이 더 참가하여 대국 수가 늘어나게 되었습니다. 4명이 더 참가함으로써 전체 대국 수는 처음보다 몇 번 더 늘어나겠습니까?

**11** 유승이네 마을에서 돼지를 기르는 집은 **124**가구, 소를 기르는 집은 **143**가구입니다. 그중 돼지와 소를 함께 기르는 집이 **117**가구라면 돼지나 소 중에서 어느 한 가지만을 기르는 집은 몇 가구입니까?

**12** 다음 양팔 저울들은 모두 수평을 이루고 있습니다. ㉮, ㉯, ㉰, ㉱의 무게가 각각 다르고, ㉰와 ㉱의 무게의 합이 **51** g이라면 ㉮와 ㉰의 무게의 차는 몇 g입니까?

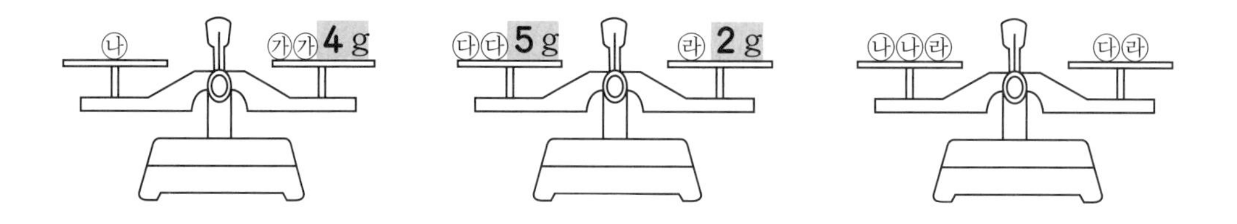


**13** 오른쪽 도형은 크기가 같은 직사각형 **3**개를 이어서 만든 것입니다. 직사각형 **1**개의 둘레의 길이가 **48** cm이고, 긴 변의 길이가 작은 변의 길이의 **2**배일 때, 이 도형의 둘레는 몇 cm입니까?

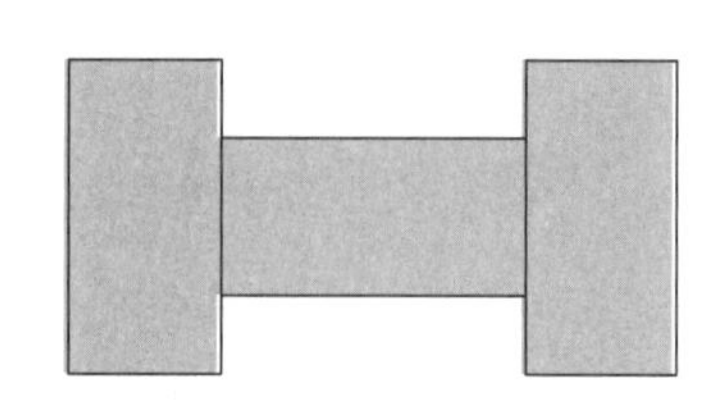

**14** 오른쪽 그림에서 점 ㄱ, ㅇ, ㄴ은 원의 중심이고 큰 원 안에 최대한 큰 사각형을 그렸을 때 선분 ㄱㄴ은 사각형의 한 대각선이다. 선분 ㄷㅇ의 길이는 18 cm이고 선분 ㄹㅁ의 길이는 10 cm일 때, 선분 ㄱㄴ의 길이는 몇 cm입니까?

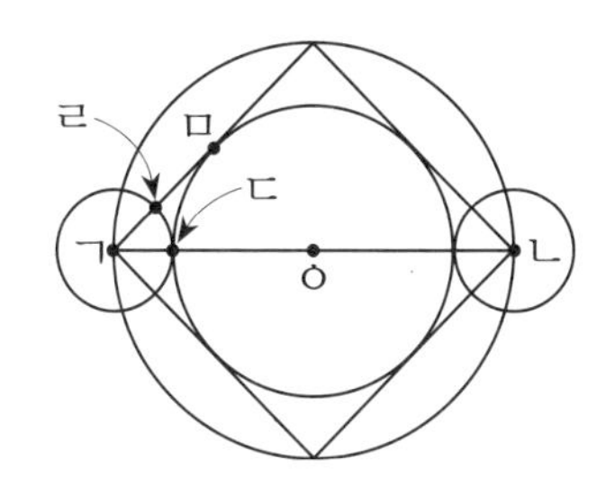


**15** 길이가 60 cm인 끈을 둘로 나누었습니다. 짧은 끈의 길이가 긴 끈의 길이의 $\frac{2}{3}$이었다면 긴 끈의 길이는 몇 cm입니까?

**16** 다음 그림과 같이 사각형 ㄱㄴㄷㄹ의 각 꼭짓점에 1, 3, 5, 7, …의 수가 순서대로 쓰여 있습니다. 이때 459는 어느 꼭짓점에 위치하며, 그 꼭짓점에서 몇 번째에 있는 수입니까?

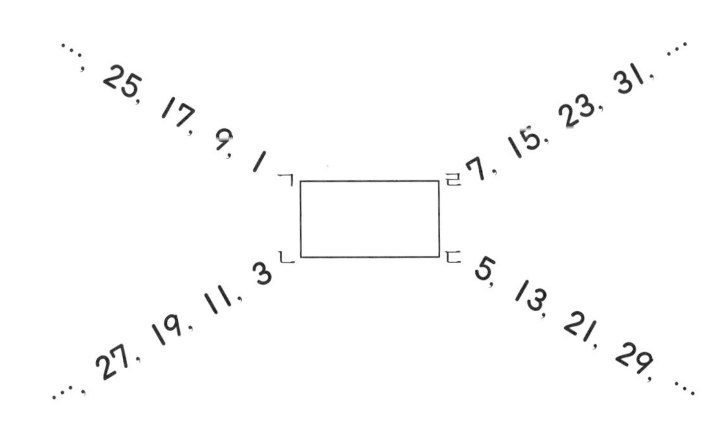

**17** 석기는 이틀 전에 시계를 정확하게 정오에 맞추어 놓았습니다. 그런데 오늘 라디오에서 오후 6시를 알리는 시보가 울릴 때에 시계를 보니 6시 3분을 가리키고 있었습니다. 석기의 시계는 몇 시간마다 1분씩 빨라집니까?

**18** 10에서 500까지의 자연수 중에서 11, 101, 111, 121, …과 같이 맨 앞과 맨 뒤의 숫자의 순서를 바꾸어도 같은 수가 되는 것은 모두 몇 개입니까?

**19** 숫자 카드 [5], [1], [3], [7], [8] 중에서 3장을 골라 만든 세 자리 수 중 5번째로 큰 수 ㉮와 [4], [0], [9], [2], [6] 중에서 3장을 골라 만든 세 자리 수 중 5번째로 작은 수 ㉯의 차를 구하시오.

**20** 다음 그림과 같이 화살표 방향으로만 이동할 수 있는 길이 있습니다. 출발 지점에서 사 지점까지 갈 수 있는 서로 다른 길은 모두 몇 가지입니까?

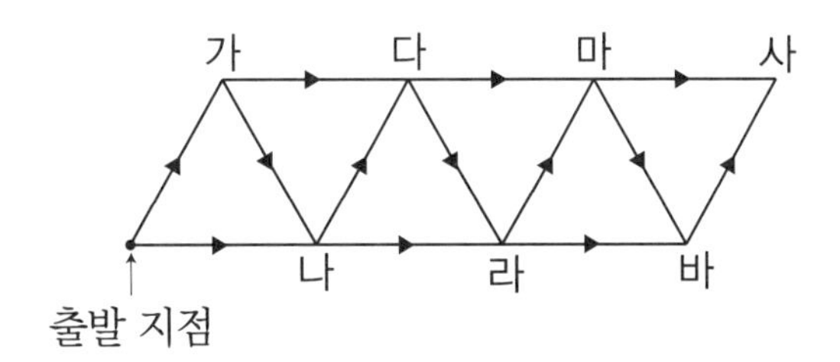


**21** 오른쪽과 같이 4개의 세 자리 수를 한 줄로 늘어놓았을 때, 각 모양은 서로 다른 한 자리 수를 나타낸다고 합니다. 네 수가 791, 275, 362, 612일 때, ●■▲×♥▼의 값을 구하시오.

**22** 1번부터 9번까지의 번호가 쓰여진 9개의 상자에 들어 있는 바둑돌은 모두 387개입니다. 1번 상자에는 15개의 바둑돌이 들어 있고, 나머지 상자에는 모두 앞 번호의 상자보다 일정한 개수만큼의 바둑돌이 더 들어 있습니다. 뒤의 상자에는 바로 앞의 상자보다 몇 개씩의 바둑돌이 더 많이 들어 있겠습니까?

**23** 오른쪽 그림과 같이 일정한 간격으로 16개의 점을 찍었습니다. 이 점들을 꼭짓점으로 하고 선분 ㄱㄴ을 한 변으로 하는 직각삼각형은 모두 몇 개 그릴 수 있습니까?

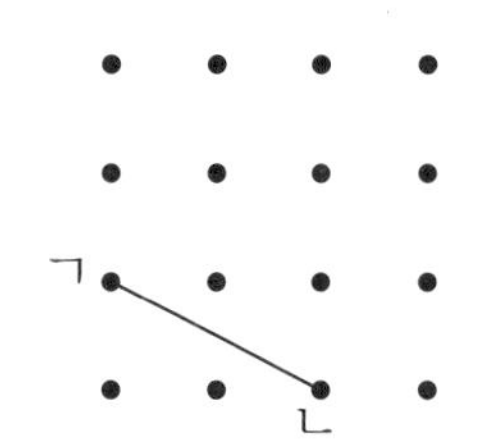


**24** 12개의 탁구공 중에서 한 개의 불량품이 들어 있는데 겉으로는 구별하기 힘들다고 합니다. 불량품이 표준제품보다 조금 더 무겁다고 할 때, 이 불량품을 가려내려면 양팔 저울로 최소한 몇 번을 재어야 합니까?

**25** 1부터 200까지의 자연수를 다음과 같이 ㉮, ㉯, ㉰ 3개의 조로 나누었습니다. 187은 어느 조의 몇 번째 수인지 답하시오.

㉮ : 2, 5, 8, 11, 14, 17, …
㉯ : 1, 6, 7, 12, 13, 18, …
㉰ : 3, 4, 9, 10, 15, 16, …

# 올림피아드 예상문제

전국예상등위

| 대상권 | 금상권 | 은상권 | 동상권 |
| --- | --- | --- | --- |
| 24/25 | 22/25 | 20/25 | 18/25 |

**1** 각 자리의 숫자의 합이 **3**이 되는 네 자리 수는 모두 몇 개입니까?

**2** **2024**년 **4**월 **6**일을 **24－4－6**으로 나타내어 보면 **24＝4×6**과 같은 곱셈 규칙을 찾을 수 있습니다. **2036**년에서 이와 같은 곱셈 규칙을 만족하는 날짜는 모두 며칠입니까?

**3** **26, 27, 28, 36, 37, 38, 46, 47, 48**의 **9**개 수를 각각 원 안에 한 번씩만 넣어, 각 직선 위의 세 수의 합이 **111**이 되도록 만들어 보시오.

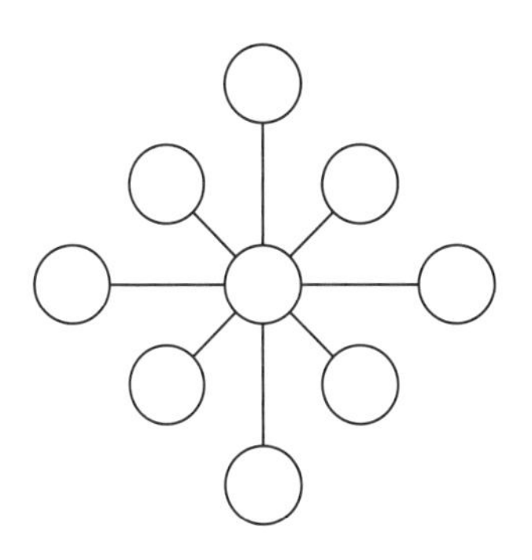

**4** 영수, 가영, 석기, 지혜는 과수원에 가서 모두 **506**개의 사과를 땄습니다. 영수는 석기보다 **12**개 더 적게 땄고, 가영이는 지혜보다 **6**개 더 많이 땄으며 영수와 가영이는 같은 개수만큼 사과를 땄습니다. 석기가 딴 사과는 몇 개입니까?

**5** $2^3$은 $2\times2\times2=8$을, $3^3$은 $3\times3\times3=27$을, 가$^3$은 가×가×가를 나타낸다.
가$^3=4913$이면 가의 값은 얼마입니까?

**6** 통 안에 흰색 바둑돌 12개와 검은색 바둑돌 7개가 들어 있습니다. 보지 않고 이 통 안에서 바둑돌을 한 개씩 꺼낼 때, 같은 색깔의 바둑돌을 반드시 2개 꺼내려면, 최소한 몇 번을 꺼내야 합니까?

**7** 어떤 수를 그림의 순서에 따라 계산을 하면 그 결과가 처음 수로 되는 것을 나타낸 것입니다. 빈칸에 알맞은 수를 구하시오.

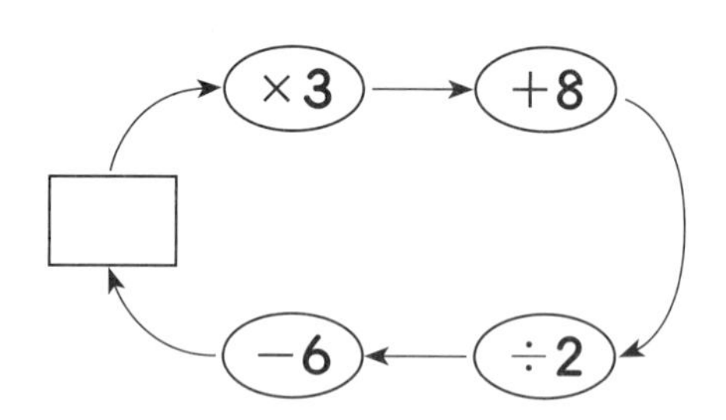

**8** 다음 **6**장의 숫자 카드가 각각 **20**장씩 있습니다. 이 숫자 카드를 모두 한 번씩 사용하여 세 자리 수를 **40**개 만들려고 합니다. 만들 수 있는 세 자리 수 **40**개의 합이 가장 크게 될 때의 합을 구하시오.

**9** 오른쪽 그림의 가, 나, 다, 라 **4**부분에 빨강, 주황, 노랑, 초록의 **4**가지 색을 칠하려고 합니다. **4**가지 색을 모두 사용하여 칠하는 방법은 몇 가지입니까?

**10** 오른쪽 그림은 세 변의 길이의 합이 **24** cm인 삼각형의 각 꼭짓점을 중심으로 크기가 같은 원 **3**개를 그린 것입니다. 오른쪽과 크기가 같은 원으로 다음과 같이 직사각형을 둘러싸도록 겹치지 않게 이어 그렸더니 모두 **50**개가 그려졌습니다. 이 직사각형의 네 변의 길이의 합은 몇 cm입니까?

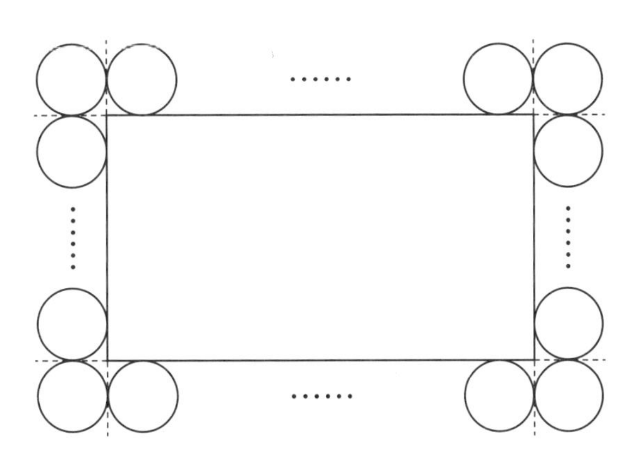

**11** 1989를 연속되는 자연수의 합으로 나타내려고 합니다. (　　) 안에 작은 수부터 차례로 써넣을 때 ㉮에 들어갈 수를 구하시오.

1989=(　　)+( ㉮ )+(　　)+(　　)+(　　)+(　　)

**12** 길이가 70 m인 기차가 있습니다. 이 기차가 1초 동안에 24 m를 달린다면 362 m의 터널을 완전히 통과하는 데는 몇 초가 걸리겠습니까?

**13** 오른쪽 그림과 같이 흰색 돌과 검은색 돌을 규칙적으로 놓았습니다. 맨 아랫줄에 흰색 돌이 놓이게 했을 때, 흰색 돌이 검은색 돌보다 36개 더 많았다면 돌은 모두 몇 개를 놓았겠습니까?

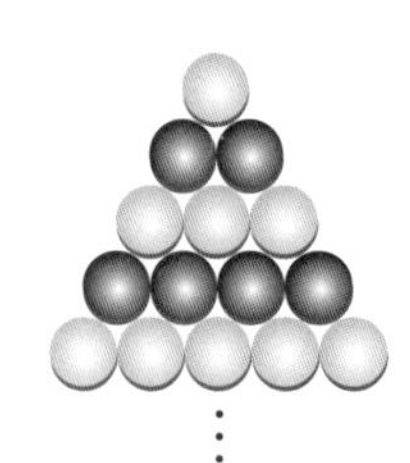

**14** 사과 4개의 값은 감 6개의 값과 같고, 감 3개의 값은 귤 5개의 값과 같다고 합니다. 사과 20개의 값은 귤 몇 개의 값과 같습니까?

**15** 18000원을 형과 나와 동생이 나누어 가지려고 합니다. 형은 동생의 2배보다 600원을 적게 갖고, 나는 동생보다 600원을 많게 가지려고 할 때, 형과 나와 동생은 각각 얼마씩 나누어 가지면 됩니까?

**16** 세 자연수 가, 나, 다가 있습니다. 나와 다가 모두 가로 나누어떨어지고, 가=92, 나+다=1196일 때, 나와 다의 차 중 가장 작은 값을 구하시오.

**17** 용기만의 무게는 **50** g이고, 내용물이 **150** g인 통조림이 다음 그림과 같이 **3**단으로 들어 있습니다. 이 상자 전체의 무게는 몇 g입니까? (단, 빈 상자의 무게는 **1.2** kg입니다.)

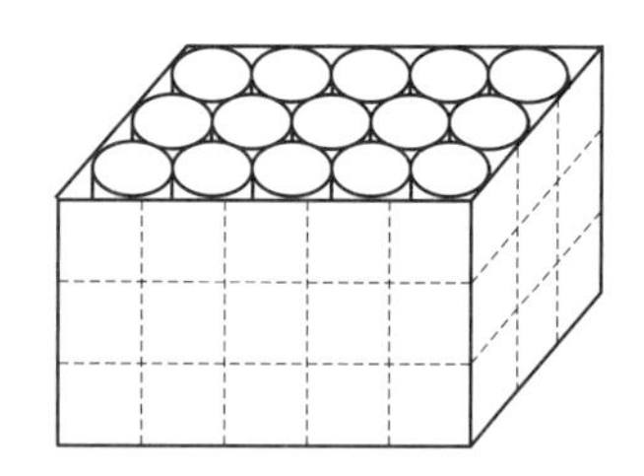

**18** 가로가 **24** cm인 직사각형 ㄱㄴㄷㄹ이 있습니다. 이것을 오른쪽 그림과 같이 접었을 때 겹쳐진 삼각형ㅁㅂㅅ은 정삼각형입니다. 선분 ㅁㅂ의 길이가 **6** cm일 때, 선분 ㄱㅅ과 선분 ㅅㅇ의 길이의 합은 몇 cm입니까?

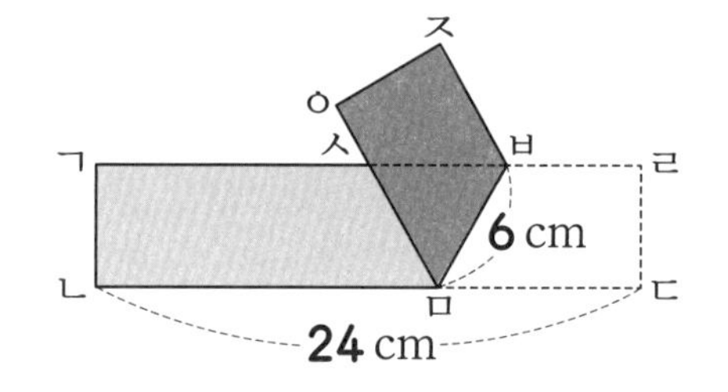


**19** 오른쪽 그림과 같이 반지름이 **2** cm인 원을 그린 후 지름이 **2** cm씩 커지는 원을 점 ㄱ에서 만나도록 계속 그렸습니다. **8**번째에 그린 원의 중심과 **20**번째에 그린 원의 중심 사이의 길이는 몇 cm입니까?

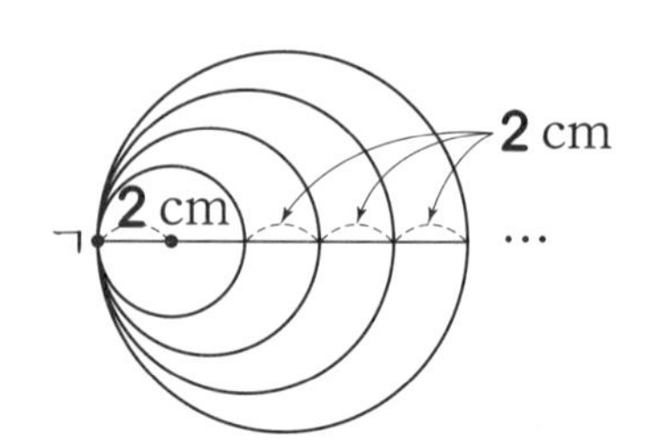

**20** 어떤 두 자리 수를 그 수의 십의 자리 숫자로 나눈 몫은 10이고 일의 자리 숫자로 나눈 몫은 16입니다. 어떤 수가 될 수 있는 수들의 합을 구하시오. (단, 나눗셈이 반드시 나누어떨어지는 것은 아닙니다.)

**21** ⬭ 안의 수는 그 양 끝의 □ 안의 수의 곱입니다. ㉮, ㉯, ㉰, ㉱가 모두 두 자리 수일 때, 이 4개의 수의 합을 구하시오.

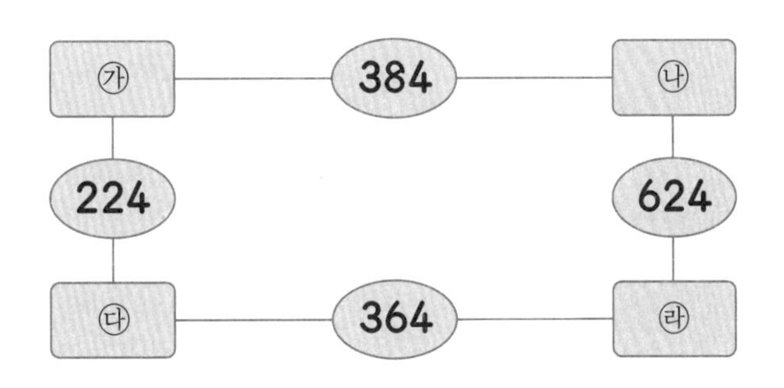


**22** 주사위의 6개 면에는 1부터 6까지 여섯 개의 숫자가 쓰여 있고, 마주 보는 두 면에 쓰여 있는 숫자의 합은 모두 7입니다. 주사위끼리 붙어 있는 두 개의 면에 쓰여 있는 숫자의 합이 8이 되도록 그림과 같이 붙여 놓았을 때, 그림에서 ㉠이 표시되어 있는 자리에 올 수 있는 숫자를 모두 쓰시오.

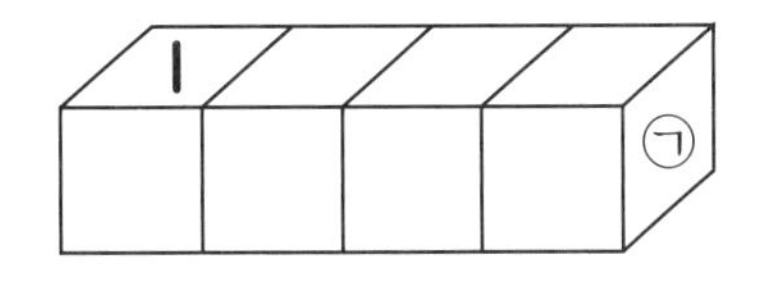

**23** 오른쪽 그림에서 적어도 1개의 ★을 포함하고 있는 크고 작은 직사각형의 개수를 구하시오.

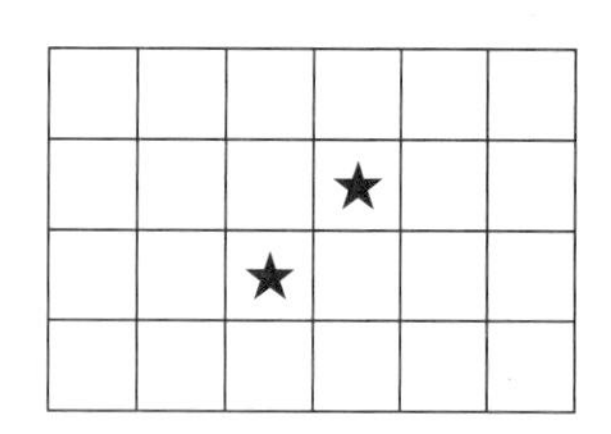

**24** 영수네 집에서는 매일 아침에 요구르트를 2개씩 배달받습니다. 어느 날 요구르트의 값이 한 개당 450원에서 550원으로 인상되어 12월 한 달 동안 배달된 요구르트의 값은 31700원이었습니다. 요구르트의 값이 인상된 날짜는 언제입니까?

**25** 어떤 버스의 출발 지점과 종점 사이에는 11개의 버스정류장이 있습니다. 이 버스가 출발 지점에서 12명을 태운 후 종점으로 갈 때, 매 번 그 전 정류장보다 그 다음 정류장에서는 한 명의 승객이 덜 타고, 한 명의 승객이 더 내린다고 합니다. 모든 승객이 앉아서 간다면 이 버스에는 최소 몇 개의 좌석이 준비되어 있겠습니까?

# 올림피아드 기출문제

Olympiad

# 올림피아드 기출문제

전국예상등위

| 대상권 | 금상권 | 은상권 | 동상권 |
| --- | --- | --- | --- |
| 24/25 | 22/25 | 20/25 | 18/25 |

**1** 천의 자리의 숫자가 8이고, 십의 자리의 숫자가 4인 네 자리 수 중에서 가장 큰 수와 가장 작은 수의 차는 얼마입니까?

**2** 학생들이 한 줄로 서 있습니다. 신영이는 앞에서부터 25번째, 뒤에서부터 123번째에 서 있습니다. 학생들은 모두 몇 명이 서 있습니까?

**3** [그림 1]과 같은 직사각형 모양의 종이를 [그림 2]와 같이 접었습니다. 사각형 ㅁㅅㅇㄹ의 네 변의 길이의 합은 몇 cm입니까?

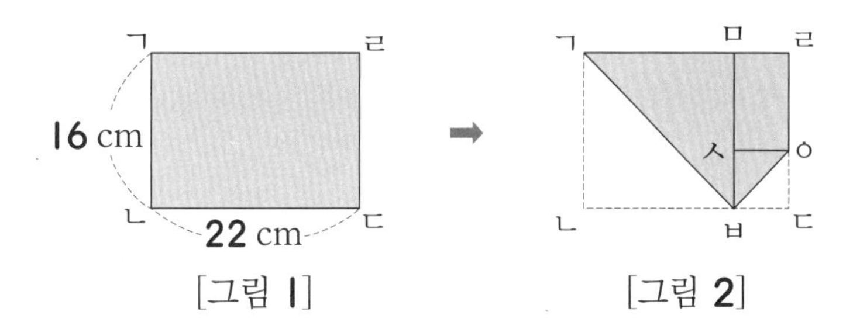

[그림 1] [그림 2]

**4** 다음에서 △, ◎, ☆은 각각 서로 다른 숫자입니다. ☆◎+△는 얼마입니까?

$$
\begin{array}{r}
△\ ◎\ ☆ \\
+\ △\ ☆\ ☆ \\
\hline
5\ ☆\ 4
\end{array}
$$

**5** 다음과 같이 규칙에 따라 분수를 만들어 나갈 때, ㉠에 알맞은 분수는 $\frac{\triangle}{\square}$입니다. 이때 △+□는 얼마입니까?

$\frac{1}{4}$, $\frac{3}{5}$, $\frac{5}{8}$, $\frac{7}{13}$, □, $\frac{11}{29}$, ㉠, …

**6** 다음 조건을 만족하는 ㉮는 얼마입니까?

- ㉮는 두 자리 수입니다.
- ㉮×㉮×㉮의 곱은 2197입니다.

**7** 석기와 한별이가 각자 가지고 있는 4장의 숫자 카드를 한 번씩 사용하여 세 자리 수를 만들 때, 석기는 한별이보다 몇 개 더 많이 만들 수 있습니까?

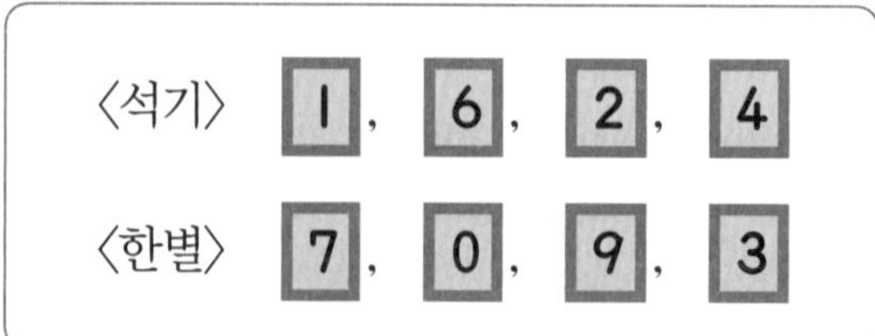

**8** 영수는 지혜의 2배의 돈을 가지고 있었는데 두 사람 모두 1500원씩을 사용해서 남은 돈은 영수가 지혜의 5배가 되었습니다. 지혜의 남은 돈은 얼마입니까?

**9** 1, 2, 3, 4, …는 연속되는 수입니다. 1000을 연속되는 다섯 개의 수의 합으로 나누었더니 나머지 없이 몫이 4가 되었습니다. 이 다섯 개의 수 중에서 가장 작은 수와 가장 큰 수의 합을 5로 나누면 몫은 얼마입니까?

**10** 서울이 7월 15일 오전 11시이면 뉴욕은 7월 14일 오후 9시입니다. 뉴욕이 9월 12일 오후 2시 35분이면 서울은 ㉠월 ㉡일 ㉢시 ㉣분입니다. 이때 ㉠+㉡+㉢+㉣의 값은 얼마입니까?

**11** ○ 안에 4부터 10까지의 수를 한 번씩 써 넣어서 각 직선 위의 세 수의 합과 각 원 위의 세 수의 합이 모두 21이 되도록 만들 때, 가, 나, 다 세 수의 합은 얼마입니까?

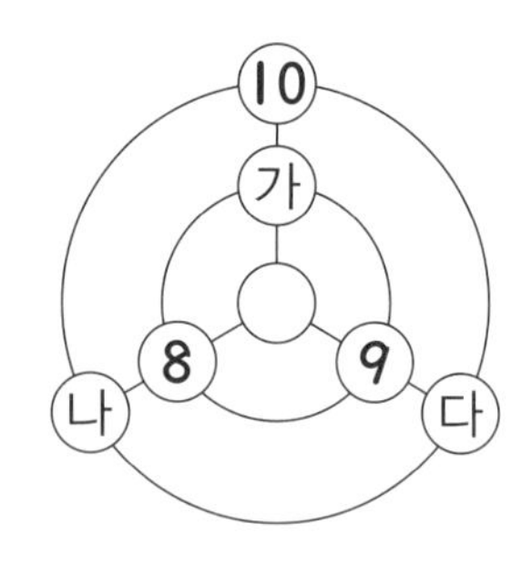


**12** 체험 학습 중인 학생들이 야영을 하기 위해 8시 20분부터 10시까지 야영장에 모였습니다. 8시 20분에 도착한 학생이 3명이었고, 그 후 20분 간격으로 야영장에 있는 학생 수의 2배만큼씩 도착하였다면 10시까지 모인 학생은 모두 몇 명입니까?

**13** [그림 1]과 같이 한 변의 길이가 13 cm인 정사각형 모양의 종이가 있습니다. 이 종이로 [그림 2]와 같은 직각삼각형 모양의 조각을 최대한 몇 개나 오려낼 수 있습니까?

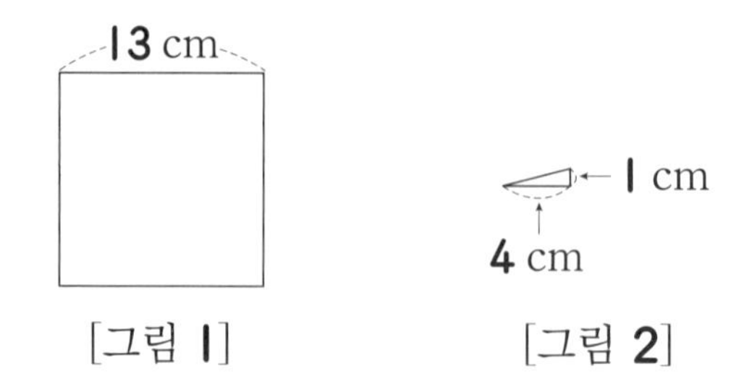

[그림 1] [그림 2]

**14** 오른쪽 그림에서 찾을 수 있는 크고 작은 직사각형은 모두 몇 개입니까?

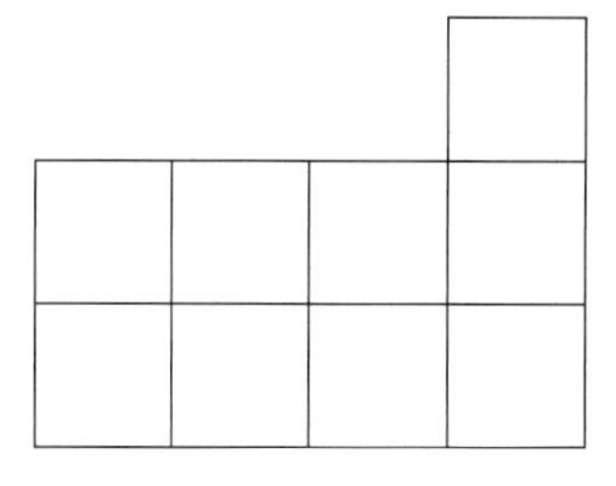

**15** 두 수 ㉮와 ㉯가 있습니다. ㉮※㉯=㉮×**2**+㉯×㉯와 같은 규칙이 있습니다. 예를 들면 **3**※**4**=**3**×**2**+**4**×**4**=**22**와 같습니다. □ 안에 알맞은 수는 얼마입니까?

**62**※□=**245**

**16** 다음을 보고 □+△의 값을 구하시오.

- □, ○, △는 각각 세 자리 수입니다.
- □는 ○보다 **254** 더 큽니다.
- ○와 △의 합은 **436**입니다.

**17** 두 자리 수가 2개 있습니다. 이 두 수의 합은 86이고, 두 수의 곱은 1728일 때, 두 수의 차는 얼마입니까?

**18** [0], [2], [4], [5], [8] 5장의 숫자 카드를 한 번씩 사용하여 만들 수 있는 세 자리 수 중에서 나머지 없이 5로 나누어지는 수는 모두 몇 개입니까?

**19** 다음과 같이 3개의 톱니바퀴가 서로 맞물려 돌아가고 있습니다. 가 톱니 수는 9개, 나 톱니 수는 12개, 다 톱니 수는 6개일 때, 가 톱니바퀴가 18바퀴 돌면, 다 톱니바퀴는 몇 바퀴 돌겠습니까?

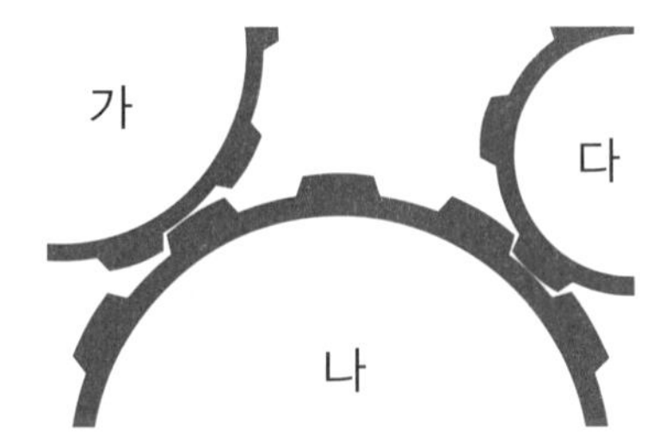

**20** 두께가 2 cm 6 mm인 널빤지가 8개 있습니다. 동민이는 이 널빤지를 모두 이용하여 높이가 220 cm인 벽에 선반을 설치하려고 합니다. 선반과 선반 사이는 25 cm가 되도록 하고, 바닥에서부터 첫 번째 선반까지의 거리와 맨 위 선반에서부터 천장까지의 거리가 같도록 하려면 바닥에서 첫 번째 선반까지의 거리는 몇 mm로 해야 합니까?

**21** 3부터 12까지의 자연수를 작은 사각형 안에 하나씩 써넣으려고 합니다. ◇와 같은 사각형 3개 안에 있는 네 수의 합이 같고, 그 합이 최소가 되도록 할 때, ㉮와 ㉯에 들어갈 수를 찾아 그 합을 구하시오.

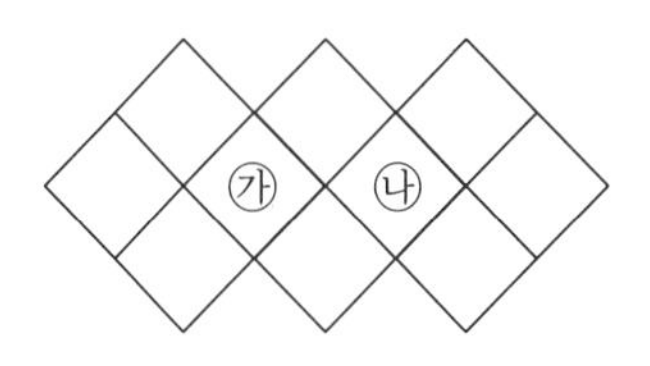


**22** 다음 양팔 저울들은 모두 수평을 이루고 있습니다. ㉮, ㉯, ㉰, ㉱의 무게가 각각 다르고, ㉮와 ㉱의 무게의 합이 36 g이라면 ㉮와 ㉰의 무게의 차는 몇 g입니까?

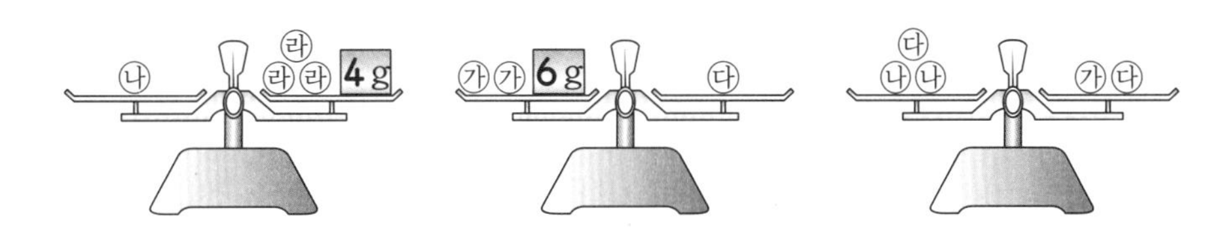

**23** 나무 상자 안에 150개의 공이 들어 있습니다. 가영이와 지혜의 순서로 번갈아 가며 상자 안의 공을 꺼내는 데 한 번에 1개부터 8개까지 공을 꺼내려고 합니다. 마지막 공을 꺼내는 사람이 이기게 된다면 가영이는 처음에 몇 개를 꺼내야 반드시 이길 수 있습니까?

**24** 다음과 같이 집에서 학교까지 가는 직사각형 모양의 길이 있습니다. 집에서 학교까지 가장 가까운 길로 가는 방법은 몇 가지입니까?

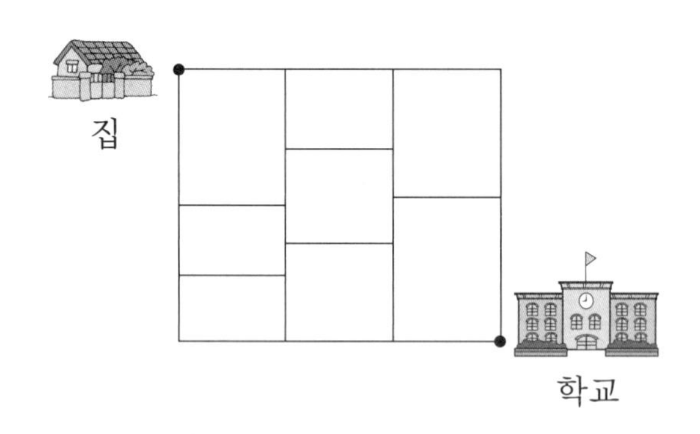


**25** 다음 수들은 어떤 규칙에 따라 늘어놓은 수들입니다. □ 안에 알맞은 수를 구하시오.

4, 5, 14, 31, 56, □, 130, ⋯

# 올림피아드 기출문제

| 전국예상등위 | | | |
|---|---|---|---|
| 대상권 | 금상권 | 은상권 | 동상권 |
| 24/25 | 22/25 | 20/25 | 18/25 |

**1** 어느 마라톤 대회에 참가한 사람 수는 1312명입니다. 출발하여 뛰는 도중 포기한 사람이 끝까지 뛴 사람보다 108명 더 많았다면, 끝까지 뛴 사람은 몇 명입니까?

**2** 상연이는 계획을 세워 1년 동안 저금을 하였습니다. 처음 몇 달 간은 매달 700원씩 저금을 하다가 나머지 몇 달은 750원씩 저금을 하였더니 1년 동안 저금한 돈이 모두 8800원이었습니다. 700원씩 저금한 달은 몇 달 간입니까?

**3** 석기는 쪽수가 없는 책에 1쪽부터 차례로 쪽수를 썼습니다. 쪽수를 쓰는 데 사용된 숫자가 모두 510개라면, 석기는 몇 쪽까지 쪽수를 썼습니까?

**4** 1부터 9까지의 숫자 중 □ 안에 알맞은 숫자를 모두 써넣은 후, 숫자들을 모두 더하면 얼마입니까?

$$\begin{array}{rrrr} & & 7 & 6 \\ \times & & \square & 5 \\ \hline & \square & \square & 0 \\ \square & \square & \square & \\ \hline \square & \square & 4 & 0 \end{array}$$

**5** 관광객을 태운 유람선이 목적지를 향해 가고 있었습니다. 중간에 있는 섬에서 **324**명이 내리고 **172**명이 탔는데 목적지에 도착한 사람을 세어 보니 **678**명이었습니다. 유람선에 처음 타고 있던 관광객은 몇 명이었습니까?

**6** 다음 식에서 □ 안에는 백의 자리와 일의 자리의 숫자가 같은 세 자리 수만 들어갈 수 있습니다. 세 수의 합이 **888**에 가장 가까운 수가 되도록 □ 안에 알맞은 수는 얼마입니까?

**452+□+235**

**7** 빈칸에 알맞은 수를 써넣을 때, ㉮에 알맞은 수는 얼마입니까?

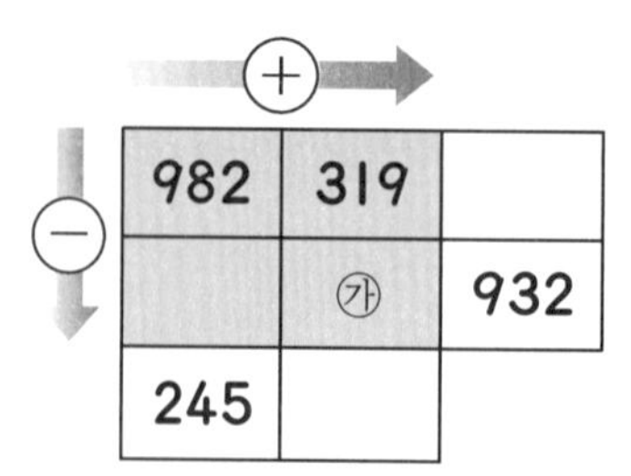

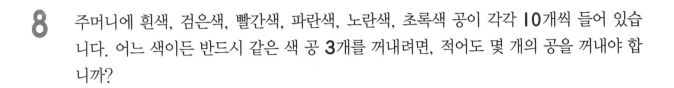

**8** 주머니에 흰색, 검은색, 빨간색, 파란색, 노란색, 초록색 공이 각각 10개씩 들어 있습니다. 어느 색이든 반드시 같은 색 공 3개를 꺼내려면, 적어도 몇 개의 공을 꺼내야 합니까?

**9** 지혜의 시계는 하루에 5분씩 느려지고, 가영이의 시계는 하루에 15분씩 빨라집니다. 9월 18일 낮 12시에 두 시계의 시각을 똑같이 맞추었습니다. 9월 23일 낮 12시에 두 시계가 가리키고 있는 시각의 차이는 몇 분입니까?

**10** (가)와 (나)는 같은 크기의 작은 정사각형으로 이루어진 도형입니다. 도형 (가)의 둘레의 길이가 52 cm이면, 도형 (나)의 둘레의 길이는 몇 cm입니까?

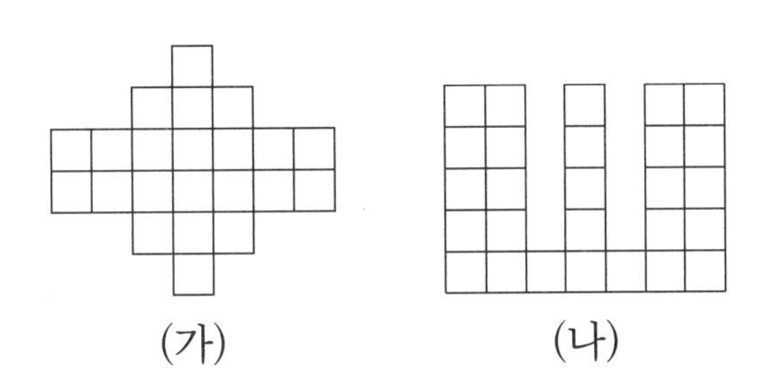


**11** 다음은 수를 어떤 규칙으로 늘어놓은 것입니다. □ 안에 알맞은 수는 얼마입니까?

2, 5, 11, 23, 47, □, 191

**12** 한 변의 길이가 **25** cm인 정삼각형 모양의 타일을 그림과 같이 붙여 놓으려고 합니다. 정삼각형 모양을 한 개 놓으면 만들어진 타일의 둘레의 길이는 **75** cm이고, **2**개 놓으면 **100** cm, **3**개 놓으면 **125** cm가 됩니다. 같은 방법으로 **21**개를 붙여 놓으면 만들어진 타일의 둘레의 길이는 몇 cm가 됩니까?

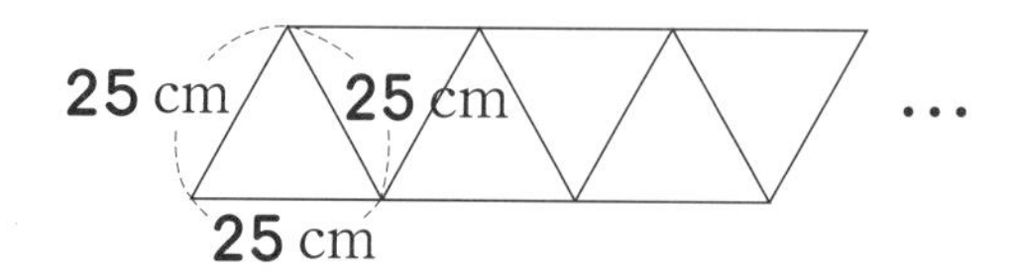


**13** (가)에 있는 모든 수들의 곱과 (나)에 있는 모든 수들의 곱을 같게 하려고 합니다. □ 안에 알맞은 수는 얼마입니까?

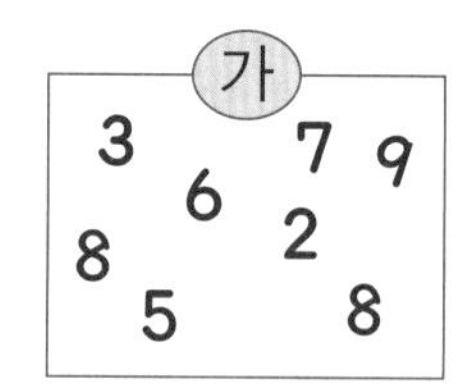


나
5 □ 4 9
3 7 2 8

**14** 빈칸에 수를 넣어 가로, 세로, 대각선에 들어가는 세 수의 합이 모두 같게 하려고 합니다. ★이 있는 곳에 알맞은 수는 얼마입니까?

| 32 | | |
|---|---|---|
| | 35 | |
| 36 | | ★ |

**15** 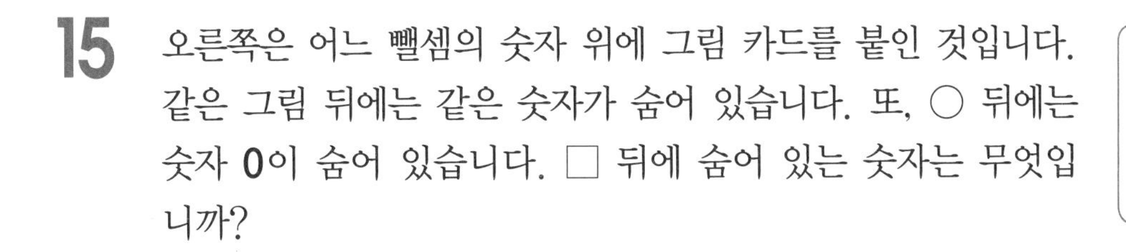
오른쪽은 어느 뺄셈의 숫자 위에 그림 카드를 붙인 것입니다. 같은 그림 뒤에는 같은 숫자가 숨어 있습니다. 또, ○ 뒤에는 숫자 0이 숨어 있습니다. □ 뒤에 숨어 있는 숫자는 무엇입니까?

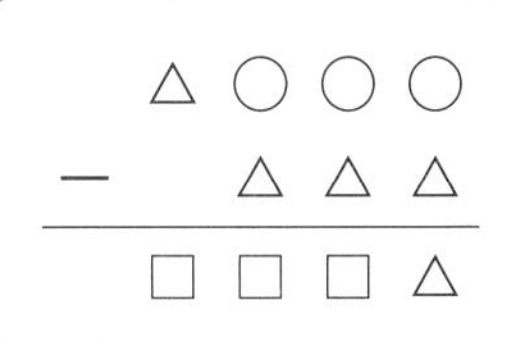


**16** 1, 2, 3, 4, …는 연속된 자연수입니다. 연속된 세 자연수의 합이 다음에 오는 수보다 48 클 때, 이 연속된 세 자연수 중에서 가장 작은 자연수는 얼마입니까?

**17** 300명의 학생 중에서 응원 단장 한 명을 아래와 같은 방법으로 뽑습니다. 응원 단장이 되려면 처음에 줄을 설 때 몇 번째에 서 있어야 합니까?

- 300명이 학생들을 한 줄로 세워 차례대로 번호(1, 2, 3, …, 300)를 붙인 후 짝수 번호만 남게 합니다.
- 남은 학생들에게 다시 서 있는 차례대로 번호(1, 2, 3, …, 150)를 붙인 후 짝수 번호만 남게 합니다.
- 이와 같은 방법으로 계속하여 마지막까지 남는 학생이 응원 단장이 됩니다.

**18** 길이가 560 cm인 통나무를 80 cm 길이로 모두 자르려고 합니다. 한 번 자르는 데 7분이 걸리고, 한 번 자른 후에 2분씩 쉰다고 하면 모두 자르는 데 몇 분이나 걸리겠습니까?

**19** 어떤 두 자리 수가 있습니다. 이 수는 4로 나누어떨어지고, 그 몫은 어떤 두 자리 수에서 69를 뺀 수와 같습니다. 어떤 두 자리 수를 5로 나누었을 때의 몫과 나머지의 합은 얼마입니까?

**20** 보기 에서 ○, □, △의 규칙을 찾아 10△((81○3)□15)의 값을 구하면 얼마입니까?

보기

| | | |
|---|---|---|
| 6□4=2 | 3△5=20 | 6○3=3 |
| 8□5=3 | 5△7=42 | 16○2=9 |
| 8□11=3 | 5△6=36 | 24○6=5 |

**21** 정사각형 4개로 만들어진 직사각형 ㄱㄴㄷㄹ이 있습니다. 정사각형 (가), (나), (다), (라)의 둘레의 길이의 합은 몇 cm입니까?

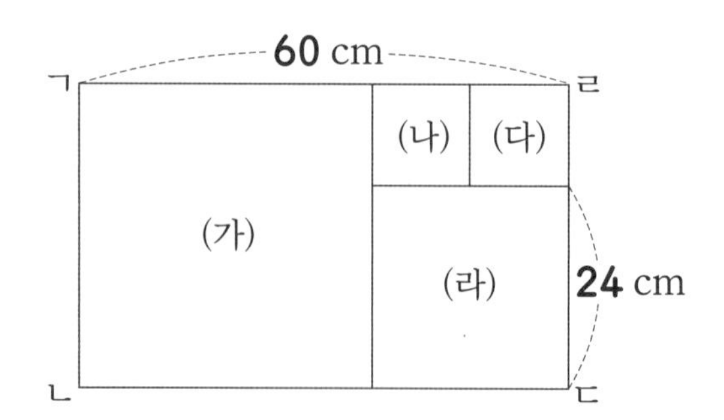

**22** 다음 도형의 둘레의 길이를 구하시오.

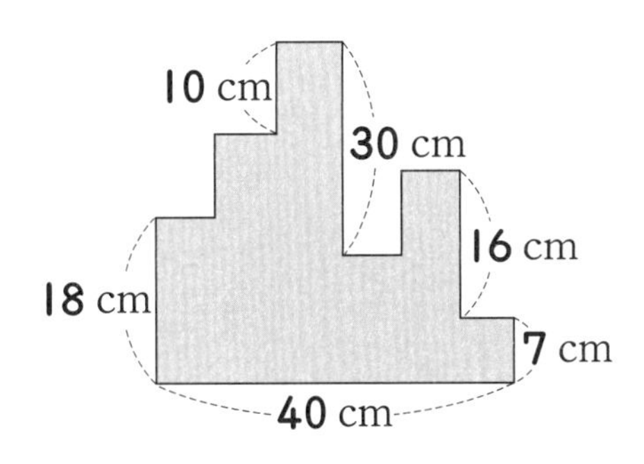


**23** 오른쪽 도형은 삼각형을 붙여서 만든 것입니다. 크고 작은 삼각형은 모두 몇 개 있습니까?

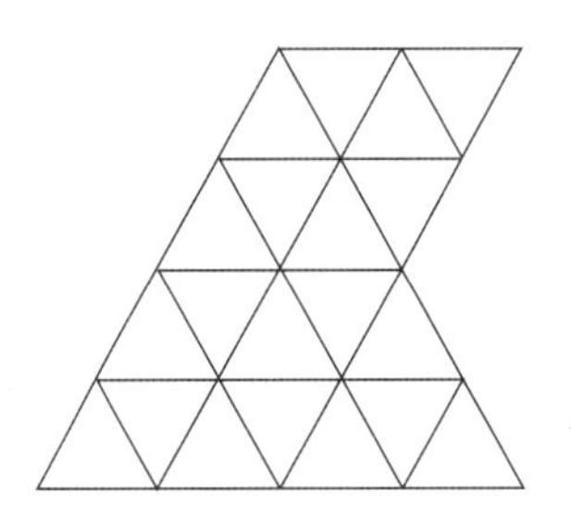

**24** 한 변의 길이가 1 cm인 정사각형을 이용하여 그림과 같은 규칙으로 늘어놓았습니다. 작은 정사각형의 개수가 처음으로 2000개보다 많게 되는 것은 몇 번째 그림입니까?

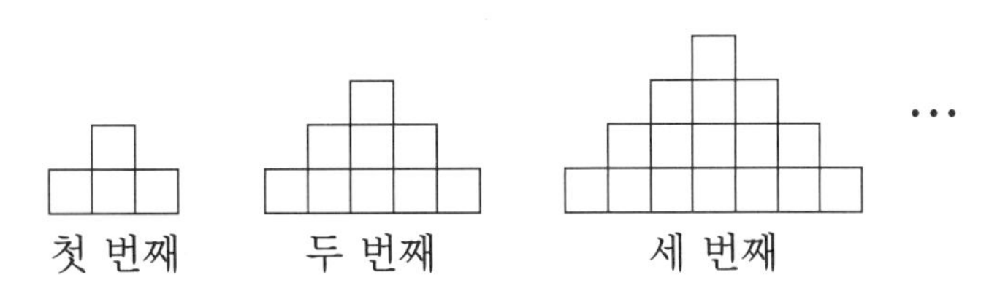

**25** 왼쪽과 같은 블럭이 5개 있습니다. 이 블럭들을 모두 사용하여 오른쪽과 같이 네 변의 길이가 같은 사각형 모양의 판자를 덮으려고 합니다. 덮는 방법을 모두 그려 보고 모두 몇 가지인지 구하시오. (단, 돌리거나 뒤집어서 같은 모양이 되는 것도 모두 그려 봅니다.)

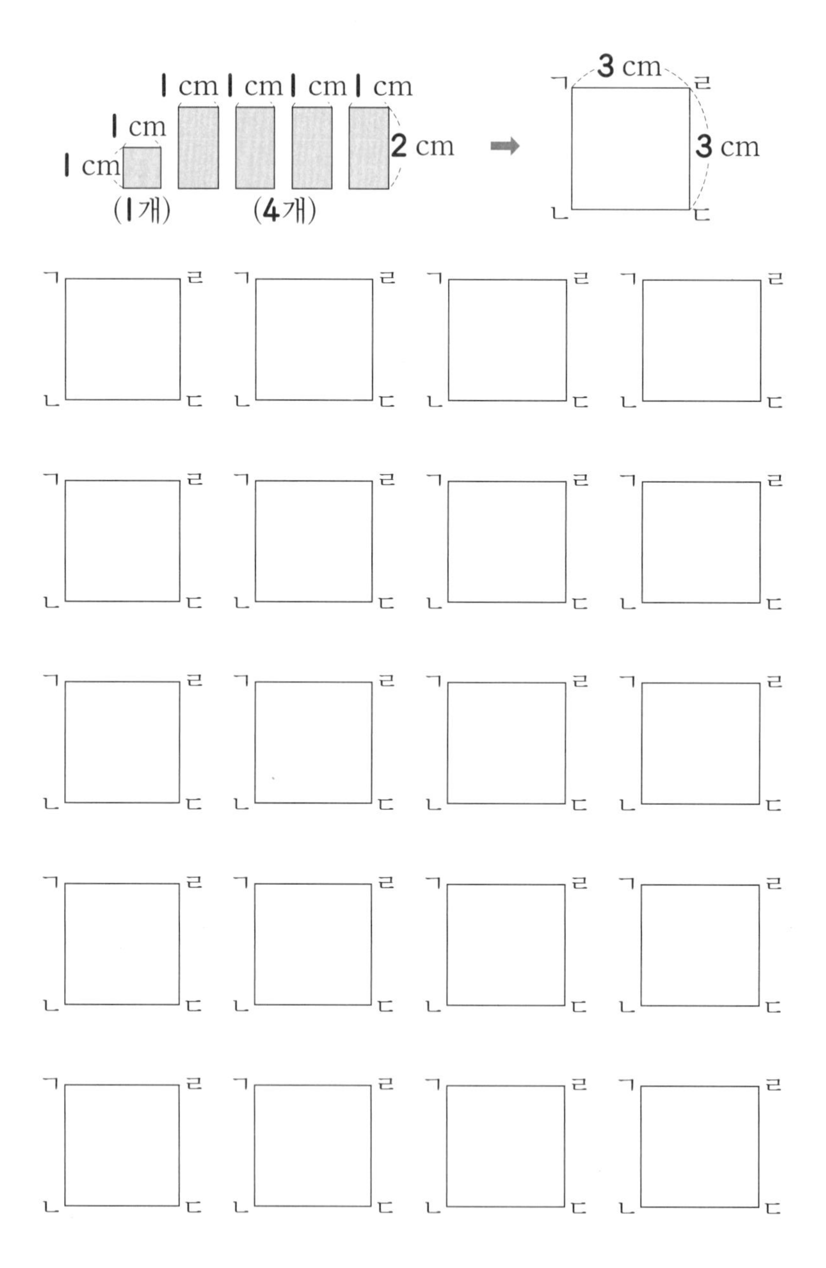

# 올림피아드 기출문제

전국예상등위

| 대상권 | 금상권 | 은상권 | 동상권 |
| --- | --- | --- | --- |
| 24/25 | 22/25 | 20/25 | 18/25 |

**1** 3000보다 크고 6000보다 작은 수 중에서 백의 자리, 십의 자리, 일의 자리의 숫자가 같은 수는 모두 몇 개입니까?

**2** 주머니 속에 빨간 구슬과 노란 구슬이 모두 360개 있습니다. 노란 구슬의 개수가 빨간 구슬의 개수의 $\frac{1}{3}$이라고 할 때, 노란 구슬은 몇 개 있습니까?

**3** 한 변의 길이가 2 cm인 정사각형을 그림과 같이 서로 이어서 새로운 도형을 만들었습니다. 정사각형 9개를 같은 방법으로 이어서 만든 도형의 둘레의 길이는 몇 cm입니까?

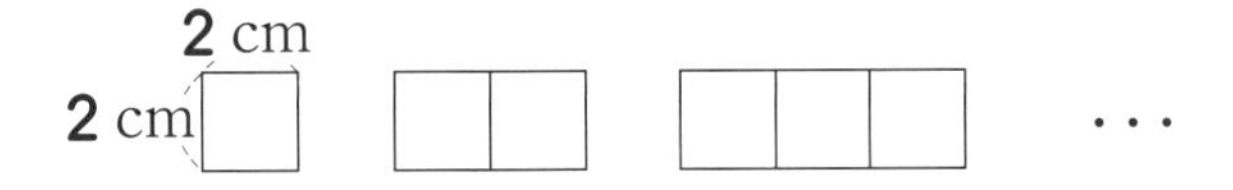


**4** [0], [1], [2], ···, [8], [9]의 10장의 숫자 카드 중에서 2장의 숫자 카드로 만들 수 있는 두 자리 수 중에서 5로 나누어떨어지는 수는 모두 몇 개입니까?

**5** 3학년 학생 6401명이 좋아하는 아이스크림을 조사하였습니다. 초코맛을 좋아하는 학생은 3486명, 딸기맛을 좋아하는 학생은 2509명, 초코맛이나 딸기맛을 모두 좋아하지 않는 학생은 918명입니다. 초코맛과 딸기맛을 모두 좋아하는 학생은 몇 명입니까?

**6** 한별이네 식구는 아버지, 어머니, 동생 가영이와 한초 이렇게 다섯 명입니다. 올해 아버지, 어머니의 연세는 41세, 38세이고, 한별, 가영, 한초의 나이는 8살, 5살, 4살입니다. 아버지와 어머니의 연세의 합이 세 자녀의 나이의 합의 3배가 되는 해는 올해부터 몇 년 후입니까?

**7** 두 수 ㉮와 ㉯가 있습니다. ㉮※㉯=㉮×2+㉯×㉯와 같은 규칙이 있습니다. 예를 들어 3※4는 3×2+4×4로 22와 같습니다. ㉮※㉯와 같은 규칙으로 계산하였을 때, □ 안에 알맞은 수는 얼마입니까?

48※□=160

**8** 가영이는 오후 2시 30분부터 1시간 15분 동안 동화책을 읽고, 몇 분 쉰 다음에 1시간 40분 동안 숙제를 하였습니다. 가영이가 숙제를 마친 시각이 오후 6시 10분이라면 가영이는 중간에 몇 분 동안 쉬었습니까?

**9** 각 자리의 숫자의 합이 7이 되는 네 자리 수는 모두 몇 개입니까?

**10** ㉮, ㉯, ㉰, ㉱, ㉲에 알맞은 수를 넣어 각각의 가로, 세로에 있는 네 수의 합을 같게 하려고 합니다. ㉰에 알맞은 수는 얼마입니까?

| ㉮ | 11 | 10 | 15 |
|---|---|---|---|
| ㉯ | ㉰ | 13 | 4 |
| 16 | ㉱ | 12 | 5 |
| 3 | 14 | ㉲ | 18 |

**11** 한솔이네 마을 사람들은 **300**명이고, 그중에서 남자는 **135**명입니다. 마을 사람들 중 학생은 **140**명이고, 그중 **65**명은 여학생입니다. 남자 중 학생이 아닌 사람은 몇 명입니까?

**12** 집에서 학교까지 **1**분에 **65** m의 빠르기로 걸으면 **1**분에 **55** m의 빠르기로 걷는 것보다 **8**분 빨리 도착합니다. 집에서 학교까지의 거리가 ㉠km ㉡m일 때, ㉠+㉡의 값은 얼마입니까?

**13** 오른쪽 곱셈식에서 ㉠, ㉡, ㉢은 서로 다른 숫자를 나타내고 □ 안에는 **0** 이외의 숫자가 들어갑니다. 이 식을 계산하여 얻을 수 있는 세 자리 수는 몇 가지입니까?

㉠ ㉡
× ㉢ ㉡
□ 4
□ □
□ □ □

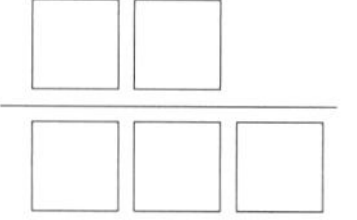

**14** 다음을 계산한 값은 얼마입니까?

$$(1003+1005+1007+\cdots+1127)$$
$$-(1000+1002+1004+\cdots+1124)$$

**15** 다음 보기 에서 ㉮는 무엇입니까?

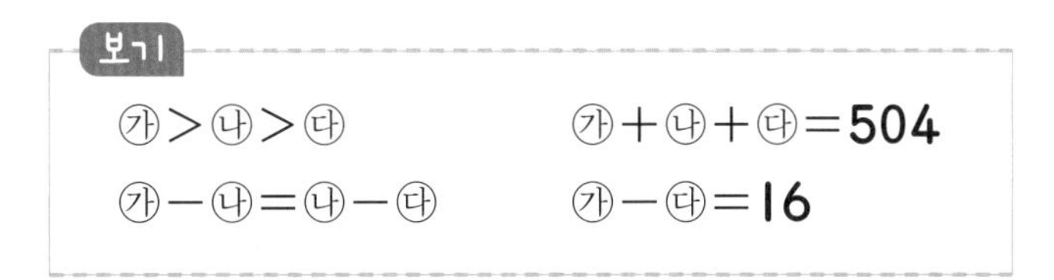
보기
㉮>㉯>㉰ ㉮+㉯+㉰=504
㉮−㉯=㉯−㉰ ㉮−㉰=16

**16** 다음은 어떤 규칙에 따라 수를 쓴 것입니다. 1층에 있는 수의 위치를 서로 바꾼 후 똑같은 규칙으로 나머지 층에 수를 썼을 때, 4층에 쓴 수가 가장 작은 경우와 두 번째로 작은 경우의 차는 얼마입니까?

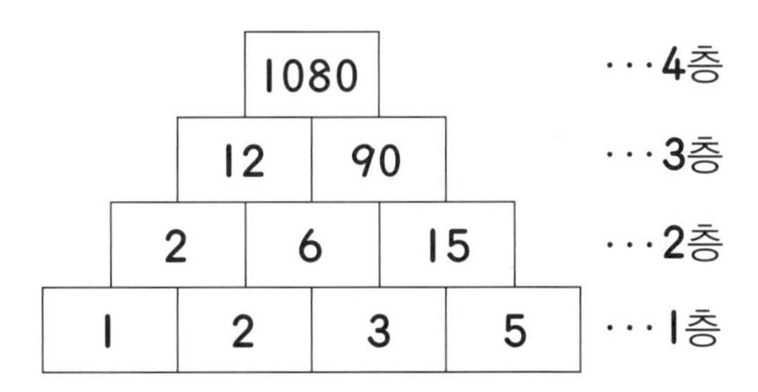


**17** 오른쪽 보기 는 33을 연속된 자연수의 합으로 나타낸 것입니다. 이와 같이 75를 연속된 자연수의 합으로 나타내려고 합니다. 가능한 경우는 모두 몇 가지입니까?

보기
$16+17=33$
$10+11+12=33$
$3+4+5+6+7+8=33$

**18** 다음 도형의 둘레의 길이는 몇 cm입니까?

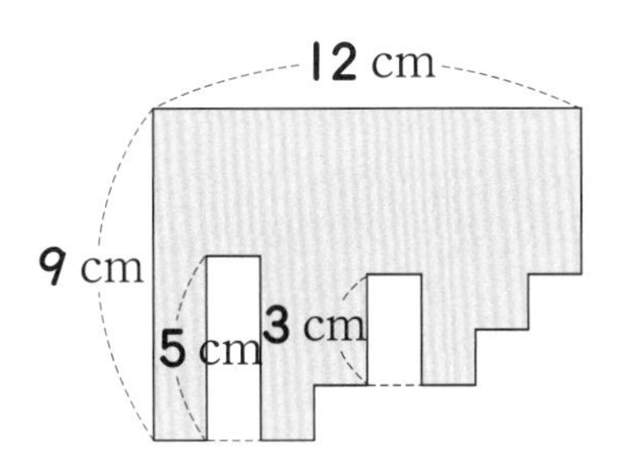

**19** 직선 가, 나 위에 각각 **3**개, **5**개의 점이 있습니다. 이러한 점을 꼭짓점으로 하여 그릴 수 있는 삼각형은 모두 몇 개입니까?

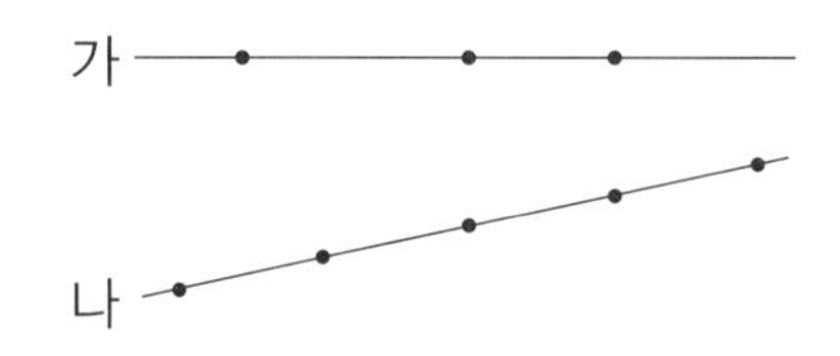


**20** 오른쪽 그림에서 찾을 수 있는 크고 작은 직사각형은 모두 몇 개입니까?

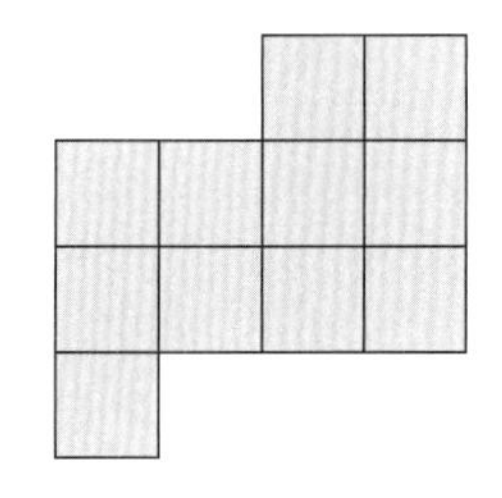

**21** 오른쪽 도형에서 찾을 수 있는 크고 작은 사각형은 모두 몇 개입니까?

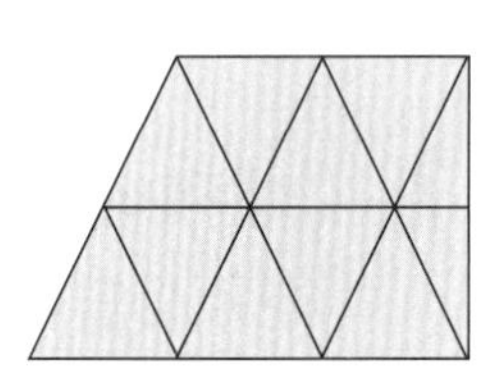

**22** 다음 그림과 같이 화살표 방향으로만 이동할 수 있는 길이 있습니다. 한초네 집에서 학교까지 갈 수 있는 서로 다른 길은 모두 몇 가지입니까?

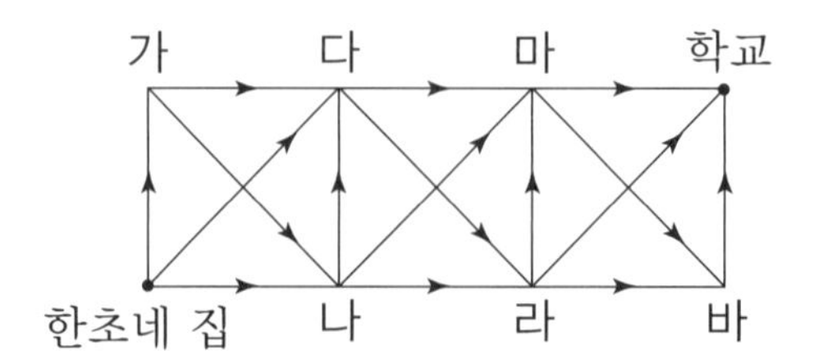

**23** 다음과 같이 차례로 위에서 보이는 면에 번호를 매기면서 쌓기블록을 쌓고 있습니다. 이와 같이 쌓았을 때, 일곱 번째 모양의 마지막 번호는 몇 번입니까?

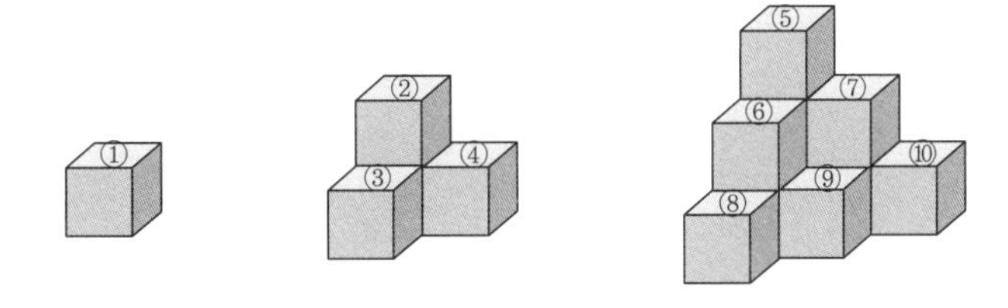


**24** 보기와 같은 규칙으로 **24**개의 모든 점을 한 번씩만 지나 출발점으로 되돌아오도록 그리려고 합니다. 보기의 모양에서는 모두 **14**개의 직각을 찾을 수 있습니다. 이와 같이 **24**개의 점을 이용하여 그릴 수 있는 모양 중에서 직각이 가장 많은 경우와 가장 적은 경우의 차는 얼마입니까?

보기

- 점에서 점으로 직선으로만 이동할 수 있습니다.
- 출발점에서 출발하여 출발점으로 되돌아옵니다.
- 점에서만 상하좌우 방향을 바꿀 수 있습니다.
- 대각선 방향으로는 움직일 수 없습니다.

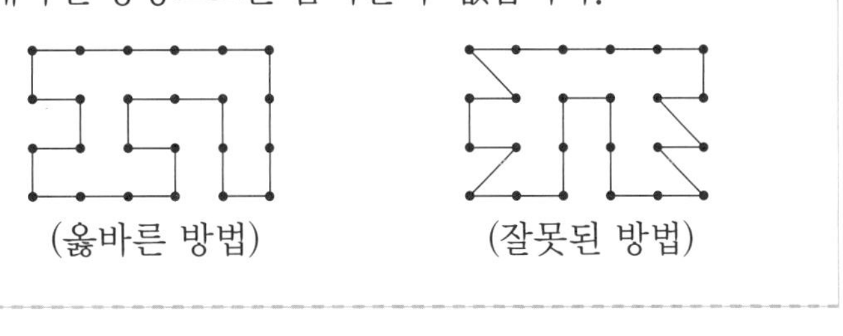

**25** 다음과 같은 **3**개의 블록을 모두 이용하여 변과 변을 완전히 맞닿게 이어 붙여 모양을 만들려고 합니다. 보기 의 **2**가지 모양을 점판에 그린 것처럼 만들 수 있는 나머지 모양을 모두 그리시오. (단, 뒤집거나 돌려서 완전히 겹쳐지는 모양은 한 가지로 봅니다.)

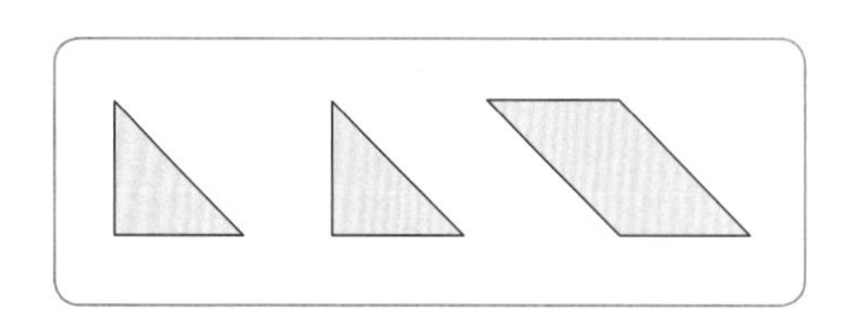

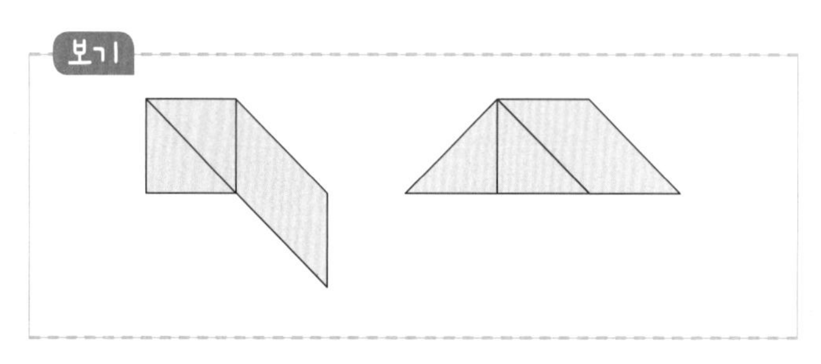

# 올림피아드 기출문제

| 전국예상등위 | | | |
|---|---|---|---|
| 대상권 | 금상권 | 은상권 | 동상권 |
| 24/25 | 22/25 | 20/25 | 18/25 |

**1** 효근이는 숫자 카드 1, 0을 세 장씩 가지고 있습니다. 만들 수 있는 네 자리 수는 모두 몇 개입니까?

**2** 길이가 12 cm인 종이 테이프 4개를 이어 붙여 오른쪽과 같이 정사각형을 만들었습니다. 겹쳐지는 부분이 15 mm라면, 색칠된 정사각형의 둘레의 길이는 몇 mm입니까?

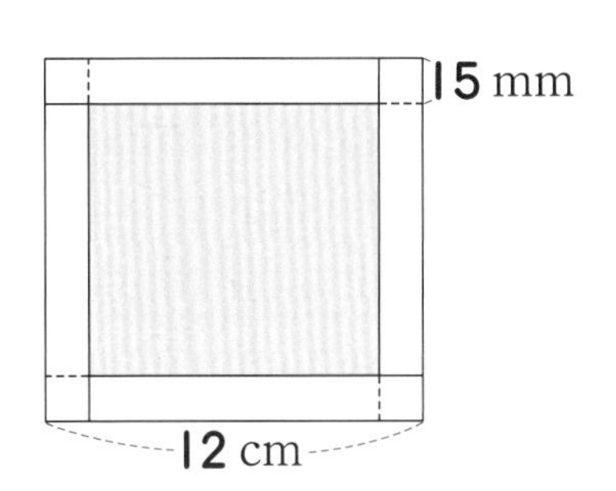


**3** 다음 그림과 같이 검은색 바둑돌과 흰색 바둑돌이 일정한 규칙으로 놓여 있습니다. 100번째까지 늘어놓을 때, 흰색 바둑돌은 몇 개가 놓여집니까?

**4** 기차를 타고 ㉮ 역에서 ㉱ 역까지 가는 데 걸린 시간이 다음과 같습니다. ㉱ 역에 도착한 시각이 오후 2시 20분일 때, ㉯ 역에서 ㉰ 역까지 가는 데 걸린 시간은 몇 분입니까?

오전 출발 ㉮역 10시 30분 —87분→ ㉯역 5분 쉼 ——→ ㉰역 8분 쉼 —45분→ ㉱역

**5** 쪽수가 1쪽부터 800쪽까지인 백과사전이 있습니다. 이 백과사전의 각 쪽수를 나타내는 수에서 숫자 1은 모두 몇 번 나옵니까?

**6** 두 수 ㉮와 ㉯가 있습니다. ㉯는 ㉮의 2배이고, ㉮의 4배와 ㉯의 3배의 합은 280입니다. 이때 두 수 중 ㉮는 얼마입니까?

**7** 바둑 대회에서 처음에는 8명이 참가하여 모두 서로 한 번씩 대국을 가지기로 하였습니다. 그런데 나중에 4명이 더 참가하여 대국 수가 늘어나게 되었습니다. 4명이 더 참가함으로써 전체 대국 수는 처음보다 몇 번 더 늘어나겠습니까?

**8** 효근이의 나이는 아버지의 연세의 $\frac{1}{3}$보다 3살이 적고, 아버지의 연세는 효근이의 나이의 4배일 때, 아버지와 효근이의 나이의 합은 얼마입니까?

**9** 다음 그림에서 ㉠÷㉢의 몫은 얼마입니까?

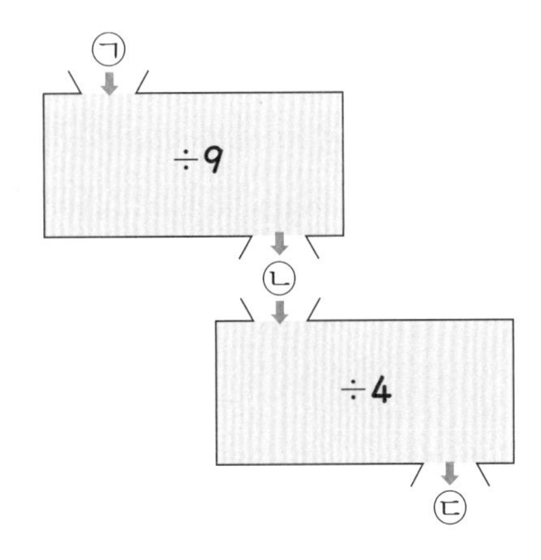


**10** 우리 학교 3학년 학생 280명이 좋아하는 과목을 조사하였습니다. 수학을 좋아하는 어린이는 185명, 체육을 좋아하는 어린이는 125명, 수학과 체육을 모두 싫어하는 어린이는 20명이었습니다. 수학과 체육을 모두 좋아하는 어린이는 몇 명입니까?

**11** 다음과 같이 십의 자리 숫자와 일의 자리 숫자를 곱하여 그 값이 한 자리 수가 될 때까지 계산합니다. 마지막 값이 6이 되는 두 자리 수는 모두 몇 개입니까?

$75 \rightarrow 35 \rightarrow 15 \rightarrow 5$

## 12

오른쪽 그림과 같은 길을 지혜와 영수가 자전거를 타고 1시간에 15 km의 빠르기로 달렸습니다. 두 명 모두 ㄴ지점에서 동시에 출발하였고, 지혜는 ㄴ → ㄱ → ㄹ, 영수는 ㄴ → ㄷ을 지나 길 ㄷㄹ의 중간 지점에서 출발한 지 40분 만에 만났습니다. 길 ㄱㄴ의 길이는 몇 km입니까?

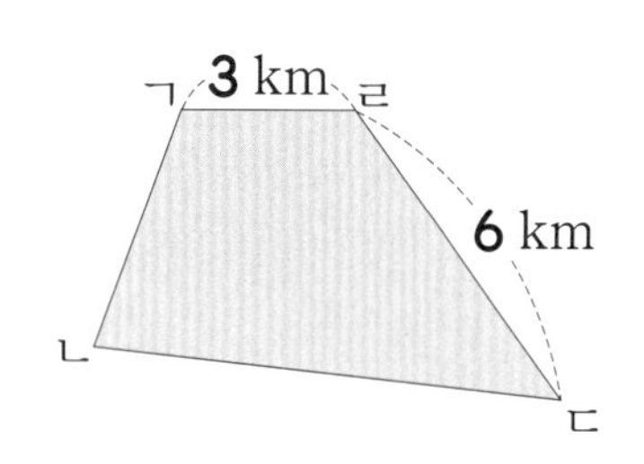


## 13

학교에서 서점까지 가장 가까운 길로 가는 방법은 몇 가지입니까?

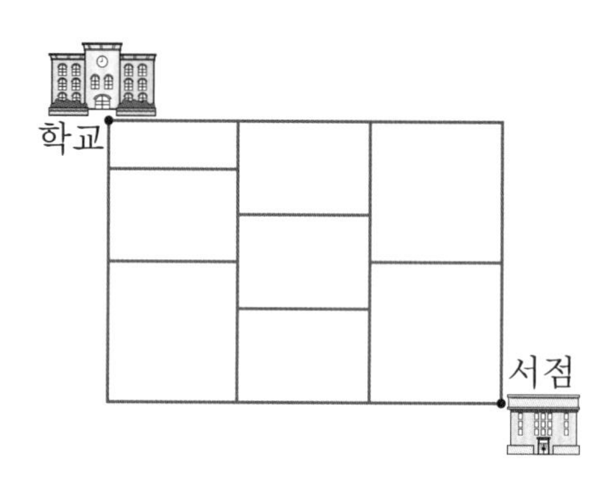


## 14

어떤 수에 9를 곱한 값의 끝의 세 자리 수는 272였습니다. 어떤 수가 될 수 있는 수 중에서 가장 작은 수는 무엇입니까?

**15** 다음 보기 와 같이 규칙적으로 계속 수를 나열하면 여섯 번째 줄의 여섯 번째 수는 얼마가 됩니까?

보기

| | | | | | | | | | | |
|---|---|---|---|---|---|---|---|---|---|---|
| <첫 번째> | 1 | 2 | 3 | 4 | 5 | 6 | 7 | 8 | 9 | … |
| <두 번째> | 3 | 5 | 7 | 9 | 11 | 13 | 15 | 17 | … | |
| <세 번째> | 8 | 12 | 16 | 20 | 24 | 28 | 32 | … | | |
| <네 번째> | 20 | 28 | 36 | 44 | 52 | 60 | … | | | |

**16** 커다란 물통에 호스로 물을 가득 채우는 데 15분이 걸립니다. 물통 밑바닥에 구멍이 나서 채우는 물의 양의 $\frac{1}{6}$만큼씩 새어 나간다면, 처음 물을 넣기 시작한 지 몇 분 후에 물이 가득 차게 됩니까?

**17** 네 자리 수 중 천의 자리의 숫자와 일의 자리의 숫자가 같고, 백의 자리의 숫자와 십의 자리의 숫자의 합이 8인 수 중에서 5500보다 크고 7500보다 작은 수는 모두 몇 개입니까?

**18** 2인용 의자와 5인용 의자를 합하면 모두 45개입니다. 이 의자에 136명이 앉았는 데 2인용 의자를 모두 채운 뒤 마지막 5인용 의자에는 3명이 앉았습니다. 5인용 의자는 몇 개입니까?

**19** 한 개의 색 테이프를 A, B, C 세 사람이 나누어 가지려고 합니다. 처음에 A는 전체 길이의 $\frac{1}{2}$보다 15 m 짧게 갖고, B는 그 나머지 길이의 $\frac{1}{5}$보다 20 m 길게 갖고, C는 그 나머지 길이의 $\frac{3}{4}$을 가졌더니, 색 테이프는 10 m가 남았습니다. 색 테이프의 전체 길이는 몇 m입니까?

**20** 오른쪽 그림과 같은 직사각형 모양의 종이를 잘라 가로 3 cm, 세로 4 cm인 직사각형을 만들려고 합니다. 모두 몇 개까지 만들 수 있습니까?

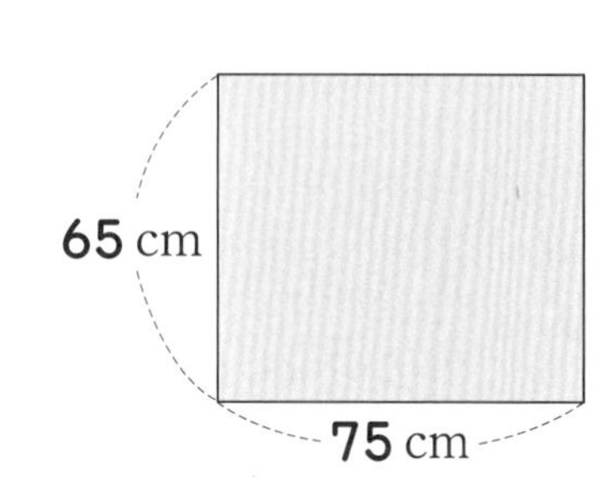

**21** 오른쪽 그림에서 찾을 수 있는 크고 작은 직사각형은 모두 몇 개입니까?

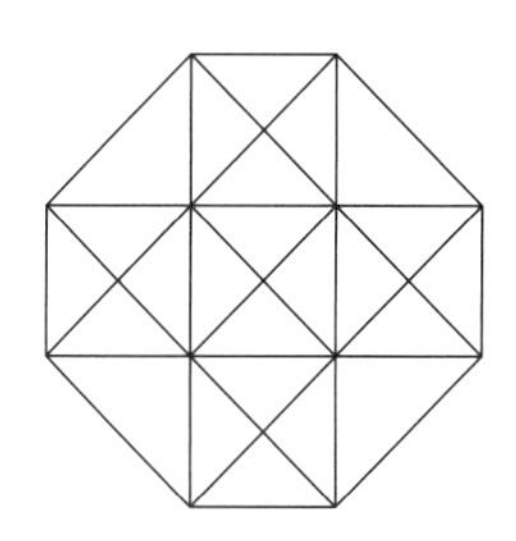

**22** 그림과 같은 규칙으로 바둑돌을 늘어놓았습니다. 흰 바둑돌이 검은 바둑돌보다 **32**개가 많아지는 때는 몇 번째입니까?

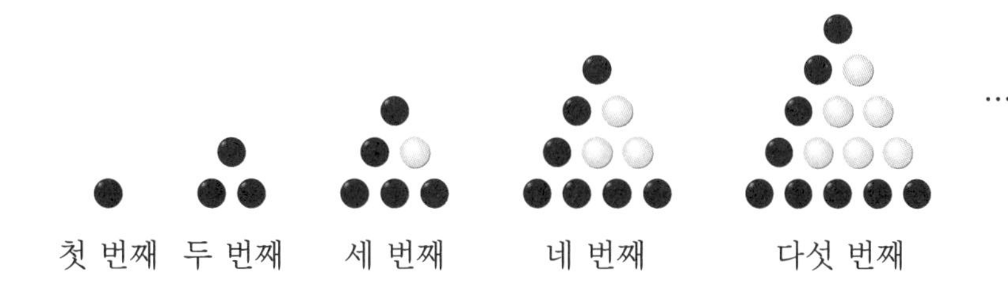


**23** 직사각형 ㄱㄴㄷㄹ의 네 변 위에 ①부터 ⑭까지의 점을 찍었습니다. 이 중 서로 다른 세 점을 꼭짓점으로 하여 만들 수 있는 삼각형은 모두 몇 개입니까?

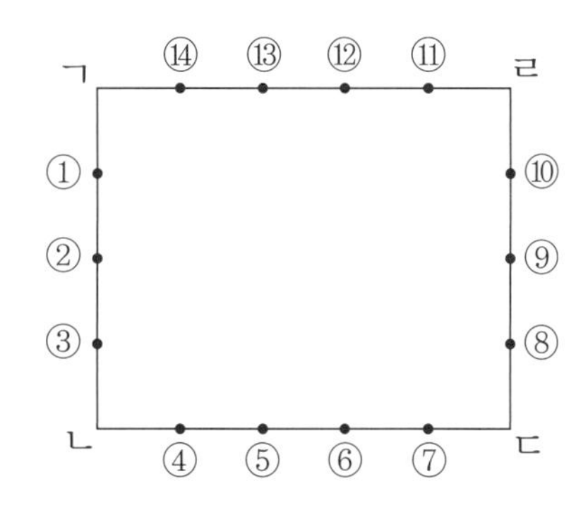

**24** 오른쪽 그림에서 찾을 수 있는 크고 작은 직사각형은 모두 몇 개입니까?

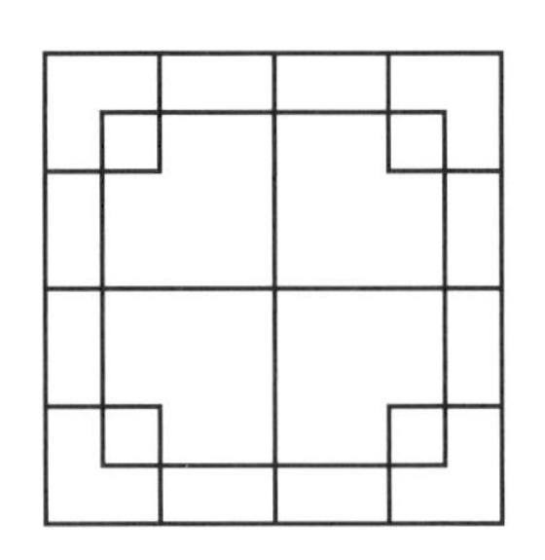

**25** 어떤 규칙으로 **8**이 되도록 한 것은 다음과 같이 **3**개뿐입니다. 같은 규칙으로 **10**을 만들려고 할 때, 모두 몇 가지를 만들 수 있습니까?

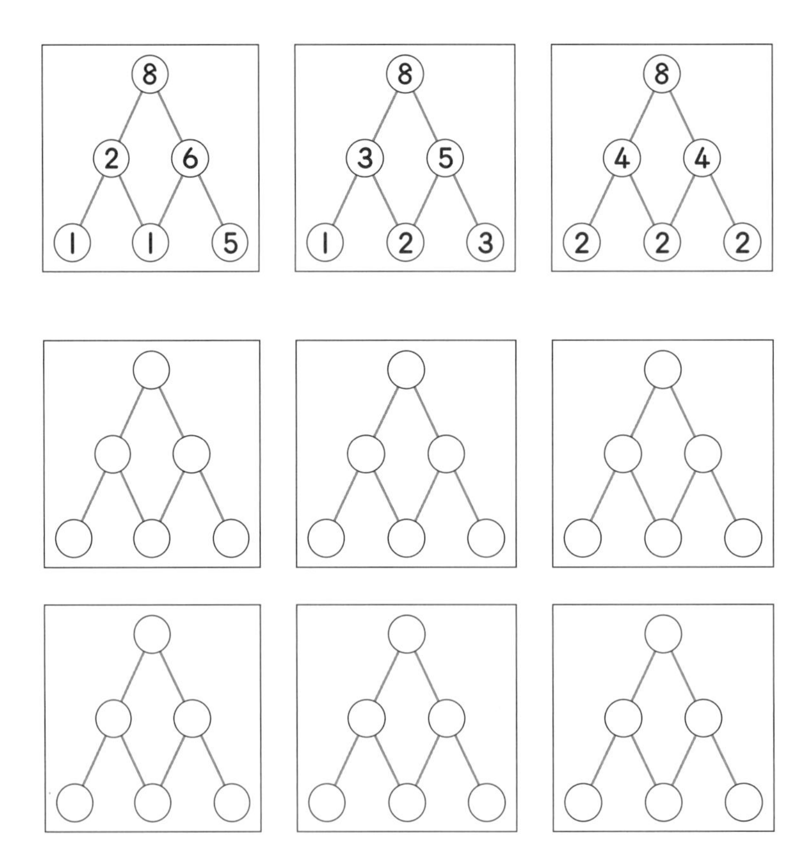

# 올림피아드 기출문제

전국예상등위

| 대상권 | 금상권 | 은상권 | 동상권 |
| --- | --- | --- | --- |
| 24/25 | 22/25 | 20/25 | 18/25 |

**1** □ 안에 알맞은 수는 얼마입니까?

$$(19\times34)-(\square\times3)=562$$

**2** 동물원에 타조와 코끼리가 합하여 15마리 있습니다. 다리 수를 세어 보니 모두 40개였습니다. 코끼리는 몇 마리입니까?

**3** 다음과 같이 색종이를 규칙적으로 180장 늘어놓았을 때, 빨간색 색종이는 몇 장 있습니까?

**4** 길이가 15 cm인 색 테이프를 다음과 같이 붙이려고 합니다. 색 테이프 20장을 이어 붙이면 전체의 길이는 몇 cm가 되겠습니까?

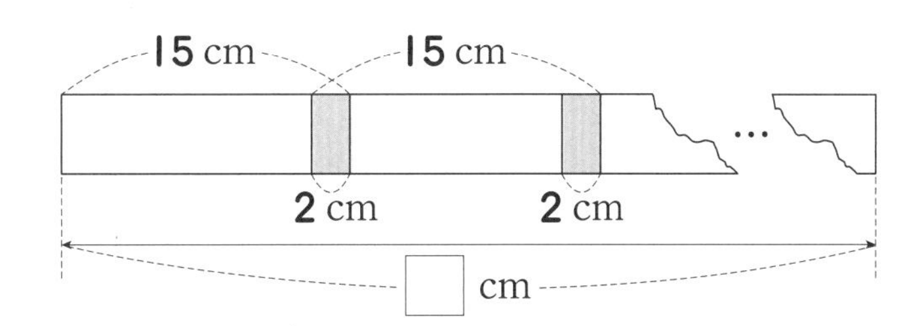

**5** (가)와 같은 주사위를 **3**개 쌓아 (나)를 만들었습니다. 겹쳐진 **2**개의 면에 있는 눈의 수의 합이 **8**이라고 할 때, ㉠, ㉡, ㉢의 눈의 수의 합은 얼마입니까? (단, 주사위의 마주 보는 눈의 수의 합은 **7**입니다.)

(가)

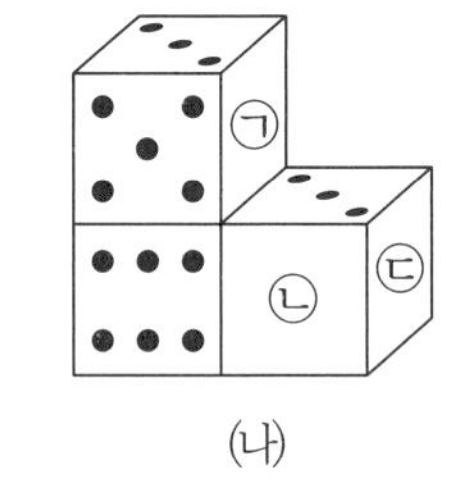

(나)

**6** 같은 개수씩 들어 있는 사탕 **2**봉지를 가영이와 예슬이가 **1**봉지씩 나누어 가졌습니다. 가영이는 예슬이에게 **3**개의 사탕을 준 후 **5**개를 먹고, 예슬이는 가영이에게 받은 사탕 중 **1**개를 먹었더니 예슬이의 사탕 수는 가영이의 사탕 수의 **2**배가 되었습니다. 처음 한 봉지에 들어 있던 사탕은 몇 개입니까?

**7** 석기는 **1**분에 **72** m, 한초는 **1**분에 **81** m의 빠르기로 걷습니다. 둘이 함께 있다가 석기가 먼저 **1500** m 떨어진 놀이터를 향해 출발한 지 **2**분 후에 한초도 놀이터를 향해 출발하였습니다. 한초가 석기를 만나게 되는 것은 한초가 출발한 지 몇 분 후입니까?

**8** 형의 나이는 한초의 나이보다 4살 많고, 할아버지의 연세는 한초와 형의 나이를 합한 것의 3배와 같다고 합니다. 할아버지의 연세가 66세이면, 형의 나이는 몇 살입니까?

**9** 석기네 학교의 여학생 수는 전체 학생 수의 $\frac{1}{2}$입니다. 지금 운동장에서 여학생 45명이 피구를 하고 있는데 이것은 여학생 전체의 $\frac{9}{50}$에 해당됩니다. 석기네 학교의 전체 학생은 모두 몇 명입니까?

**10** 선생님께서 학생들에게 사탕을 나누어 주려고 합니다. 한 명에게 5개씩 나누어 주면 28개가 남아서 4개씩 더 나누어 주려 하였더니 8개가 부족하였습니다. 선생님이 가지고 있는 사탕은 모두 몇 개입니까?

**11** 보기 는 1에서 6까지의 수를 한 번씩 써넣어 삼각형의 각 변에 놓인 세 수의 합이 9가 되도록 만든 경우입니다. 보기 와 같은 방법으로 1에서 9까지의 수를 한 번씩 써 넣어 삼각형의 각 변에 놓인 네 수의 합이 같아지도록 하려고 합니다. 각 변에 놓인 네 수의 합이 될 수 있는 수 중 가장 큰 수는 얼마입니까?

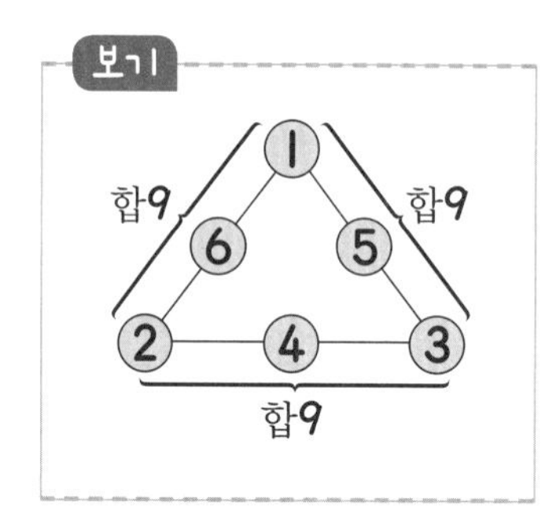


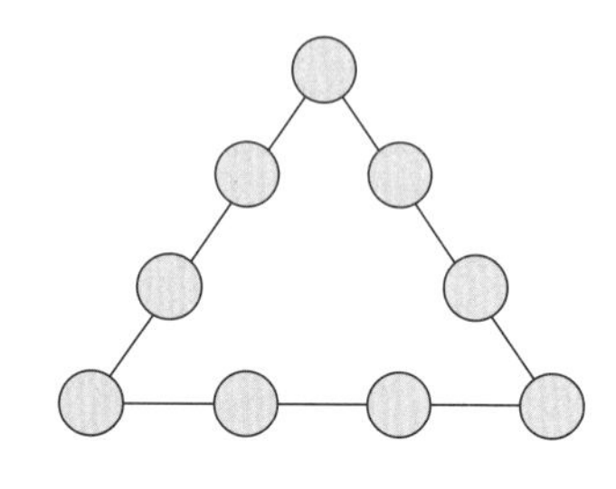

**12** 사각형 안에 사과, 바나나, 딸기, 포도를 그려 넣으려고 합니다. 가로 줄과 세로 줄에는 각각의 과일을 한 개씩만 그려 넣기로 합니다. 사과는 1점, 바나나는 2점, 딸기는 3점, 포도는 4점을 얻기로 할 때, ㉠, ㉡, ㉢에 그려 넣는 과일의 점수의 합은 얼마입니까?

**13** 다음과 같은 7장의 숫자 카드를 한 번씩만 사용하여 (세 자리 수)×(네 자리 수)의 곱셈식을 만들 때, 곱의 결과가 가장 클 때의 세 자리 수는 얼마입니까?

**14** 서로 다른 세 수 ㉮, ㉯, ㉰가 다음과 같을 때, ㉮×㉯의 값은 얼마입니까?

| ㉮÷㉯÷㉰=5 | ㉮÷㉯+㉰=18 | ㉮−㉯=56 |
|---|---|---|

**15** 다음 그림과 같이 9개의 수가 나열되어 있고, 앞에서부터 여섯 번째 수가 가장 큽니다. 여섯 번째 수를 중심으로 앞쪽으로 가면 수가 2씩 작아지고, 여섯 번째 수를 중심으로 뒤쪽으로 가면 수가 3씩 작아집니다. 9개의 수의 합이 285일 때, 여섯 번째 수는 무엇입니까?

앞 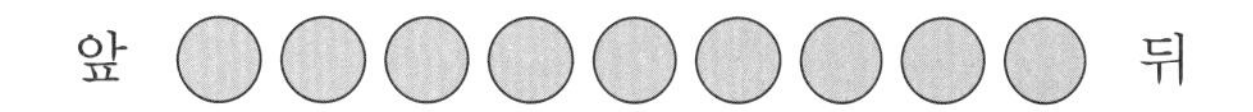 뒤

**16** A, B, C 세 사람은 바둑돌 48개를 3년 전 나이에 맞게 나누어 가졌습니다. 만일 C가 지금 가지고 있는 바둑돌의 반을 A, B에게 똑같이 나누어 주고, B가 C에게 받은 뒤 가지고 있는 바둑돌의 반을 A, C에게 똑같이 나누어 주고, 마지막에 A가 B 와 C에게 받은 뒤 가지고 있는 바둑돌의 반을 B, C에게 똑같이 나누어 주면 세 사람이 가지고 있는 바둑돌의 개수가 같아집니다. C는 지금 몇 살입니까?

**17** 한별이네 농장에서 기르는 소, 염소, 돼지의 수는 각각 같습니다. 소의 먹이통은 **2**마리에 한 개씩, 염소의 먹이통은 **3**마리에 한 개씩, 돼지의 먹이통은 **8**마리에 한 개씩입니다. 먹이통이 모두 **69**개라면 한별이네 농장에서 기르는 소, 염소, 돼지의 수의 합은 모두 몇 마리입니까?

**18** 오른쪽 그림과 같이 정사각형의 가운데 점에서 시작하여 서쪽으로 **1** cm, 북쪽으로 **2** cm, 동쪽으로 **3** cm, 남쪽으로 **4** cm, …와 같은 방법으로 선을 계속 그어 정사각형의 한 변에 닿으려면 최소 몇 cm를 그어야 합니까?

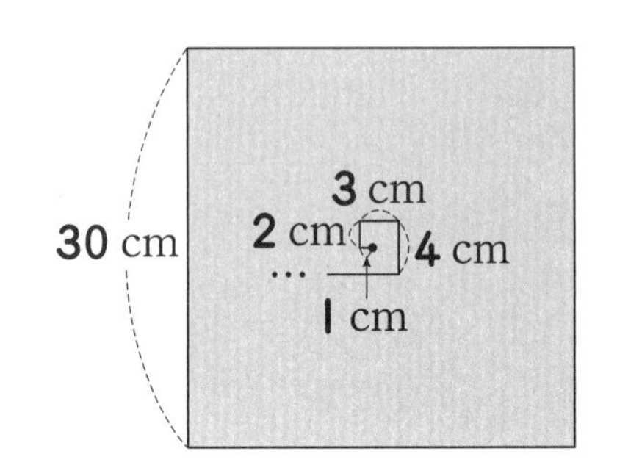


**19** 오른쪽 그림에서 선으로 나타낸 것은 모두 길을 뜻합니다. 색칠한 부분은 연못이라 지날 수 없습니다. A 지점에서 B 지점을 거쳐 C 지점까지 가장 짧은 거리로 가는 방법의 가짓수는 모두 몇 가지입니까?

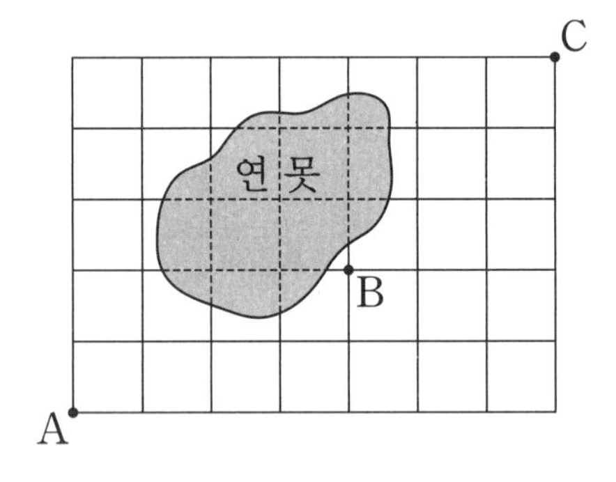


**20** 오른쪽 그림과 같이 흰색 돌과 검은색 돌을 규칙적으로 놓았습니다. 맨 아랫줄에 흰색 돌이 놓이게 했을 때, 몇 줄까지 늘어놓으면 흰색 돌이 검은색 돌보다 **52**개 더 많아집니까?

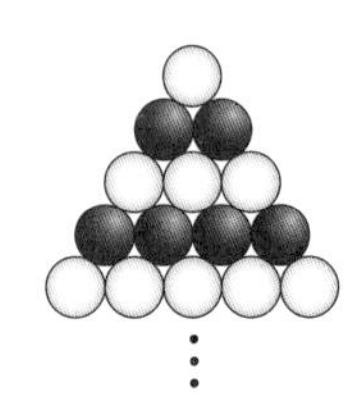

## 21

전자시계나 계산기, 엘리베이터 등에서 볼 수 있는 디지털 숫자들은 다음과 같이 선분으로 구성되어 있습니다.

0123456789

예를 들어 0은 6개의 선분으로, 1은 2개의 선분으로 구성되어 있습니다. 이러한 선분을 11개 사용하여 만든 10보다 큰 수 중에서 가장 큰 수와 가장 작은 수의 차는 얼마입니까? (단, 숫자는 한 번씩만 사용하여야 합니다.)

## 22

아래 보기 와 같이 처음 수의 각 자리에 있는 숫자들을 모두 더하여 새로운 수를 만들어 봅니다. 이러한 과정을 반복하여 마지막으로 나오게 되는 한 자리 수가 1이면 처음 수를 행복한 수라고 합니다. 세 자리 수 중 10번째로 큰 행복한 수는 무엇입니까?

보기

| | |
|---|---|
| 388 $\xrightarrow{3+8+8}$ 19 $\xrightarrow{1+9}$ 10 $\xrightarrow{1+0}$ 1 | 388은 행복한 수입니다. |
| 567 $\xrightarrow{5+6+7}$ 18 $\xrightarrow{1+8}$ 9 | 567은 행복한 수가 아닙니다. |

## 23

오른쪽 도형은 크고 작은 정사각형을 이용하여 만든 도형입니다. □ 안에 알맞은 수는 얼마입니까?

(단, 같은 색의 정사각형의 크기는 같다.)

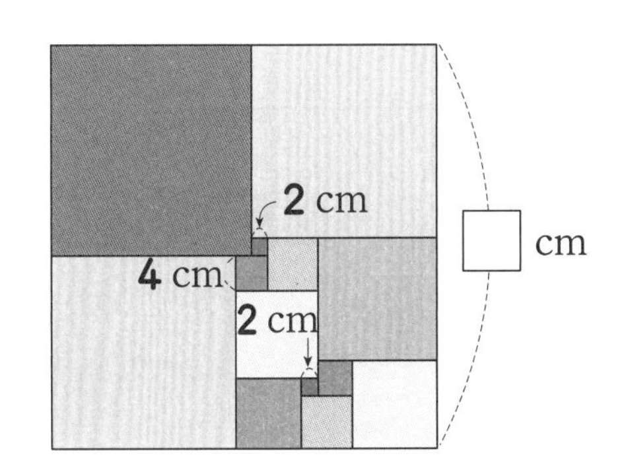

**24** 가, 나, 다, 라 네 주머니에 구슬이 들어 있습니다. 아래 보기 와 같이 가 주머니에서 구슬 **5**개를 꺼내어 나 주머니에 넣고, 나 주머니에서 구슬 **2**개를 꺼내어 다 주머니에 넣고, 다 주머니에서 구슬 **3**개를 꺼내어 라 주머니에 넣고, 라 주머니에서 구슬 **2**개를 꺼내어 가 주머니에 넣는 과정을 실행합니다.

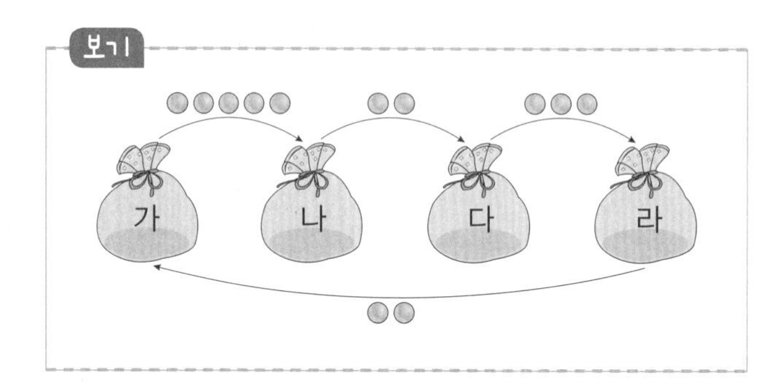


위와 같이 **4**개의 주머니에서 구슬을 꺼내어 다른 주머니에 넣는 과정을 **50**번 반복하였더니 가 주머니에 남은 구슬은 **38**개였습니다. 처음에 가 주머니의 구슬 수가 다 주머니보다 **90**개 더 많았다면, 다 주머니에 남은 구슬은 몇 개입니까?

**25** 다음 도형을 보고 물음에 답하시오.

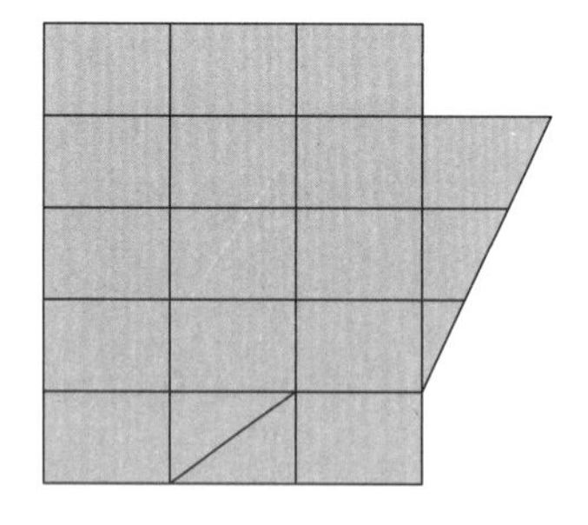

(1) 주어진 도형에서 찾을 수 있는 크고 작은 직사각형은 모두 몇 개입니까?

(2) 주어진 도형에서 찾을 수 있는 크고 작은 사각형은 모두 몇 개입니까?

# 올림피아드 기출문제

| 전국예상등위 | | | |
|---|---|---|---|
| 대상권 | 금상권 | 은상권 | 동상권 |
| 24/25 | 22/25 | 20/25 | 18/25 |

**1** 기계 1대가 3시간에 물건 1개를 만들어 냅니다. 같은 기계 6대가 동시에 일을 시작하여 36개의 물건을 만드는 데 몇 시간이 걸립니까?

**2** 철수는 오후 3시 45분부터 TV를 보기 전까지 공부를 하였습니다. 공부를 마친 후 거울 속에 비친 시계를 보았더니 오른쪽 그림과 같았습니다. 철수는 몇 분 동안 공부를 하였습니까?

**3** 어느 마을에는 60년마다 한 번씩 지진이 일어나고, 70년마다 한 번씩 홍수가 일어난다고 합니다. 이 마을에서 1523년에 지진이 일어났고 1543년에 홍수가 일어났다면 1500년과 2000년 사이에서 지진과 홍수가 모두 일어난 해의 각 자리의 숫자의 합은 얼마입니까?

**4** 어떤 수 ㉮와 ㉯가 있습니다. ㉮를 두 번 곱한 수를 ㉯를 두 번 곱한 수로 나누는 것을 ㉮◎㉯로 나타내기로 합니다. 예를 들면, 6◎2=(6×6)÷(2×2)=36÷4=9입니다. 12◎㉯=16일 때, ㉯는 얼마입니까?

**5** 그림과 같이 큰 원의 지름이 14 cm, 작은 원의 지름이 10 cm인 같은 크기의 도넛을 16개 연결하였을 때 전체의 길이는 몇 cm입니까?

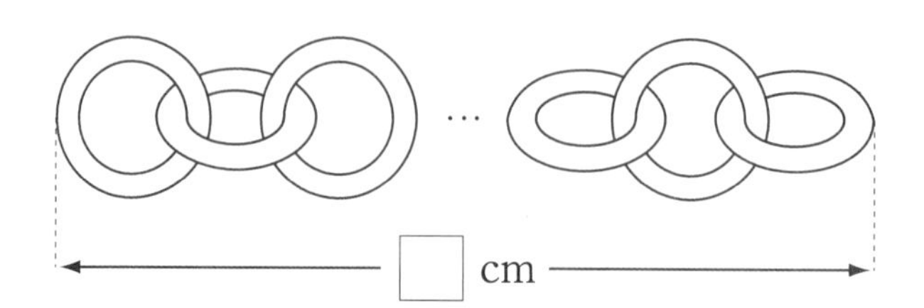


**6** ㉮, ㉯ 두 양초가 있습니다. ㉮ 양초는 2분에 5 mm씩 타 들어가고, ㉯ 양초는 3분에 6 mm씩 타 들어간다고 합니다. ㉮ 양초가 ㉯ 양초보다 12 cm 더 많이 탔다면 ㉮, ㉯ 두 양초에 동시에 불을 붙이고 난 후 몇 분 후입니까?

**7** ㉮ 시계는 6시간에 2분씩 늦어지고, ㉯ 시계는 8시간에 4분씩 빨라진다고 합니다. 두 시계를 같은 시각에 정확히 맞추어 놓았다면 처음으로 두 시계가 가리키는 시각의 차가 1시간일 때에는 정확한 시계를 기준으로 몇 시간 후입니까?

**8** 오른쪽은 일정한 간격으로 16개의 점을 찍은 것입니다. 네 점을 꼭짓점으로 하는 사각형을 만들었을 때, 정사각형은 모두 몇 개를 만들 수 있습니까?

**9** 다음 그림과 같이 시계 반대 방향으로 **0**부터 차례로 수를 써 나갈 때, **10**을 ㄷ열의 **2**번째 수라고 합니다. 이때 ㅅ열의 **12**번째 수는 무엇입니까?

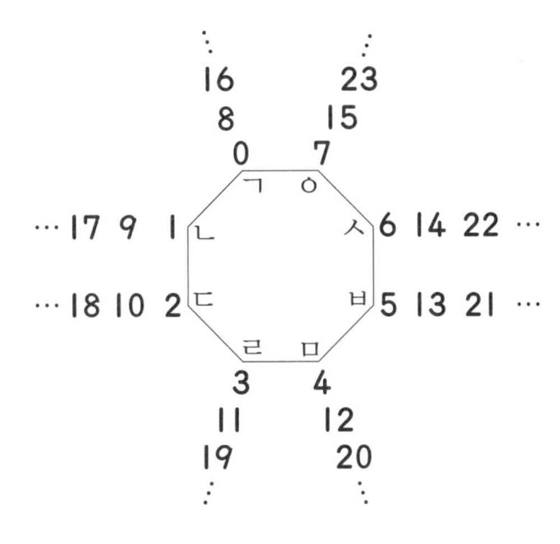


**10** 삼촌의 **4**년 전의 나이는 철수의 **6**년 후의 나이와 같고, 삼촌의 **4**년 후의 나이와 철수의 **3**년 전의 나이의 합은 **37**살입니다. 삼촌의 현재 나이는 몇 살입니까?

**11** 한 개의 길이가 **320** cm인 통나무 **5**개를 **80** cm 길이로 모두 자르려고 합니다. 한 개의 통나무를 한 번 자르는 데 **7**분이 걸리고, 한 번 자른 후에 **2**분씩 쉰다고 하면 모두 자르는 데 걸리는 시간은 몇 분입니까?

**12** 영수, 효근, 동민이는 각각 세 자리 수가 적혀 있는 카드를 한 장씩 가지고 있습니다. 세 사람이 가지고 있는 수의 합은 827이고, 영수는 효근이보다 139 큰 수를, 동민이보다 102 큰 수를 가지고 있습니다. 효근이가 가지고 있는 수는 어떤 수입니까?

**13** 물 3 L 650 mL를 큰 병, 중간 병, 작은 병에 가득 채웠더니 남는 물이 없었습니다. 큰 병의 들이는 중간 병의 들이보다 200 mL 더 크고, 중간 병의 들이는 작은 병의 들이보다 450 mL 더 크다면 작은 병의 들이는 몇 mL입니까?

**14** 예슬이는 집에서 출발하여 박물관까지 갔습니다. 전체 거리의 $\frac{7}{15}$은 지하철을 탔고, 남은 거리의 $\frac{3}{4}$은 버스를 탔고, 나머지는 자전거를 빌려서 타고 갔습니다. 자전거를 타고 간 거리가 6 km였다면 예슬이네 집에서 박물관까지의 거리는 몇 km입니까?

**15** 다음 그림에서 사각형 ㄱㄴㄷㄹ은 직사각형이고 색칠된 사각형들은 모두 정사각형일 때 색칠된 정사각형들의 각각의 둘레의 길이의 합은 몇 cm입니까?

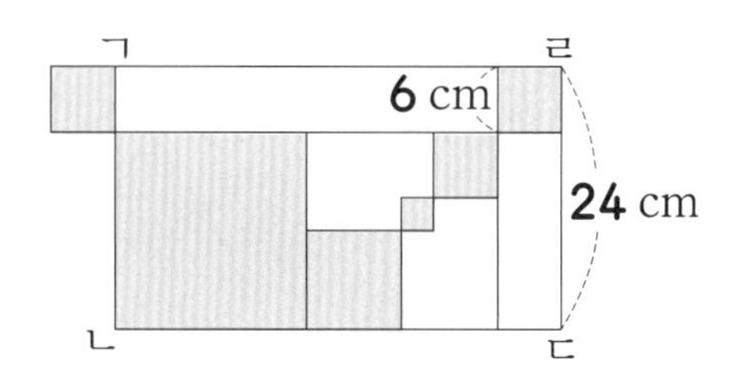


**16** 다음 조건을 보고 감 1개의 무게를 구하시오. (단, 같은 과일끼리의 무게는 모두 같습니다.)

> ㉠ 감 5개와 사과 2개의 무게는 같습니다.
> ㉡ 사과 5개와 배 2개의 무게는 같습니다.
> ㉢ 사과 5개와 배 5개의 무게는 10 kg 500 g입니다.

**17** 동민, 용희, 규형이가 가지고 있는 구슬의 수는 모두 98개입니다. 동민이는 용희가 가지고 있는 구슬 수의 2배보다 1개 더 많이 가지고 있고, 규형이는 동민이가 가지고 있는 구슬 수의 2배보다 3개 적게 가지고 있다면 규형이가 가지고 있는 구슬의 수는 몇 개입니까?

**18** 오른쪽 그림에서 색칠한 부분은 직각삼각형입니다. 이 그림에서 찾을 수 있는 크고 작은 직각삼각형은 모두 몇 개입니까?

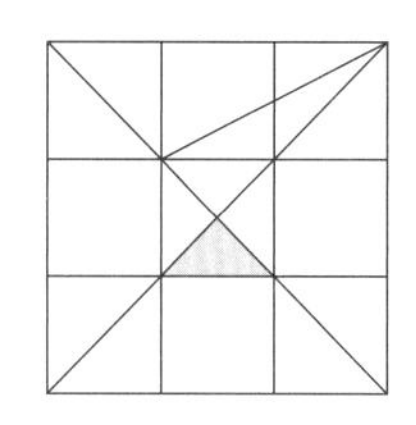

**19** 유승이는 다음과 같이 숫자 카드 6장을 가지고 있습니다. 이 중에서 3장을 뽑아 대분수를 만들 때 5보다 크고 9보다 작은 대분수는 모두 몇 개 만들 수 있습니까?

| 6 | 2 | 7 | 3 | 5 | 9 |
|---|---|---|---|---|---|

**20** 다음은 규칙에 따라 분수를 늘어놓은 것입니다. 앞에서부터 23번째 분수는 27번째 분수의 몇 배입니까?

$$\frac{1}{2},\ \frac{2}{3},\ \frac{1}{3},\ \frac{3}{4},\ \frac{2}{4},\ \frac{1}{4},\ \frac{4}{5},\ \frac{3}{5},\ \frac{2}{5},\ \frac{1}{5},\ \cdots$$

**21** 오른쪽 그림은 선분 ㄱㄴ과 선분 ㄱㄷ의 길이가 같고 둘레가 120 cm인 삼각형 ㄱㄴㄷ의 각 꼭짓점을 원의 중심으로 하여 원의 일부를 그린 것입니다. 이때 선분 ㄴㅁ의 길이는 몇 cm입니까?

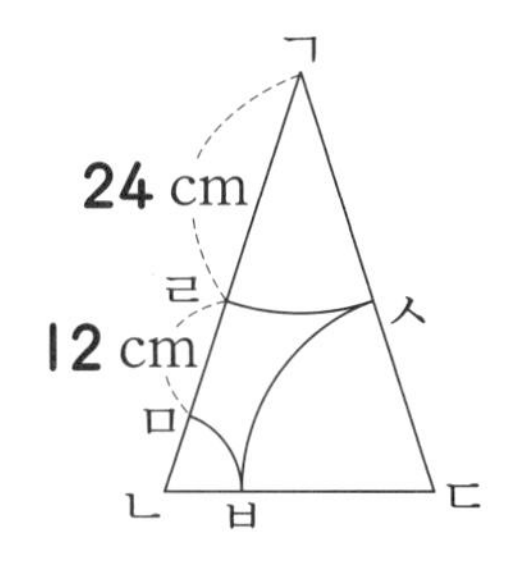


**22** 오른쪽 그림은 ㉮에서 ㉰로 가는 길을 나타내는 그림입니다. 어떤 물체가 ㉮에서 ㉯까지는 1분에 40 m씩 움직이다가 ㉯에서 왼쪽 길로는 처음의 2배 속도로, 오른쪽 길로는 처음의 반의 속도로 움직인다고 합니다. 어느 쪽 코스도 거리는 같으나 ㉮에서 ㉰까지 각각 걸리는 시간은 4분, 10분입니다. ㉮에서 ㉰까지의 거리는 몇 m입니까?

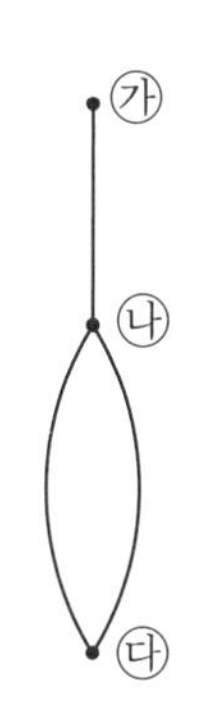


**23** 다음과 같이 그림 ①은 8개의 정사각형으로, 그림 ②는 5개의 정사각형으로 이루어져 있습니다. 그림 ①과 그림 ②를 자와 칼을 이용하여 잘라 붙여서 오른쪽과 같은 각각의 정사각형을 만들려고 합니다. 그림 ①은 최소한 ㉠번 잘라서 붙이고, 그림 ②는 최소한 ㉡번 잘라서 붙이면 정사각형이 됩니다. ㉠+㉡의 값은 얼마입니까?

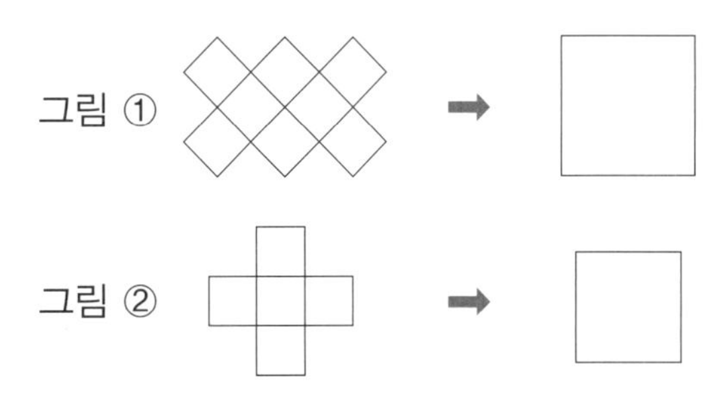

**24** 다음 나눗셈 식에서 같은 문자는 같은 숫자를 나타내고 있습니다. 각 문자가 나타내는 숫자를 찾아 계산식을 완성하려고 합니다. 풀이 과정을 쓰고 계산식을 완성하시오.

**왕왕왕왕왕왕왕왕왕 ÷ 드 = 왕수학올림피아드**

**25** 오른쪽 그림에서 적어도 1개의 ★을 포함하고 있는 크고 작은 직사각형의 개수를 구하려고 합니다. 풀이 과정을 쓰고 답을 구하시오.

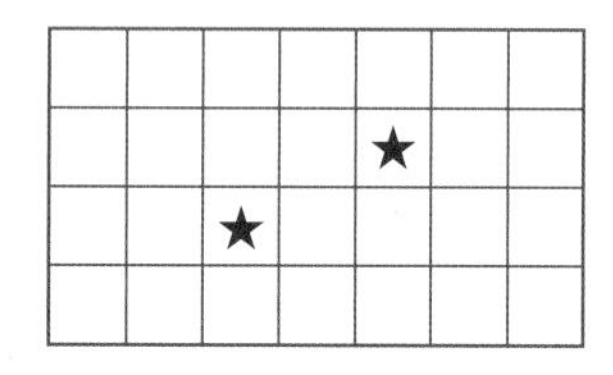

# 올림피아드 기출문제

전국예상등위

| 대상권 | 금상권 | 은상권 | 동상권 |
|---|---|---|---|
| 24/25 | 22/25 | 20/25 | 18/25 |

**1** 각 수의 □ 안에 서로 다른 숫자를 써넣어 세 자리 수를 만들려고 합니다. 만들 수 있는 수 중에서 가장 큰 수와 가장 작은 수의 합을 구하시오.

**2** 1부터 9까지의 숫자 카드가 여러 장씩 있습니다. 숫자 카드 2장을 뽑아 □ 안에 알맞게 넣어 조건에 맞는 분모가 7인 대분수를 만들려고 합니다. 만들 수 있는 대분수는 모두 몇 개입니까?

$$3\frac{4}{7} < \square\frac{\square}{7} < 8\frac{5}{7}$$

**3** 마당에 강아지, 병아리, 염소가 17마리 있습니다. 동물들의 다리 수를 세어 보니 모두 52개였습니다. 마당에 있는 병아리는 몇 마리입니까?

**4** 바나나 주스를 만들어 ㉮, ㉯, ㉰ 3개의 병에 나누어 담았습니다. ㉯ 병에 담은 주스는 ㉮ 병에 담은 주스보다 300 mL 더 많고, ㉰ 병에 담은 주스보다 200 mL 적습니다. 만든 바나나 주스가 3 L 500 mL라면 ㉯ 병에 담은 바나나 주스는 몇 L 몇 mL입니까?

**5** 오른쪽 덧셈식에서 같은 모양은 같은 숫자를 나타냅니다. ★, ●, ◆에 알맞은 숫자를 찾아 ★+●+◆의 값을 구하시오.

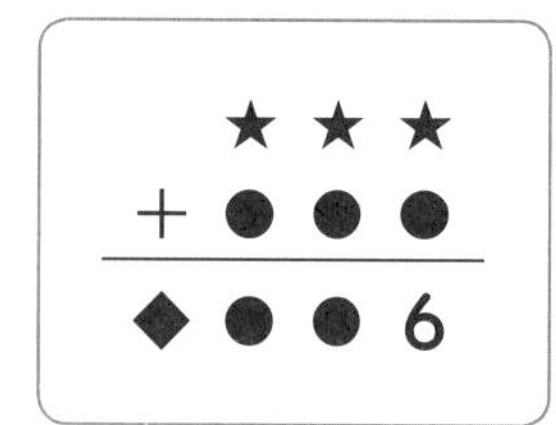

**6** 1, 3, 5, 7, …과 같은 수를 홀수라 하고, 2, 4, 6, 8, …과 같은 수를 짝수라고 합니다. 1부터 100까지의 수 카드를 만들어 석기는 홀수 카드만, 영수는 짝수 카드만 가지기로 하였습니다. 각자의 카드에 쓰인 수를 모두 더하면 영수는 석기보다 얼마만큼 더 크겠습니까?

**7** 효근이는 63빌딩을 걸어서 올라갔습니다. 1층부터 계단을 올라가는 데 5층씩 올라간 후 3분씩 쉬었습니다. 한 층을 올라가는 데 1층부터 30층까지는 8초씩, 30층부터 50층까지는 12초씩, 50층부터 63층까지는 15초씩 걸렸습니다. 63층까지 올라가는 데 걸린 시간이 ㉠분 ㉡초일 때, ㉠+㉡의 값을 구하시오.

**8** 두 수직선을 보고 ㉠과 ㉡ 사이의 소수를 ●.■와 같은 모양으로 나타낼 때, ●가 ■보다 작은 수는 모두 몇 개입니까?

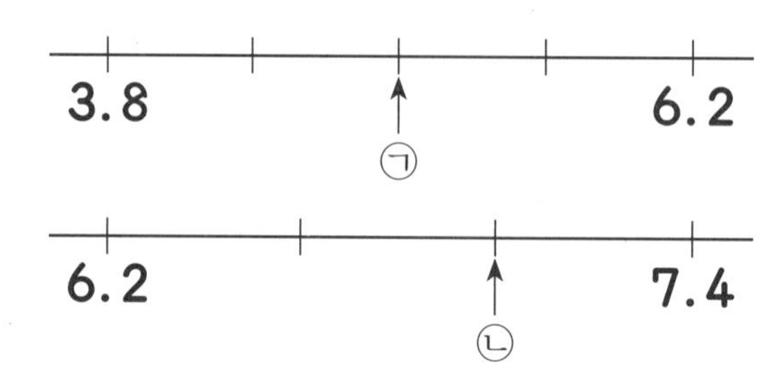

**9** 다음과 같은 규칙으로 분수를 늘어놓을 때, 50번째에 놓일 분수를 구하시오.

$\frac{5}{7}$, $1\frac{2}{7}$, $\frac{13}{7}$, $2\frac{3}{7}$, 3, $3\frac{4}{7}$, …

**10** 다음 조건 을 보고 복숭아 1개의 무게는 몇 g인지 구하시오. (단, 같은 과일의 무게는 모두 같습니다.)

조건
㉠ 복숭아 10개와 참외 8개의 무게는 같습니다.
㉡ 참외 6개와 멜론 3개의 무게는 같습니다.
㉢ 참외 8개와 멜론 8개의 무게의 합은 6 kg 240 g입니다.

**11** 형이 270 m 앞에 가는 동생을 보고 걷기 시작하였습니다. 형은 1분에 90 m씩, 동생은 1분에 72 m씩 같은 방향으로 걷는다고 할 때, 형과 동생이 만나는 것은 형이 걷기 시작한지 몇 분 후가 되겠습니까?

**12** 다음은 어떤 규칙으로 수를 늘어놓은 것입니다. 이와 같은 규칙으로 수를 늘어놓을 때, $\frac{20}{20}$은 몇 번째 수입니까?

$$\frac{2}{2}, \frac{2}{4}, \frac{3}{3}, \frac{2}{6}, \frac{3}{5}, \frac{4}{4}, \frac{2}{8}, \frac{3}{7}, \frac{4}{6}, \frac{5}{5}, \frac{2}{10}, \frac{3}{9}, \frac{4}{8}, \cdots$$

**13** 주어진 **7**개의 점 중에서 **2**개를 선택하여 그을 수 있는 선분의 개수를 ㉠개, 반직선의 개수를 ㉡개, 직선의 개수를 ㉢개라고 할 때 ㉠+㉡+㉢의 값을 구하시오.

**14** 둘레의 길이가 **128** cm인 직사각형 ㄱㄴㄷㄹ이 있습니다. 오른쪽 그림과 같이 점 ㄱ, ㄴ, ㄷ, ㄹ을 중심으로 하는 원을 그렸을 때, 선분 ㅇㄹ의 길이는 몇 cm입니까? (단, 직사각형의 세로는 가로보다 **8** cm 더 깁니다.)

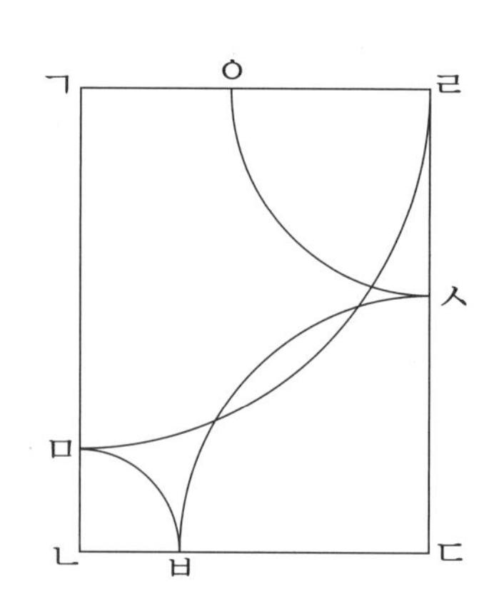

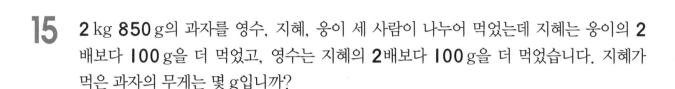

**15** 2 kg 850 g의 과자를 영수, 지혜, 웅이 세 사람이 나누어 먹었는데 지혜는 웅이의 2배보다 100 g을 더 먹었고, 영수는 지혜의 2배보다 100 g을 더 먹었습니다. 지혜가 먹은 과자의 무게는 몇 g입니까?

**16** 빈칸에 알맞은 수를 넣어 가로, 세로, 대각선에 들어가는 세 수의 합이 모두 같게 하려고 합니다. ★이 있는 곳에 알맞은 수를 구하시오.

| 340 | | |
|---|---|---|
| | 268 | |
| 244 | | ★ |

**17** 양초에 불을 붙이고 난 후 5분이 지났을 때, 남은 양초의 길이를 재었더니 처음 길이의 $\frac{3}{4}$이었습니다. 이 양초는 15초에 2 mm씩 타들어간다면, 처음 양초의 길이는 몇 cm이었습니까?

**18** 정사각형 ㄱㄴㄷㄹ의 각각의 변 위에 5개의 점이 있습니다. 이 점들 중 세 점을 꼭짓점으로 하여 만들 수 있는 삼각형은 모두 몇 개입니까?

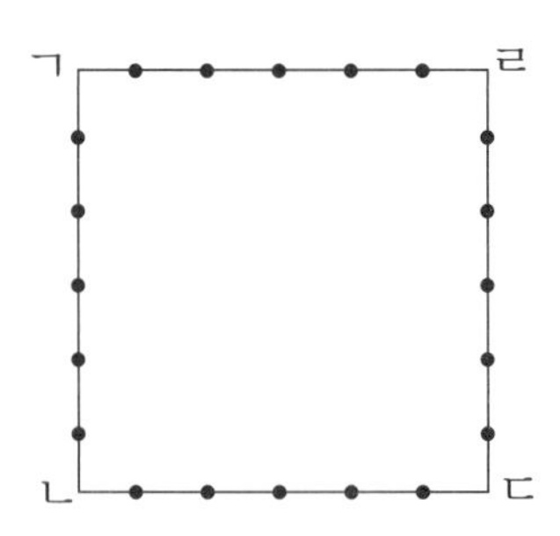


**19** 원 모양의 공원 둘레에 16 m 간격으로 가로등이 세워져 있습니다. 한 가로등을 기준으로 1번이라 하고 그 가로등부터 개수를 세어 오른쪽으로 15번째, 왼쪽으로 12번째 가로등이 서로 마주 보고 세워져 있습니다. 이 공원의 둘레는 몇 m입니까?

**20** 어느 달의 달력에서 토요일의 날짜의 합이 80입니다. 이 달의 화요일의 날짜의 합을 구하시오.

**21** 3개의 막대 ㉮, ㉯, ㉰가 있습니다. 유승이의 키는 막대 ㉮의 길이의 $\frac{3}{4}$, 막대 ㉯의 길이의 $\frac{3}{5}$, 막대 ㉰의 길이의 $\frac{3}{7}$입니다. 3개의 막대의 길이의 합이 6.4 m일 때 유승이의 키는 몇 cm입니까?

**22** 서로 다른 4개의 두 자리 수를 작은 수부터 차례로 늘어놓으면 ㉮, ㉯, ㉰, ㉱입니다. 이 4개의 수 중 2개씩 더하여 6개의 새로운 수를 만든 후 작은 순서대로 □ 안에 써넣을 때, ㉠에 알맞은 수는 얼마입니까?

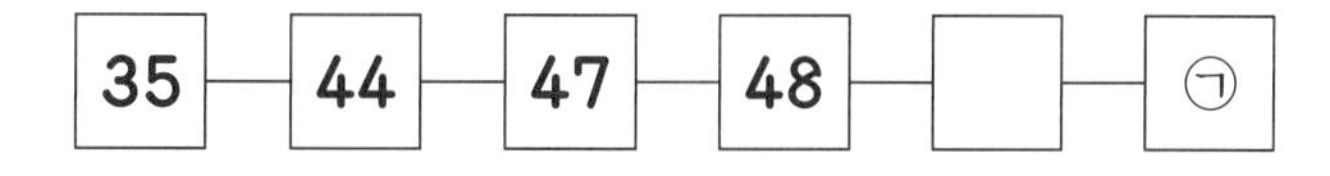


**23** 어떤 수에 9를 곱한 값의 끝의 세 자리 수는 840이었습니다. 어떤 수가 될 수 있는 수 중에서 가장 작은 수는 얼마입니까?

**24** 1부터 5까지의 번호를 붙인 5개의 공을 1에서 5까지의 번호를 붙인 5개의 상자에 1개씩 넣을 때, 공과 상자의 번호가 모두 다르게 넣는 방법은 몇 가지인지 풀이 과정을 쓰고 답을 구하시오.

**25** 표는 1에서 900까지의 수를 배열한 것입니다. (△1, ②)=4, (△3, ③)=7로 나타낼 때, (△8, ⑤)+(△7, ⑰)의 값은 얼마인지 풀이 과정을 쓰고 답을 구하시오.

|  | ① | ② | ③ | ④ | ⑤ |  | ㉙ | ㉚ |
|---|---|---|---|---|---|---|---|---|
| △1 | 1 | 4 | 9 | 16 | 25 |  |  | 900 |
| △2 | 2 | 3 | 8 | 15 | 24 | … |  |  |
| △3 | 5 | 6 | 7 | 14 | 23 |  |  |  |
| △4 | 10 | 11 | 12 | 13 | 22 |  |  |  |
| △5 | 17 | 18 | 19 | 20 | 21 |  |  |  |
|  |  | ⋮ |  |  |  | ⋱ |  |  |
| △29 |  |  |  |  |  |  |  |  |
| △30 |  |  |  |  |  |  |  |  |

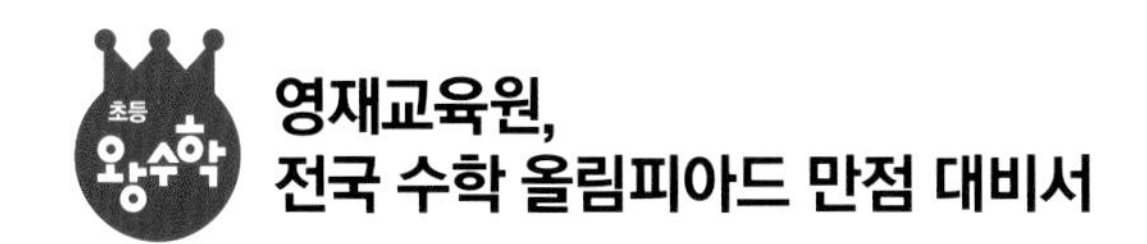


# 올림피아드 왕수학

## 정답과 풀이

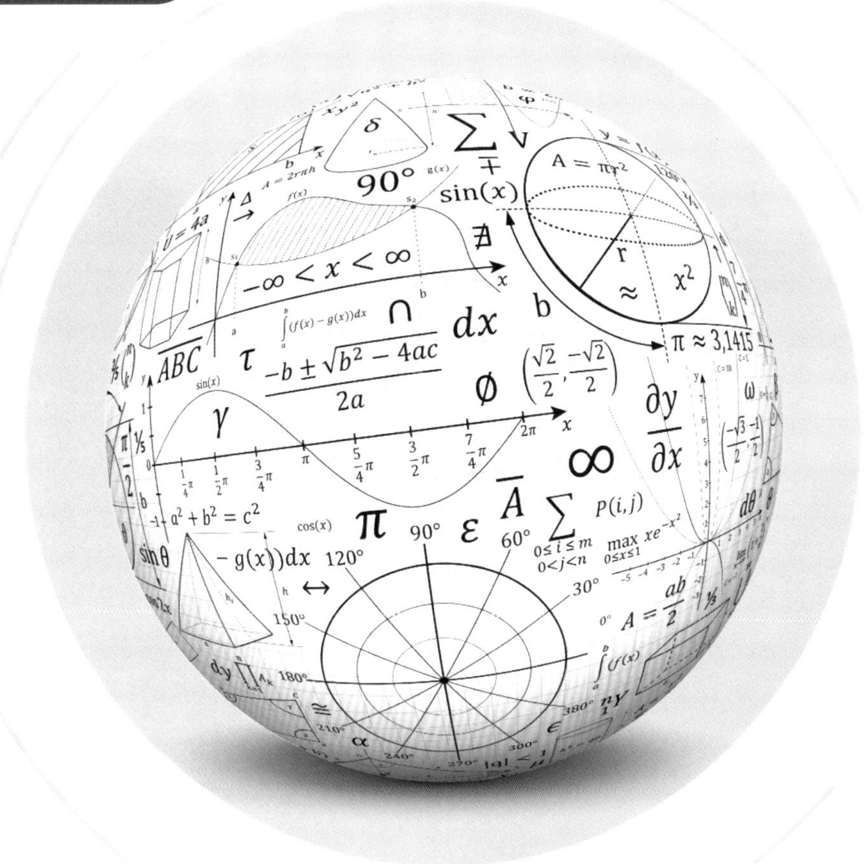

# 올림피아드 왕수학

# 정답과 풀이

Olympiad

10 10 10 10 10 10 10 10 10 10 10 10 10 10 10 10

# 정답과 풀이

## 올림피아드 예상문제

### 제1회 예상문제 7~14

| | |
|---|---|
| 1 2415 | 2 8 cm |
| 3 612 | 4 16명 |
| 5 180번 | 6 6명 |
| 7 24 | 8 9개 |
| 9 12 cm | 10 150개 |
| 11 13.3 cm | 12 58 |
| 13 [왕] : 1, [수] : 2, [학] : 9 | 14 25개 |
| 15 80장 | 16 12 |
| 17 26 | 18 4 L 200 mL |
| 19 A조 : 13명, B조 : 15명, C조 : 8명 | |
| 20 841 | 21 35개 |
| 22 74 | 23 10가지 |
| 24 63 cm | 25 801 |

**1** 30개의 수를 늘어놓으면

8, 13, 18, ⋯, 148 153이므로

(13+148=161, 8+153=161)

30개의 수의 합은 $161 \times 15 = 2415$입니다.

**참고**

규칙적인 간격으로 뛰어세기 한 수의 합은

(한 가운데 수)×(더한 수의 개수)로 구할 수 있습니다.

(한 가운데 수)={(처음 수)+(끝 수)}÷2

**2** 각 변의 길이를 차례로 구해 보면 다음과 같습니다.

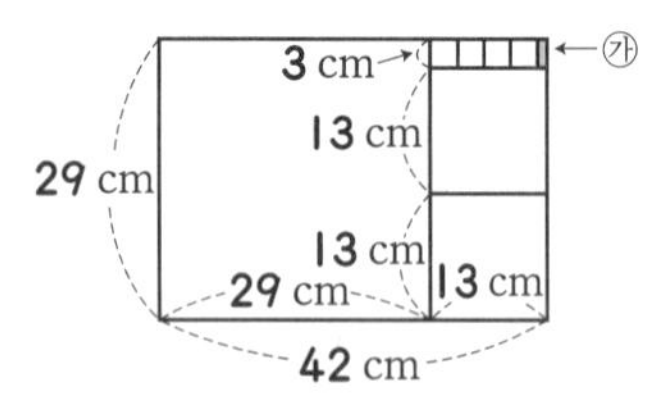


따라서 색칠된 직사각형의 세로의 길이는 3 cm이고, 가로의 길이는 $13-3\times4=1$(cm)이므로 네 변의 길이의 합은 $1+3+1+3=8$(cm)입니다.

**3** 2로 나누어떨어지려면 일의 자리의 숫자가 짝수이어야 하므로 일의 자리의 숫자는 2, 백의 자리의 숫자는 6입니다. 6○2인 수 중에서 9로 나누어떨어지는 수는 612입니다.

**4** (전체 학생 수)=$11\times23+3=256$(명)

$16\times16=256$이므로 한 줄에 16명씩 세웁니다.

**5** 하루는 24시간이고, 12시간마다 괘종은

$(1+2+3+\cdots+12)+12=90$(번) 울리므로 하루 동안 $90\times2=180$(번) 울립니다.

**6** 전체 학생 수는 6, 4, 3으로 나누어떨어지는 수이고 15명과 30명 사이이므로 24명입니다.

(가 마을 학생 수)=24의 $\frac{1}{6}=4$(명)

(나 마을 학생 수)=24의 $\frac{1}{4}=6$(명)

(다 마을 학생 수)=24의 $\frac{1}{3}=8$(명)

따라서 라 마을의 학생수는

$24-(4+6+8)=6$(명)입니다.

**7** $\square * 36=\square\times\square+36\times5=756$

$\square\times\square+180=756$

$\square\times\square=756-180=576$

$576=24\times24$이므로 $\square=24$입니다.

**8** 한 의자에 5명씩 앉히는 경우와 7명씩 앉히는 경우 자리는 $14+4=18$(개) 차이가 나게 됩니다.

따라서 긴 의자의 개수는 $18\div2=9$(개)입니다.

**9** 가장 작은 원의 반지름의 길이를 1이라고 하면 중간 원의 반지름의 길이는 2, 가장 큰 원의 반지름의 길이는 4입니다. 가장 작은 원의 반지름의 길이는

$27\div(1+2+2+4)=3$(cm)입니다.

따라서 가장 큰 원의 반지름의 길이는

$3\times4=12$(cm)입니다.

**10**

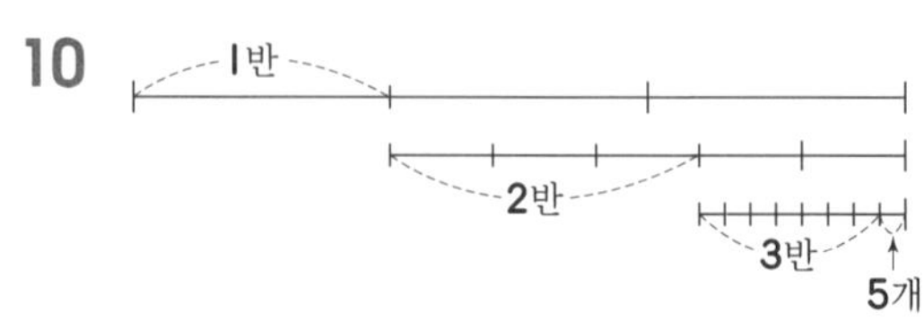


(3반에 준 사탕 수)=$5\times7=35$(개)

(2반에 준 사탕 수)=$(35+5)\div2\times3=60$(개)

(1반에 준 사탕 수)=$(60+35+5)\div2=50$(개)

따라서 처음에 있었던 사탕의 개수는

$50+60+35+5=150$(개)입니다.

**11** 겹쳐지는 부분은 8군데이므로 겹쳐지는 부분의 길이는 2 cm 5 mm의 8배인 20 cm입니다.

따라서 9장의 색 테이프를 겹치지 않고 늘어놓은 길이는 99 cm 7 mm+20 cm=119 cm 7 mm이므로 색 테이프 한 장의 길이는

1197÷9=133(mm)=13.3(cm)입니다.

**12** (㉠, ④)=12, (㉠, ⑧)=24, (㉠, ⑫)=36
(㉠, ⑯)=48, (㉠, ⑳)=60이므로
(㉢, ⑳)=60−2=58입니다.

**13** 네 자리 수에서 세 자리 수를 뺀 차가 세 자리 수이므로 [왕]은 1입니다. 백의 자리의 숫자는 서로 같고, 뺄셈을 할 때 받아내림해야 하므로 [학]은 9입니다.

| | | | |
|---|---|---|---|
| | 1 | [수] [수] | 1 |
| − | | [수] 9 | [수] |
| | | 9 [수] | 9 |

위의 식에서 11−[수]=9이므로 [수]는 2입니다.

**14** 정사각형을 배열한 규칙을 찾아보면 정사각형은 바로 이전 단계보다 그 수가 4개씩 늘어나고, 테두리의 길이는 16 cm씩 늘어납니다.

| | 정사각형의 개수(개) | 변의 개수(개) | 테두리의 길이(cm) |
|---|---|---|---|
| 첫 번째 | 1 | 4 | 8 |
| 두 번째 | 5 | 12 | 24 |
| 세 번째 | 9 | 20 | 40 |
| 네 번째 | 13 | 28 | 56 |
| 다섯 번째 | 17 | 36 | 72 |
| 여섯 번째 | 21 | 44 | 88 |
| 일곱 번째 | 25 | 52 | 104 |

따라서 테두리의 길이가 104 cm일 때 정사각형의 개수는 25개입니다.

**15** 종이를 자르는 방법에 따라서 2가지로 생각해 볼 수 있습니다.

①
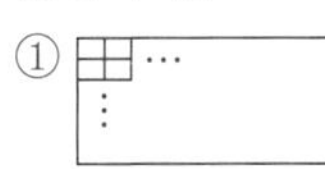

(가로) : 520÷34=15⋯ 10 ➡ 15장
(세로) : 136÷26=5⋯ 6 ➡ 5장
➡ 15×5=75(장)을 만들 수 있습니다.

②
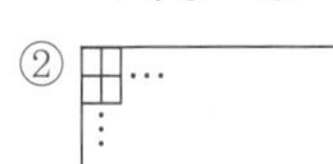

(가로) : 520÷26=20(장)
(세로) : 136÷34=4(장)
➡ 20×4=80(장)을 만들 수 있습니다.
따라서 최대로 만들 수 있는 작은 직사각형 모양의 종이는 80장입니다.

**16** ㉠★16=84 ➡ (㉠÷3)×(16÷4)=84
➡ (㉠÷3)×4=84
➡ ㉠÷3=21
➡ ㉠=63
㉡★8=14 ➡ (㉡÷3)×(8÷4)=14
➡ (㉡÷3)×2=14
➡ ㉡÷3=7
➡ ㉡=21
63과 21을 동시에 나누어지게 하는 가장 큰 한 자리 수는 7이므로 63과 21을 7로 나누면 몫은 각각 9와 3입니다.
따라서 두 몫의 합은 9+3=12입니다.

**17**

| | | |
|---|---|---|
| ㉡ | ㉢ | 24 |
| | 25 | |
| ★ | ㉠ | 28 |

24+25+★=★+㉠+28,
㉠=21
21+25+㉢=㉡+㉢+24,
㉡=22
따라서 세 수의 합은 22+25+28=75이므로
24+25+★=75, ★=26입니다.

**18** A비커에 들어 있던 물 중 $\frac{1}{7}$을 B비커로 옮겨 담았으므로 A비커에 남은 물의 양은 처음의 $\frac{6}{7}$입니다.
따라서 $\frac{6}{7}$에 해당하는 물의 양이 3 L 600 mL이므로 처음에 A 비커에 들어 있던 물은
3600÷6×7=4200(mL)
즉, 4 L 200 mL입니다.

**19** 세 조의 학생 수가 같아졌으므로 36÷3=12(명)씩입니다.
따라서 거꾸로 생각해 보면 처음에 있었던 학생 수는 다음과 같습니다.
C조 : 12−4=8(명)
B조 : 12+3=15(명)
A조 : 12+4−3=13(명)

**20** 어떤 수는 연속하는 자연수 2개의 합으로 나타낼 수 있으므로 홀수입니다.
같은 자연수 2개를 곱하여 홀수가 되려면 같은 자연수는 홀수입니다.
$33\times33=1089$(×), $31\times31=961$(가장 큰 수),
$29\times29=841$(두 번째로 큰 수)
따라서 어떤 수 중 두 번째로 큰 수는 841입니다.

**21** 원이 만나서 생기는 점의 규칙을 찾아봅니다.
① 원을 2개 그릴 때

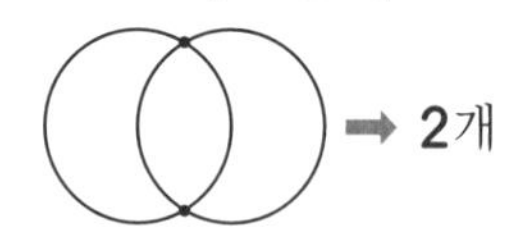


② 원을 3개 그릴 때

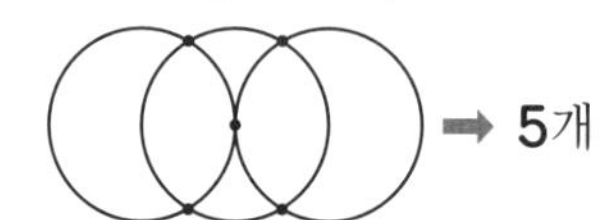


③ 원을 4개 그릴 때

④ 원을 5개 그릴 때

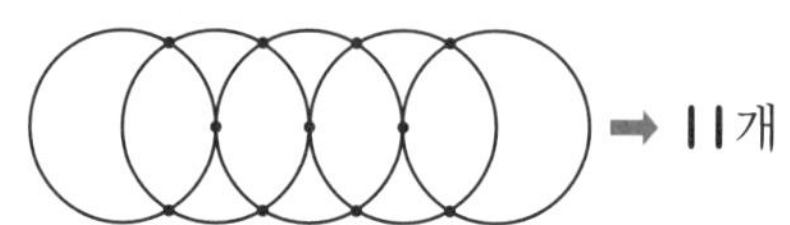


원 2개가 만나서 생기는 점은 2개이고 원을 1개씩 더 그릴 때마다 점은 3개씩 늘어납니다.
만나는 점은 원이 30개일 때 $30\times3-4=86$(개)
원이 34개일 때 $34\times3-4=98$(개)
원이 35개일 때 $35\times3-4=101$(개)
따라서 원이 만나서 생기는 점이 100개보다 많으려면 최소한 원을 35개 그려야 합니다.

**22** 오후 1시 40분 27초+12시간 50분 43초
=오전 2시 31분 10초
이므로 시카고공항에 도착한 시각은 우리나라 시각으로 5월 18일 오전 2시 31분 10초입니다.
우리나라가 오전 11시일 때 시카고는 전날 오후 8시이므로 우리나라와 시카고의 시간 차이는 15시간입니다.
따라서 시카고 시각으로 도착한 시각은
5월 18일 오전 2시 31분 10초−15시간
=5월 17일 오전 11시 31분 10초
이므로
㉠+㉡+㉢+㉣+㉤
$=5+17+11+31+10=74$입니다.

**23**

학교

| | | | |
|---|---|---|---|
| A 1 | B 1 | C 1 | |
| D 1, G 2 | E 2, H 2 | I 3 | F 1 |
| J 2 | K 4 | | |
| L 1 | M 3 | N 7 | 서점 10 |

① 학교 → A : 1가지, 학교 → F : 1가지
➡ 학교 → G : 2가지
② 학교 → B : 1가지, 학교 → D : 1가지
➡ 학교 → E : 2가지
③ 학교 → C : 1가지, 학교 → H : 2가지
➡ 학교 → I : 3가지
④ 학교 → G : 2가지, 학교 → L : 1가지
➡ 학교 → M : 3가지
⑤ 학교 → J : 2가지, 학교 → E : 2가지
➡ 학교 → K : 4가지
⑥ 학교 → M : 3가지, 학교 → K : 4가지
➡ 학교 → N : 7가지
⑦ 학교 → I : 3가지, 학교 → N : 7가지
➡ 학교 → 서점 : 10가지

**24** 책상의 높이만큼 막대에 색칠해 보면 오른쪽 그림과 같습니다.
두 막대의 길이가 5칸만큼의 차이가 있고 그 길이가 45 cm이므로 눈금 한 칸의 길이는
$45\div5=9$(cm)입니다.
따라서 책상의 높이는
$7\times9=63$(cm)입니다.

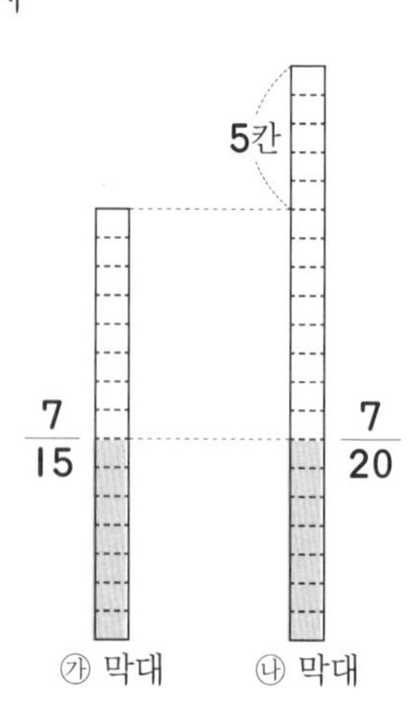


**25** 세 수의 합이 가장 작으려면 백의 자리에 1, 2, 3을 놓고, 십의 자리에 4, 5, 6을 놓고, 일의 자리에 7, 8, 9를 놓아야 합니다.
$147+258+369=774$로 짝수이므로 합이 가장 작은 홀수가 되려면 일의 자리의 숫자 중 가장 작은 홀수와 십의 자리 숫자 중 가장 큰 짝수를 바꾸어 계산합니다.

(합이 가장 작은 홀수인 경우)
=146+258+379=783
합이 가장 작은 홀수에서 두 번째로 작은 홀수가 되려면 일의 자리 숫자 중 가장 작은 홀수 숫자와 십의 자리의 가장 큰 홀수 숫자 또는 일의 자리 숫자 중 가장 작은 짝수 숫자와 십의 자리의 가장 큰 짝수 숫자를 바꾸어 계산합니다.
(합이 두 번째로 작은 홀수인 경우)
=146+258+397=801
또는 164+258+379=801

## 제2회 예 상 문 제 15~22

| | |
|---|---|
| 1 29 | 2 12개 |
| 3 28개 | 4 7개 |
| 5 49 m | 6 18 |
| 7 476 | 8 13일 |
| 9 336 cm | 10 8일 |
| 11 900 | 12 3100원 |
| 13 74 | 14 1326개 |
| 15 15개 | 16 12 |
| 17 26일 오전 7시 | 18 30개 |
| 19 83 | 20 7가지 |
| 21 24개 | 22 600 cm |
| 23 영수 : 560원, 용희 : 280원 | |
| 24 10개 | 25 109 |

**1** 어떤 두 자리 수를 ㉠㉡이라 하면 이 두 자리 수를 10배 한 수는 ㉠㉡0이므로 다음과 같이 구할 수 있습니다.

$$\begin{array}{r} ㉠\ ㉡\ 0 \\ -\quad ㉠\ ㉡ \\ \hline 2\ 6\ 1 \end{array} \Rightarrow ㉡=9,\ ㉠=2$$

**2** 각각의 조각으로 이루어진 직각삼각형의 개수를 구해 봅니다.

| 조각의 수(개) | 직각삼각형의 수(개) |
|---|---|
| 1 | 2 |
| 2 | 3 |
| 3 | 3 |
| 4 | 1 |
| 6 | 2 |
| 9 | 1 |
| 합계 | 12 |

**3** 간격 수는 117÷9=13(개)이므로 한쪽에 필요한 가로등의 수는 13+1=14(개)입니다. 따라서 양쪽에 필요한 가로등의 수는 14×2=28(개)입니다.

**4** 6명씩 앉을 수 있는 의자만 11개 있다면 앉을 수 있는 사람 수는 6×11=66(명)입니다.
66−58=8(명) 차이가 나는 것은 4명씩 앉을 수 있는 의자가 있기 때문입니다. 4명씩 앉을 수 있는 의자의 개수가 8÷(6−4)=4(개)이므로 6명씩 앉을 수 있는 의자의 개수는 7개입니다.

**5** 의자 사이의 간격 수는 22개이고 의자 사이의 간격은 90 cm이므로 22개의 의자 사이의 간격의 합을 구하면 22×90=1980(cm)입니다.
의자의 짧은 쪽의 길이가 1 m이고 의자의 개수가 23개이므로 23개의 의자의 짧은 쪽의 길이는 모두 23 m=2300 cm입니다.
따라서
㉠=1980+2300+320+300=4900(cm)
이므로 49 m입니다.

**6** ①, ②, ③의 넓이가 모두 같으므로 색칠한 부분은 전체의 $\frac{3}{18}$입니다.

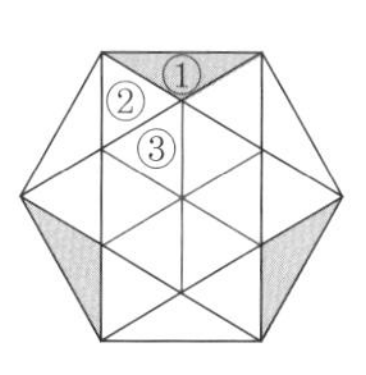


**7** 예슬이는 ㉡×7의 곱셈을 바르게 했기 때문에 7과 곱하여 일의 자리 숫자가 6이 되려면 8×7=56이므로 ㉡=8입니다.
상연이가 계산한 결과의 일의 자리 숫자가 5이므로 잘못 본 일의 자리 숫자는 5이므로
㉠5×7=455에서 ㉠=6입니다.

따라서 ㉠㉡=68이고 바르게 계산하면
$68\times7=476$입니다.

**8** 처음에는 엽서가 우표보다 $37-11=26$(장)이 더 있지만 하루에 우표를 $5-3=2$(장)씩 더 사게 되므로 $26\div2=13$(일) 후에는 엽서와 우표의 수가 같아집니다.

**9** $15\times15=225$이므로 원이 모두 225개이면 가장 바깥쪽에 있는 원은 한 변에 15개씩입니다.
따라서 그린 사각형의 한 변의 길이가
$6\times(15-1)=84$(cm)이므로 네 변의 길이의 합은 $84\times4=336$(cm)입니다.

**10** 11명이 6일 걸리는 일을 1명이 하려면
$11\times6=66$(일) 걸립니다.
1명이 전체 일의 $\frac{11}{15}$을 하는 데 66일이 걸리므로
$\frac{4}{15}$를 하려면 $66\div11\times4=24$(일)이 걸리고,
이 일을 3사람이 하므로 $24\div3=8$(일)이 걸립니다.

**11** $(1800-1799)+(1798-1797)+(1796-1795)$
$+\cdots+(4-3)+(2-1)$
$=\underbrace{1+1+1+\cdots+1+1}_{900\text{개}}$
$=900$

**12** (25일에 남은 돈)$=3586+1550=5136$(원)
(19일에 남은 돈)$=5136-1800=3336$(원)
(13일에 남은 돈)$=3336+2100=5436$(원)
따라서 13일에 찾은 돈은
$8536-5436=3100$(원)입니다.

**13** ①+125+371+㉠=726
①+㉠=230 ➡ A
②+125+246+㉠=726
②+㉠=355 ➡ B
③+371+246+㉠=726
③+㉠=109 ➡ C
①+②+③+125+371+246+㉠=1288
①+②+③+㉠=1288−742=546
A+B+C=①+㉠+②+㉠+③+㉠
=(①+②+③+㉠)+㉠+㉠
=546+㉠+㉠=694
따라서 ㉠+㉠=148, ㉠=74

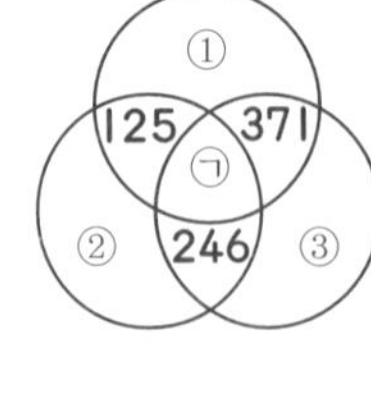


**14** 점 ㄱ을 왼쪽 끝점으로 하는 선분은 51개이고, 점 [1]을 왼쪽 끝점으로 하는 선분은 50개, 점 [2]를 왼쪽 끝점으로 하는 선분은 49개, …, 점 [50]을 왼쪽 끝점으로 하는 선분은 1개입니다.
따라서 선분은 모두
$51+50+49+\cdots+1=1326$(개)입니다.

**15** 표를 그려 문제를 해결하면 다음과 같습니다.

| 맞은 문제 수(개) | 10 | 11 | 12 | 13 | 14 | 15 |
|---|---|---|---|---|---|---|
| 틀린 문제 수(개) | 10 | 9 | 8 | 7 | 6 | 5 |
| 점수(점) | 30 | 37 | 44 | 51 | 58 | 65 |

따라서 영수가 맞은 문제는 15개입니다.
별해
영수가 모두 맞았다고 가정하면 $5\times20=100$(점)인데 실제로는 65점이므로 틀린 문제 수는
$(100-65)\div(5+2)=5$(개)입니다.
따라서 맞은 문제 수는 $20-5=15$(개)입니다.

**16** $7\times\begin{vmatrix}\square & 15\\ 13 & 27\end{vmatrix}=903$
$\begin{vmatrix}\square & 15\\ 13 & 27\end{vmatrix}=903\div7=129$
$\square\times27-15\times13=129$
$\square\times27-195=129$
$\square\times27=129+195=324$
$\square=324\div27=12$

**17** 8월 20일 오후 3시 44분
−8월 19일 오후 9시 44분
=18시간
이므로 서울이 앵커리지보다 18시간 빠른 셈입니다.
따라서 앵커리지가 12월 25일 오후 1시일 때,
서울은 12월 25일 오후 1시+18시간
=12월 26일 오전 7시입니다.

**18** 자연수 부분이 1인 대분수 :
$1\frac{3}{5}$, $1\frac{3}{7}$, $1\frac{5}{7}$, $1\frac{3}{9}$, $1\frac{5}{9}$, $1\frac{7}{9}$ ➡ 6개
자연수 부분이 3, 5, 7, 9일 때도 각각 6개씩이므로 만들 수 있는 대분수는 $6\times5=30$(개)입니다.

**19** (1) ㉠÷㉡÷㉢=3이면 ㉠÷㉡=3×㉢

➡ ㉠÷㉡×㉢=27에서 3×㉢×㉢=27

이므로 ㉢×㉢=9, ㉢=3입니다.

(2) ㉠÷㉡÷㉢=3에서 ㉠÷㉡=9이므로

㉠=9×㉡입니다.

(3) ㉠−㉡=64이므로

9×㉡−㉡=8×㉡=64, ㉡=8

➡ ㉠−㉡=64이므로 ㉠=64+8=72

따라서 ㉠+㉡+㉢=72+8+3=83

**20** ㉠6㉡×㉢㉣의 곱이 다섯 자리의 수가 되려면

㉠6×㉢의 곱에서 올림이 있어야 합니다.

(1) ㉠=1일 때 ㉢에 어떤 숫자가 놓여도 올림이 없습니다.

(2) ㉠=2일 때 ㉢에 4가 놓이면 올림이 있습니다.

261×43, 263×41 ➡ 2가지

(3) ㉠=3일 때 ㉢에 4가 놓이면 올림이 있습니다.

361×42, 362×41 ➡ 2가지

(4) ㉠=4일 때 ㉢에 2 또는 3이 놓이면 올림이 있습니다.

461×23, 462×31, 461×32

➡ 3가지

따라서 곱이 다섯 자리 수가 되는 경우는 모두 7가지입니다.

**21**

12개

6개

4개

2개

➡ 12+6+4+2=24(개)입니다.

**22** 1+2+3+4+⋯+□=231

(1+□)×□÷2=231에서

(1+□)×□=462

22×21=462이므로 □=21입니다.

따라서 원을 21층까지 그린 것입니다.

바깥쪽에 있는 원의 중심을 지나는 가장 큰 삼각형은 세 변의 길이가 모두 같고 한 변의 길이는 원의 지름의 20배이므로 둘레의 길이는

5×2×20×3=600(cm)입니다.

**23** 1 L=1000 mL이므로 1000÷4=250(mL)씩 마셔야 공평한 셈입니다.

석기는 250−150=100(mL)에 대한 주스값으로 560원을 받았으므로

동민이는 250−100=150(mL)에 대한 주스값으로 560+280=840(원)을 받아야 합니다.

따라서 동민이는 영수에게서 560원, 용희에게서 280원을 받아야 합니다.

**24** 직선이 1개씩 늘어날 때마다 최대로 그려지는 직각의 수를 알아봅니다.

직선이 1개일 때 직각은 0개
직선이 2개일 때 직각은 4개 (+4)
직선이 3개일 때 직각은 8개 (+4)
직선이 4개일 때 직각은 16개 (+8)
직선이 5개일 때 직각은 24개 (+8)
직선이 6개일 때 직각은 36개 (+12)
직선이 7개일 때 직각은 48개 (+12)

따라서 직선이 1개씩 늘 때마다 직각은 4개, 4개, 8개, 8개, 12개, 12개, ⋯씩 늘어나는 규칙이 있습니다.

직선이 8개이면 직각은 48+16=64(개)

직선이 9개이면 직각은 64+16=80(개)

직선이 10개이면 직각은 80+20=100(개)

그러므로 직각이 모두 100개가 되도록 하려면 직선은 최소한 10개를 그려야 합니다.

**25** ㉮ 수도꼭지에서 5분 동안 받을 수 있는 물의 양은 60 L의 $\frac{1}{12}$인 5 L,

㉯ 수도꼭지에서 8분 동안 받을 수 있는 물의 양은 60 L의 $\frac{1}{15}$인 4 L,

㉰ 수도꼭지에서 12분 동안 받을 수 있는 물의 양은 60 L의 $\frac{1}{20}$인 3 L입니다.

순서대로 한 개씩 수도꼭지를 튼 시간을 구해보면

㉮ 수도꼭지는 36분의 $\frac{1}{9}$인 4분,

㉯ 수도꼭지는 32분의 $\frac{1}{8}$인 4분,

㉰ 수도꼭지는 28분의 $\frac{1}{7}$인 4분입니다.

㉮ 수도꼭지에서 **4**분 동안 받은 물의 양은 **4** L,
㉯ 수도꼭지에서 **4**분 동안 받은 물의 양은 **2** L,
㉰ 수도꼭지에서 **4**분 동안 받은 물의 양은 **1** L
입니다.
세 수도꼭지에서 동시에 받은 시간은
$36-4-4-4=24$(분)이므로 **24**분 동안 받은 물의 양은 ㉮ 수도꼭지에서 $4\times6=24$(L),
㉯ 수도꼭지에서 $2\times6=12$(L),
㉰ 수도꼭지에서 $1\times6=6$(L)입니다.
따라서 **36**분 동안 ㉮, ㉯, ㉰ 수도꼭지에서 받은 물의 양은 모두 $4+2+1+24+12+6=49$(L)
이므로 물탱크에 찬 물은 전체의 $\frac{49}{60}$입니다.
➡ ㉠+㉡$=60+49=109$

**제3회 예상문제** 23~30

| | |
|---|---|
| 1 478 | 2 52 cm |
| 3 30 m | 4 9바퀴 |
| 5 39초 | 6 99개 |
| 7 8453 | 8 44개 |
| 9 128 cm | 10 21 |
| 11 3시간 20분 | 12 12칸 |
| 13 3분 | 14 130 cm |
| 15 108개 | 16 6 |
| 17 9.6 cm | 18 27000원 |
| 19 178개 | 20 6번 |
| 21 96 cm | 22 56 km |
| 23 40 | 24 53 |
| 25 554 | |

**1** 큰 수 / 작은 수 — 119, 837

(큰 수)$=(837+119)\div2=478$

**2**

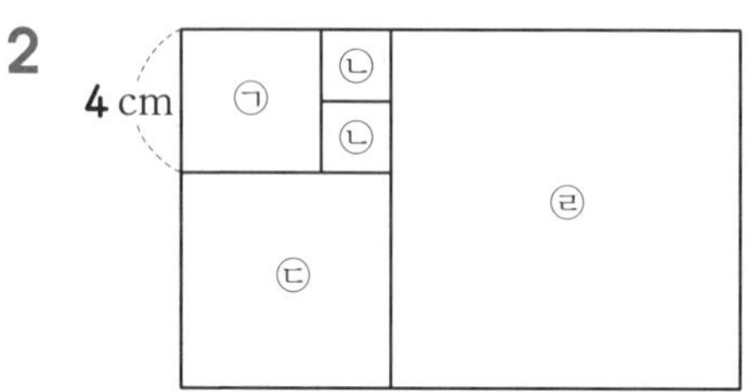


㉠의 한 변의 길이는 **4** cm,
㉡의 한 변의 길이는 $4\div2=2$(cm),
㉢의 한 변의 길이는 $4+2=6$(cm),
㉣의 한 변의 길이는 $2+2+6=10$(cm)입니다.
따라서 가장 큰 직사각형의 둘레의 길이는
$16+10+16+10=52$(cm)입니다.

**3** 화단의 세로의 길이를 ①이라고 하면 가로의 길이는 (2.5)입니다.

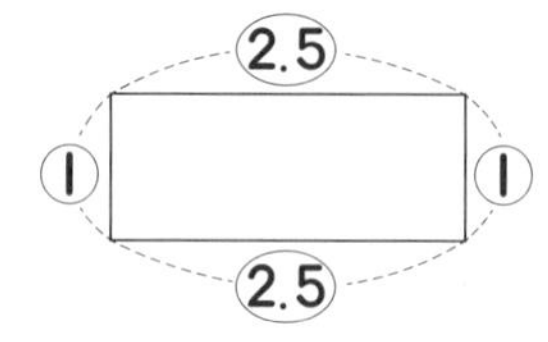


둘레의 길이는 ①+(2.5)+①+(2.5)=⑦로 생각할 수 있으므로 ①에 해당하는 세로의 길이는 $84\div7=12$(m)입니다.
따라서 화단의 가로의 길이는
$(84-12\times2)\div2=30$(m)입니다.

**4** 두 개의 톱니바퀴가 맞물려 돌아가고 있으므로 맞물려 회전한 전체 톱니 수는 같아야 합니다.
따라서 가 톱니바퀴의 맞물려 회전한 톱니 수가 $63\times6=378$(개)이면 나 톱니바퀴는
$378\div42=9$(바퀴) 돌게 됩니다.

**5** **1**층부터 **5**층까지 네 층을 올라가는 데 **6**초가 걸렸으므로 두 층을 올라가는 데 **3**초가 걸린 셈입니다.
따라서 **1**층부터 **27**층까지는 **26**층을 올라가야 하므로 $(26\div2)\times3=39$(초)가 걸립니다.

**6** (상연이가 가진 구슬 수)$=24\div2\times3=36$(개)
(예슬이가 가진 구슬 수)$=35\div5\times9=63$(개)
따라서 두 사람이 가지고 있는 구슬의 합은 **99**개입니다.

**7** 계산 결과를 최대로 하려면 네 자리 수는 최대이어야 하고, 두 수의 곱은 최소이어야 합니다.
따라서 $13\times24=312$, $14\times23=322$이므로
계산 결과 중 가장 큰 값은
$8765-13\times24=8453$입니다.

**8** 한 개의 정사각형 안에 직각이 8개 있으므로 4개의 정사각형 안에 $8\times4=32$(개)가 있습니다. 또, 오른쪽 그림에서 12개가 있으므로 모두 $32+12=44$(개)가 있습니다.

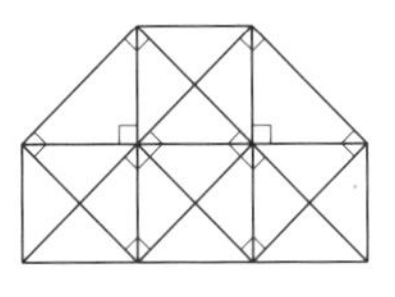

**9** $8\times(15+1)=128$(cm)

**10** 진분수 : $\frac{2}{3}$, $\frac{2}{5}$, $\frac{3}{5}$, $\frac{5}{23}$, $\frac{3}{25}$, $\frac{5}{32}$, $\frac{2}{35}$, $\frac{3}{52}$, $\frac{2}{53}$(9개)

가분수 : $\frac{3}{2}$, $\frac{5}{2}$, $\frac{35}{2}$, $\frac{53}{2}$, $\frac{5}{3}$, $\frac{25}{3}$, $\frac{52}{3}$, $\frac{23}{5}$, $\frac{32}{5}$(9개)

대분수 : $2\frac{3}{5}$, $3\frac{2}{5}$, $5\frac{2}{3}$(3개)

따라서 ㉠+㉡+㉢$=9+9+3=21$

**11** 이 물통은 1분 동안 $210-35=175$(mL)씩 채워지고 35 L는 35000 mL이므로 물통이 가득 채워지려면 $35000\div175=200$(분), 즉 3시간 20분이 걸립니다.

**12** 규칙을 살펴보면 오른쪽에서 첫 번째 세로 줄은 한 칸이 1을, 오른쪽에서 두 번째 세로줄은 한 칸이 5를, 오른쪽에서 세 번째 세로줄은 한 칸이 $5\times5=25$를, 오른쪽에서 네 번째 세로줄은 한 칸이 $25\times5=125$를 나타냅니다.
주어진 곱셈은 $52\times11=572$이므로
$572=125\times4+25\times2+5\times4+1\times2$
따라서 색칠해야 할 칸 수는 $4+2+4+2=12$(칸)입니다.

**13** 길이가 135 m인 열차가 1260 m인 터널을 완전히 통과할 때 가는 거리는 $135+1260=1395$(m)입니다. 따라서 터널을 완전히 통과하는 데 걸리는 시간은 $1395\div465=3$(분)입니다.

**14** 10번째에 이어 붙이는 정사각형의 한 변의 길이는 10 cm입니다.
한 변의 길이가 1 cm씩 커지는 정사각형을 겹치지 않게 10개까지 차례로 이어 붙여서 만들어지는 도형의 가로의 길이는 $1+2+3+\cdots+10=55$(cm)이고, 가장 긴 세로의 길이는 10 cm입니다.
만들어지는 도형의 둘레의 길이는 가로가 55 cm, 세로가 10 cm인 직사각형의 둘레의 길이와 같으므로 $55+10+55+10=130$(cm)입니다.

**15** ○●○●●○○이 반복되고 $250\div7=35\cdots5$이므로 검은색 바둑돌은 $35\times3+3=108$(개)입니다.

**16** 3♥□=가라고 하면 가$\div5\times7=42$이므로
가$=42\div7\times5=30$입니다.
3♥□$=30$, $3\times8+$□$=30$, □$=30-24=6$

**17** 타버린 양초의 길이는 처음 길이의 $\frac{1}{4}$이고,
양초는 15초에 2 mm씩 타들어가므로
1분에 $2\times4=8$(mm), 3분에는 $3\times8=24$(mm)가 탑니다. 따라서 처음 양초의 길이는
$24\times4=96$(mm)$=9.6$(cm)입니다.

**18** 세 사람이 사용하고 남은 용돈이 모두 같으므로
(가영)$\times\frac{2}{3}$=(지혜)$\times\frac{4}{5}$=(석기)$\times\frac{8}{9}$입니다.

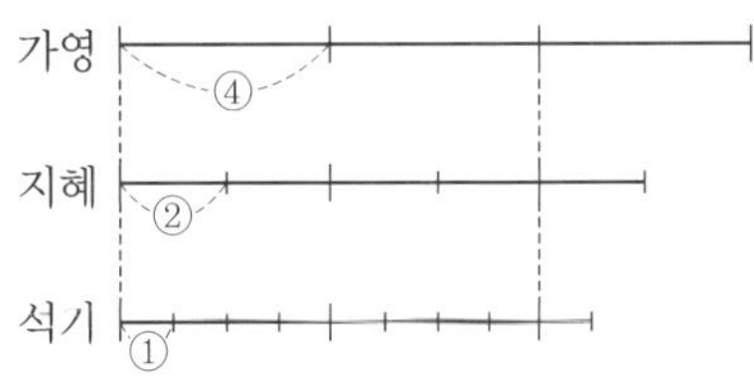


따라서 석기가 처음에 가지고 있었던 용돈을 ⑨라고 하면 지혜는 ⑩, 가영이는 ⑫라고 할 수 있으므로 석기가 처음에 가지고 있었던 용돈은
$9300\div(9+10+12)\times9=27000$(원)입니다.

**19** $150\div6=25$이므로 150보다 크고 190보다 작은 수 중에서 6으로 나누었을 때 나머지가 4인 수는 154, 160, 166, 172, 178, 184입니다.
$150\div5=30$이므로 150보다 크고 190보다 작은 수 중에서 5로 나누었을 때 나머지가 3인 수는 153, 158, 163, 168, 173, 178, 183, 188입니다.
따라서 구슬은 178개입니다.

**20** 지혜가 이긴 횟수는 가영이가 진 횟수와 같으므로 가영이가 진 횟수를 구해 봅니다. 가영이가 21번 모두 이겼다고 가정하면 $21 \times 3 = 63$(계단)을 올라가야 하고, 가영이가 1번 질 때마다 $3+2=5$(계단)씩 줄어드는 셈이므로 가영이는 $(63-33) \div 5 = 6$(번) 진 것입니다. 따라서 지혜는 6번 이긴 것입니다.

**21** 원의 크기가 커지는 규칙을 알아보면 원의 반지름이 2배씩 커집니다.
2 cm, 4 cm, 8 cm, 16 cm, 32 cm, 64 cm, 128 cm, 256 cm에서 5번째 원의 반지름은 32 cm이고 7번째 원의 반지름은 128 cm이므로 원의 중심을 일직선에 표시해 보면 다음과 같습니다.

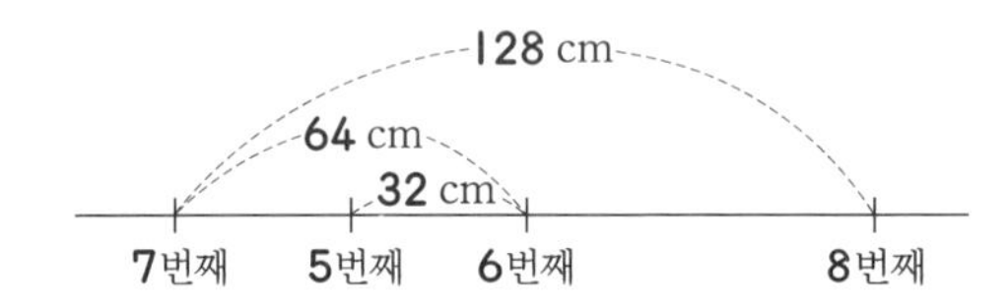


따라서 5번째 원의 중심과 8번째 원의 중심 사이의 거리는 $128-64+32=96$(cm)입니다.

**22** 중복없이 한 번씩만 거쳐 모든 곳을 갈 수는 없으므로 가능한 한 짧은 거리를 중복하여 지나도록 합니다.

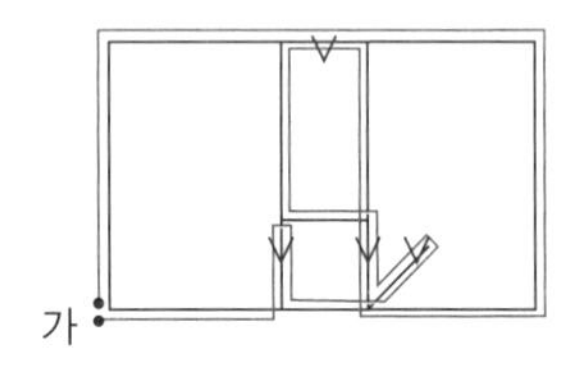


∨ 표시한 2 km인 4곳만 한 번씩 중복해서 가면 되므로 가장 짧은 거리는
$6 \times 4 + 10 \times 2 + 2 \times 2 + 2 \times 4 = 56$(km)입니다.

**23** ㉮역에서 출발한 기차가 ㉰지점을 통과하는 시각은 8시 30분, 8시 50분, 9시 10분, 9시 30분, 9시 50분, 10시 10분, 10시 30분, …입니다.
㉯역에서 출발한 기차가 ㉰지점을 통과하는 시각은 8시, 8시 15분, 8시 30분, 8시 45분, 9시, 9시 15분, 9시 30분, 9시 45분, 10시, 10시 15분, 10시 30분, …입니다.
따라서 ㉮역과 ㉯역에서 출발한 기차가 ㉰ 지점에서 만나는 시각은 8시 30분, 9시 30분, 10시 30분, …이므로 세 번째로 만나는 시각은 10시 30분입니다.
➡ ㉠+㉡$=10+30=40$

**24**

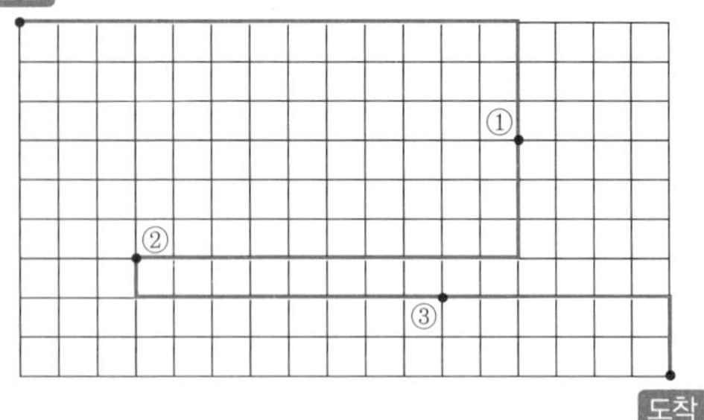


출발점에서 도착점까지 가려면 가장 작은 정사각형의 한 변을 46번 지나야 하고, 직각으로 5번 회전해야 합니다.
따라서 걸리는 시각은 23분+6초×5=23분 30초입니다.
➡ ㉠+㉡$=23+30=53$

**25** 51부터 1씩 커지는 수를 5로 나누었을 때의 나머지는 1, 2, 3, 4, 0으로 5개가 반복됩니다.
51부터 1씩 커지는 수를 8로 나누었을 때의 나머지는 3, 4, 5, 6, 7, 0, 1, 2로 8개가 반복됩니다.
〈51〉+〈52〉+〈53〉+…+〈148〉+〈149〉+〈150〉은 51부터 150까지의 수를 5로 나눈 나머지와 8로 나눈 나머지의 합을 더한 것과 같습니다.
51부터 150까지의 수의 개수는 100개이므로'
$100 \div 5 = 20$, $100 \div 8 = 12 \cdots 4$에서
나머지의 합은
$(1+2+3+4+0) \times 20$
$+(3+4+5+6+7+0+1+2) \times 12$
$+(3+4+5+6)$
$=200+336+18=554$
입니다.

**제4회 예 상 문 제** 31~38

| | |
|---|---|
| 1 781 | 2 1 |
| 3 17 | 4 44분 |
| 5 97 | 6 6가지 |
| 7 20개 | 8 3876, 6783 |
| 9 390 | 10 9시간 |
| 11 14 cm | 12 11시 12분 |
| 13 611 | 14 1260자루 |
| 15 30개 | 16 850 |
| 17 4 L 450 mL | 18 55 |
| 19 528 cm | 20 47초 |
| 21 13 | 22 11개 |
| 23 1시간 10분 | 24 114 |
| 25 다 상자 | |

**1** 19□가 1□9보다 2 크므로 두 수는 191과 189입니다. 또, 2□1은 191보다 10 크므로 201이고, 2□□는 201보다 작고 두 번째로 큰 수이므로 200입니다. 따라서 석기는 191, 효근이는 200, 지혜는 189, 동민이는 201을 썼으므로 합은
191+200+189+201=781입니다.

**2**

| 두 수 | 1 | 2 | 3 | 4 | 5 | 6 | 7 | … | 12 |
|---|---|---|---|---|---|---|---|---|---|
| | 24 | 23 | 22 | 21 | 20 | 19 | 18 | … | 13 |
| 곱 | 24 | 46 | 66 | 84 | 100 | 114 | 126 | … | 156 |

두 수의 차가 최소일 때 두 수의 곱은 최대가 됩니다.
따라서 두 수의 차는 13−12=1입니다.

**3** (영수네 학교 3학년 학생 수)
=13×22+3=289(명)입니다.
따라서 ☆×☆=289이므로 ☆=17입니다.

**4** 두 기계를 동시에 가동하여 30초 동안 9개의 장난감을 만들 수 있으므로 792÷9=88입니다.
따라서 30×88=2640(초)이므로
2640÷60=44(분) 동안 만든 것입니다.

**5** 상영된 영상이 모두 9개이므로 상영시간의 합은
9×11분 45초=99분 405초
=1시간 45분 45초입니다.
9편의 영상이 상영되는 동안 8번의 쉬는 시간이 있으므로 쉬는 시간의 합은
8×2분 30초=16분 240초=20분입니다.
따라서 영상을 보는 방법을 설명하기 시작한 시각은
오후 4시−1시간 45분 45초−20분−5분 27초
=오후 1시 48분 48초이므로
㉠+㉡+㉢=1+48+48=97입니다.

**6** ㉠5÷㉡=㉢…㉣에서 ㉢이 한 자리 수이므로 ㉠<㉡이고, 나머지는 나누는 수보다 작아야 하므로 ㉡>㉣입니다.
㉠은 짝수이므로 2, 4, 6, 8 중 하나이고 ㉣은 홀수이므로 1, 3, 5, 7, 9 중 하나입니다.
이러한 조건을 만족하는 나눗셈식을 찾아봅니다.
25÷3=8…1, 25÷4=6…1
25÷6=4…1, 25÷8=3…1
45÷6=7…3, 45÷7=6…3
→ 6가지

**7** 삼각형의 가장 긴 변의 길이는 나머지 두 변의 길이의 합보다 짧아야 하고, 가장 짧은 변은 나머지 두 변의 차보다 커야 합니다. 예를 들어 세 변의 길이가 8 cm, 1 cm, 5 cm라면 다음과 같이 삼각형이 만들어질 수 없기 때문입니다.

1 cm 5 cm 8 cm

밑변의 길이는 8 cm이고 막대는 여러 개씩 있으므로 중복된 경우를 제외하고 다음과 같이 나누어 생각할 수 있습니다.

(i) 8 cm ㉠ 8 cm — ㉠에 올 수 있는 막대는 1 cm부터 8 cm까지 ➡ 8개

(ii) 7 cm ㉡ 8 cm — ㉡에 올 수 있는 막대는 2 cm부터 7 cm까지 ➡ 6개

(iii) 6 cm ㉢ 8 cm — ㉢에 올 수 있는 막대는 3 cm부터 6 cm까지 ➡ 4개

(iv) 5 cm ㉣ 8 cm — ㉣에 올 수 있는 막대는 4 cm부터 5 cm까지 ➡ 2개

➡ 8+6+4+2=20(개)입니다.

**8** 17과 19로 나누어떨어지는 수는 $17\times19=323$으로 나누어떨어지는 수입니다. 323으로 나누어떨어지면서 천의 자리의 숫자가 3, 6인 경우를 찾아보면 다음과 같습니다.

$323\times10=3230$, $323\times11=3553$
$323\times12=3876$, $323\times19=6137$
$323\times20=6460$, $323\times21=6783$
이 중에서 3, 6, 7, 8로 이루어진 수는 3876, 6783입니다.

**9** 510은 9로 나누어떨어지지 않으므로 다음과 같이 생각해 봅니다.

$\square\times9=\triangle510$, $\triangle510$은 가장 작은 수
$\triangle=1$일 때, $1510\div9$ ➡ 나누어떨어지지 않음
$\triangle=2$일 때, $2510\div9$ ➡ 나누어떨어지지 않음
$\triangle=3$일 때, $3510\div9=390$ ➡ 나누어떨어짐
따라서 $390\times9=3510$이므로 가장 작은 수는 390입니다.

별해
9로 나누어떨어지는 수는 각 자리의 숫자의 합이 9로 나누어떨어지면 되므로
$\triangle+5+1+0=9$, $\triangle=3$일 때, 가장 작은 수가 나옵니다.

**10** 하루는 24시간이므로

(잠을 잔 시간)$=$24시간의 $\frac{3}{8}=9$시간
(잠을 자고 남은 시간)$=24-9=15$(시간)
(학교에서 생활한 시간)$=$15시간의 $\frac{2}{5}=6$시간
따라서 나머지 시간은 $24-(9+6)=9$(시간)입니다.

**11** 그림을 9개 붙이면 간격의 수는 10개이므로 $(455-35\times9)\div10=14$(cm) 간격으로 그림을 붙어야 합니다.

**12** 1일 정오부터 25일 정오까지는 24일간이므로 정확한 시각보다 $2\times24=48$(분)이 늦습니다.
따라서 시계는 12시$-$48분$=$11시 12분을 가리킵니다.

**13** (㉠+㉡)+(㉡+㉢)=$4214+3737=7951$
㉠+㉡+㉢+㉣=8562
(㉠+㉡+㉢+㉣)−(㉠+㉡+㉡+㉢)
=㉣−㉡
$=8562-7951$
$=611$
따라서 ㉣은 ㉡보다 611 더 큽니다.

**14** 1시간 12분은 72분이므로 연필을 모두 $72\div6\times105=1260$(자루) 만들 수 있습니다.

**15** 원의 반지름은 3 cm이므로
$(60+30+60+30)\div3=30$(개)까지 그릴 수 있습니다.

**16** $100\div6=16\cdots4$이므로 영수가 받은 카드는 모두 17장이고, 그 수들의 합은
$2+8+14+20+\cdots+86+92+98=850$
입니다.

**17** 9월 1일은 일요일이고 9월은 30일까지 있으므로 $30\div7=4\cdots2$에서 4주 2일이 있고, 30일은 월요입니다. 따라서 1주일에
250 mL+300 mL+500 mL=1050 mL
=1 L 50 mL를 마시므로 9월 한 달 동안에는
4 L 200 mL+250 mL=4 L 450 mL의 우유를 마시게 됩니다.

**18** ㉠÷㉡÷㉢=4, ㉠÷㉡×㉢=36에서 ㉠÷㉡=가라고 생각하면, 가÷㉢=4에서 가는 ㉢의 4배이므로
㉢×4×㉢=36, ㉢×㉢=9, ㉢=3입니다.
따라서 ㉠÷㉡=12, ㉠+㉡=65에서 ㉠는 ㉡의 12배이므로 13×㉡=65, ㉡=5, ㉠=5×12=60입니다. 따라서 ㉠−㉡=60−5=55입니다.

**19** 첫 번째 원 다음에 두 개씩 원을 겹치게 놓으면 맨 처음과 맨 마지막에 겹치지 않은 원이 놓이게 됩니다.
직사각형의 가로의 길이는 반지름의
$2+3\times9+2=31$(배)입니다.
따라서 직사각형의 가로의 길이는
$8\times31=248$(cm)이고
세로의 길이는 16 cm이므로
둘레의 길이는 $(248+16)\times2=528$(cm)입니다.

**20** 9분 24초$=9\times60+24=564$(초)
1층부터 13층까지는 한 층의 높이를 12번 올라간 것

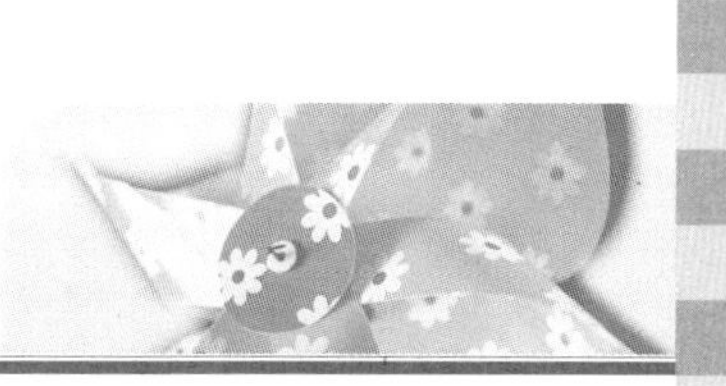

이므로 한 층을 올라가는 데 걸린 시간은
$564 \div 12 = 47$(초)입니다.

**21** 작은 흰색 정사각형이 큰 흰색 정사각형의 $\frac{1}{4}$이므로 오른쪽 그림과 같이 나눌 수 있습니다. 작은 흰색 정사각형을 1이라 하면 큰 흰색 정사각형은 4, 검은색 직사각형은 2이고, 검은색 직사각형은 모두 18개이므로 36이라 할 수 있습니다. 이 포장지 전체는 작은 정사각형 $9 \times 9 = 81$(개)로 이루어져 있으므로 검은색이 차지하는 부분은 전체의 $\frac{36}{81}\left(=\frac{12}{27}=\frac{4}{9}\right)$입니다.

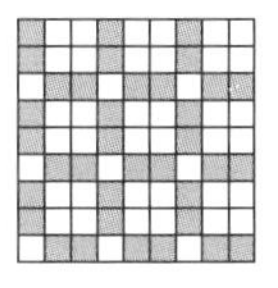

따라서 ㉠+㉡의 최솟값은 $9+4=13$입니다.

**22** 거꾸로 생각하여 문제를 해결해 봅니다.

| | 효근 | 한초 | 석기 |
|---|---|---|---|
| 마지막 | 16 | 16 | 4 |
| 석기가 주기 전 | 8 | 8 | 20 |
| 한초가 주기 전 | 4 | 22 | 10 |
| 효근이가 주기 전 | 20 | 11 | 5 |

따라서 처음에 한초가 가지고 있던 구슬은 11개입니다.

**23** 모든 사물은 거울에 반사되면 왼쪽은 오른쪽으로, 오른쪽은 왼쪽으로 위치 변화가 생깁니다.
책을 읽기 시작한 시각은 8시 20분, 끝낸 시각은 9시 30분입니다.
따라서 책을 읽은 시간은
9시 30분−8시 20분=1시간 10분입니다.

**24** 1 m 45 cm+1 m㉠㉡ cm=2 m ㉡㉠ cm이므로
45+㉠㉡=㉡㉠이고 ㉡>㉠입니다.
5+㉡=10+㉠이므로 ㉡이 ㉠보다 5 크고 ㉠과 ㉡이 모두 0이 아니므로 구하는 ㉠㉡은 16, 27, 38, 49로 모두 4가지입니다.
그런데 키의 차가 20 cm보다 작아야 하므로 45와의 차가 20보다 작은 수인 27, 38, 49로 3개입니다.
따라서 ㉠㉡이 될 수 있는 모든 수의 합은
$27+38+49=114$입니다.

**25** 만약 영수가 다 상자에서 구슬을 꺼냈을 때 파란 구슬이 나왔다면
다 상자에는 파란 구슬 2개
나 상자에는 흰 구슬 1개, 파란 구슬 1개
가 상자에는 흰 구슬 2개가 들어 있습니다.
흰 구슬이 나왔다면,
다 상자에는 흰 구슬 2개
가 상자에는 흰 구슬 1개, 파란 구슬 1개
나 상자에는 파란 구슬 2개가 들어 있습니다.
따라서 영수가 구슬을 꺼낸 상자는 다 상자입니다. (위와 같은 방법으로 가 상자 또는 나 상자에서 구슬을 꺼낸다면 3개의 상자 안에 어떤 색의 공이 들어 있는지 알 수 없습니다.)

## 제5회 예상문제 39~46

| | |
|---|---|
| 1 811 | 2 3번 |
| 3 120개 | 4 15병 |
| 5 54개 | 6 917 |
| 7 34개 | 8 18 |
| 9 164 cm | 10 1089 |
| 11 25 | 12 11시 30분 |
| 13 13 cm | 14 16 cm |
| 15 92점 | 16 4개 |
| 17 143 | 18 84분 |
| 19 2점, 4점, 8점 | 20 24장 |
| 21 풀이 참조 | 22 90 cm |
| 23 (1) 60개 | (2) 30개 |
| 24 123 | 25 44가지 |

**1** 백의 자리 숫자의 계산에서 ㉮=㉯+1이므로 일의 자리 숫자의 계산에서 다음이 성립합니다.
10+㉯−㉮=㉮, 10+㉯=㉮+㉮
10+㉯=㉯+1+㉯+1, ㉯=8, ㉮=9
따라서 ㉯㉮㉮−㉯㉯=899−88=811입니다.

**2** 1번 잘랐을 때 2조각이 됩니다.

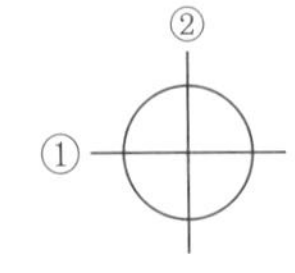

2번 잘랐을 때 최대 4조각이 됩니다.

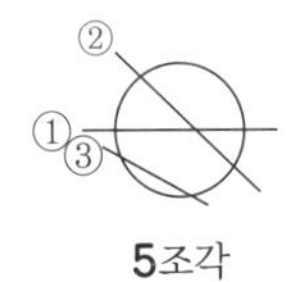


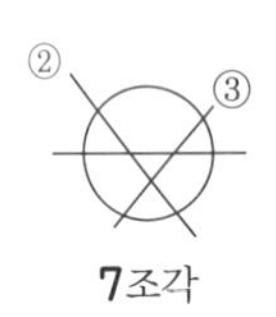


7조각

3번 잘랐을 때 최대 7조각이 됩니다.
따라서 피자를 7조각으로 나누려면 최소한 3번을 잘라야 합니다.

**3**

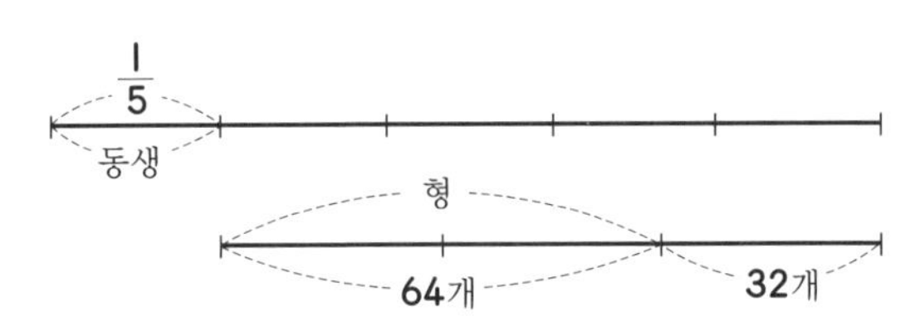


영수가 가지고 있던 구슬의 $\frac{4}{5}$의 개수는 96개이므로
영수의 구슬의 $\frac{1}{5}$은 $96 \div 4 = 24$(개)입니다.
따라서 영수가 처음에 가지고 있던 구슬은
$96 + 24 = 120$(개)입니다.

**4** 9 L의 $\frac{1}{3}$은 3 L이고, 3 L의 $\frac{1}{5}$은 3000 mL의 $\frac{1}{5}$과 같습니다.
따라서 3000 mL의 $\frac{1}{5}$은 600 mL이므로
최소 $9000 \div 600 = 15$(병)의 물이 필요합니다.

**5** $4846 - 4801 = 45$이므로 45씩 뛰어서 센 것이고, $7411 - 4936 = 2475$이므로 $2475 \div 45 = 55$(번) 뛰어서 센 것입니다.
따라서 4936과 7411 사이에 있는 수는
$55 - 1 = 54$(개)입니다.

**6** ㉮$=135-84=51$ 또는 ㉮$=135+84=219$입니다.
㉰$=135+138=273$이므로
㉯$=273-49=224$ 또는 ㉯$=273+49=322$입니다.
㉮$=51$, ㉯$=322$일 때 ㉱$=271$입니다.
㉮+㉯+㉰+㉱$=51+322+273+271=917$
㉮$=219$, ㉯$=322$일 때
㉱$=322-219=103$입니다.
㉮+㉯+㉰+㉱$=219+322+273+103$
$=917$
따라서 ㉮+㉯+㉰+㉱의 최댓값은 917입니다.

**7** : 12개,  : 12개,  : 2개

: 4개, : 2개

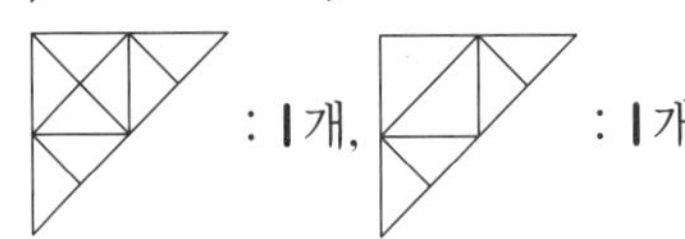


➡ $12+12+2+4+2+1+1=34$(개)

**8** 가÷나$=3$ ➡ 가$=3\times$나
나÷다$=3$ ➡ 나$=3\times$다
다÷라$=2$ ➡ 다$=2\times$라

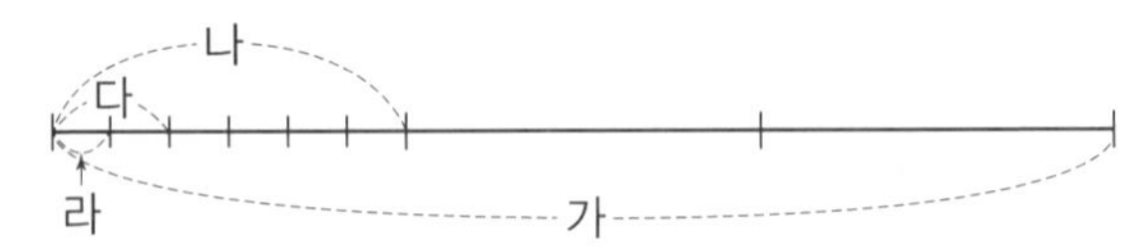


위의 그림과 같이 라를 ①이라 하면,
다는 ②, 나는 ⑥, 가는 ⑱이 됩니다.
따라서 가÷라$=18$입니다.

**9**

25 cm
15 cm ㉠
17 cm
16 cm ㉡ 8 cm
57 cm

㉠$=17+8-16=9$(cm)
㉡$=57-(15+25)=17$(cm)
(도형의 둘레)
$=25+17+17+8+57+16+15+9$
$=164$(cm)

별해

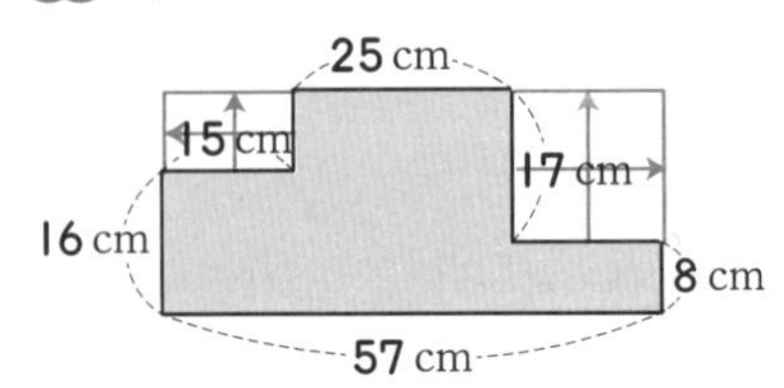

(도형의 둘레)=(큰 직사각형의 둘레)
=(57+8+17)×2
=164(cm)

**10** (네 자리 수)×9=(네 자리 수)이므로
㉠은 1, ㉣은 9입니다.

| 1 ㉡ ㉢ 9 |
|---|
| × 9 |
| 9 ㉢ ㉡ 1 |

㉡×9가 받아올림이 없어야 하고, ㉡은 1이 아니므로 0이어야 하고, ㉢은 8입니다.

**11** 원 가의 $\frac{1}{8}$=원 나의 $\frac{1}{5}$
원 가의 $\frac{1}{8}$은 40의 $\frac{1}{8}$이므로 5입니다.
따라서 원 나의 $\frac{1}{5}$은 5이므로 원 나는
5×5=25입니다.

**12** 하루에 2분 30초씩 늦어지는 시계는 이틀에 5분씩 늦어지는 셈입니다.
따라서 12월 3일 낮 12시부터 12월 15일 낮 12시까지는 12일간이므로 이 시계가 가리키는 시각은
12÷2×5=30(분)이 늦어진
12시−30분=11시 30분입니다.

**13** 길이가 긴 것부터 차례로 쓰면
315 cm, 306 cm, 254 cm, 232 cm이고,
두 개씩 묶은 끈의 길이의 차가 가장 작으려면
가장 긴 끈과 가장 짧은 끈이 짝이 되어야 합니다.
315+232=547(cm), 306+254=560(cm)
따라서 가장 작은 길이의 차는
560−547=13(cm)입니다.

**14** 정사각형의 한 변의 길이를 (□×2) cm라 하면 정사각형 7개를 겹쳐 놓은 모양의 둘레에는 □cm가 32개 있습니다.

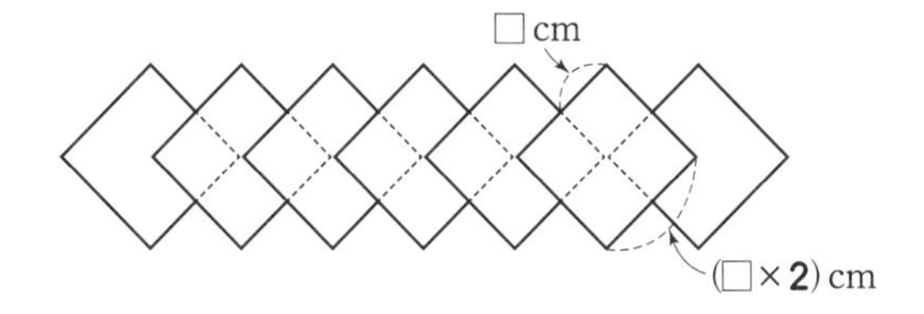


□×32=256, □=8
따라서 정사각형의 한 변은 8×2=16(cm)입니다.

**15** (수학 점수)=(184+8)÷2=96(점)
(영어 점수)=96−8=88(점)
(세 과목의 평균 점수)=(188+88)÷3
=92(점)

**16** 90÷11=8⋯2이므로
- 11 cm짜리 8개를 만들면 2 cm로는 6 cm짜리는 한 개도 만들 수 없습니다.
- 11 cm짜리 7개를 만들면 13 cm로는 6 cm짜리 2개를 만들고 1 cm가 남습니다.
- 11 cm짜리 6개를 만들면 24 cm로는 6 cm짜리 4개를 만들고 나머지가 없습니다.

**17** ㉠은 5 또는 6, ㉣은 2 또는 1입니다.

| ㉠ ㉡ ㉢ |
|---|
| − 4 1 9 |
| ㉣ ㉤ ㉥ |

㉢은 ㉥보다 1 작은 수입니다.
㉠=5, ㉣=1일 때
㉢=2, ㉥=3, ㉡=6, ㉤=4입니다.
562−419=143에서 뺄셈식의 답은 143입니다.

**18** 긴바늘이 한 바퀴 도는 데 걸리는 시간이 48분이므로 긴바늘이 눈금 한 칸을 움직인 시간은 6분입니다.
(등산한 시간)=48+6×6=84(분)

**19** 지혜는 두 번에 14−6=8(점)을 맞혀야 하므로
(4점, 4점) 또는 (2점, 6점)을 맞힐 수 있습니다.
지혜가 (4점, 4점)을 맞혔을 때, 가영이의 점수는 14점이 될 수 없으므로 지혜가 (2점, 6점)을 맞혔을 때 가영이는 (4점, 4점, 6점), 용희는 (2점, 4점, 8점)을 맞힌 것이 됩니다.

**20** 정사각형이 되려면 가로, 세로의 길이가 같아야 합니다.
가로의 길이 : 8 cm, 16 cm, (24)cm, 32 cm, ⋯
세로의 길이 : 3 cm, 6 cm, 9 cm, 12 cm,
15 cm, 18 cm, 21 cm, (24)cm,
27 cm, ⋯
따라서 가로로 24÷8=3(장),
세로로 24÷3=8(장) 필요하므로 모두
3×8=24(장)이 필요합니다.

**21** 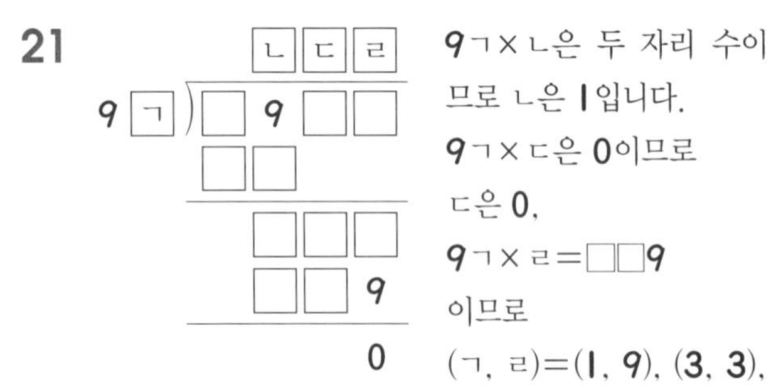

9ㄱ×ㄴ은 두 자리 수이므로 ㄴ은 1입니다.
9ㄱ×ㄷ은 0이므로 ㄷ은 0,
9ㄱ×ㄹ=□□9
이므로
(ㄱ, ㄹ)=(1, 9), (3, 3), (7, 7) 중에 식을 만족하는 경우는 ㄱ은 1, ㄹ은 9일 때입니다.
따라서 계산식을 완성하면 다음과 같습니다.

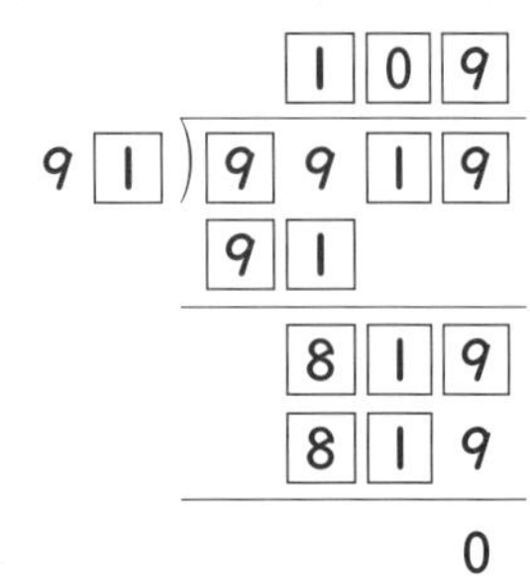

**22** 가장 큰 직사각형의 둘레는 겹쳐진 두 직사각형의 둘레의 합에서 색칠한 직사각형의 둘레를 빼어 구할 수 있습니다.
$(16+10)\times2+(15+12)\times2-16=90$(cm)

**23** (1) 점이 4개 있는 직선은 5개이므로 이 직선 위에 있는 선분은 $5\times(3+2+1)=30$(개), 점이 5개 있는 직선은 3개이므로 이 직선 위에 있는 선분은 $3\times(4+3+2+1)=30$(개)입니다.
따라서 선분은 모두 $30+30=60$(개)입니다.

(2) 1칸짜리 : 4개 / 6칸짜리 : 5개
2칸짜리 : 7개 / 8칸짜리 : 1개
3칸짜리 : 6개 / 9칸짜리 : 2개
4칸짜리 : 4개 / 12칸짜리 : 1개
➡ $4+7+6+4+5+1+2+1=30$(개)

**24** 빈칸에 순서대로 번호를 써넣고 생각한다.

| ① | 123 | ② | ③ | ④ | ⑤ | 250 | ★ |
|---|---|---|---|---|---|---|---|

이웃한 세 수의 합이 모두 같으므로
①+123+②=123+②+③에서 ①=③
123+②+③=②+③+④에서 ④=123
③+④+⑤=④+⑤+250에서 ③=250
따라서 세 칸 건너뛴 수는 서로 같고 ①=250입니다.
250 다음의 수는 123이므로 ★=123입니다.

**25** (1) 백, 십, 일의 자리 숫자가 모두 같을 때
1111, 8222(2가지)

(2) 백, 십, 일의 자리 숫자 중 2개가 같을 때
2112, 2121, 2211
3113, 3131, 3311
⋮
9119, 9191, 9911
4122, 4212, 4221
9133, 9313, 9331
$3\times10=30$(개)

(3) 백, 십, 일의 자리 숫자가 모두 다를 때
6123, 6132, 6213, 6231, 6312, 6321, 8124, 8142, 8214, 8241, 8412, 8421 → 12(개)

따라서 구하는 수는 모두 $2+30+12=44$(개)입니다.

## 제6회 예 상 문 제 47~54

1 750　　2 20
3 16 m
4 (1) 7　(2) 34　(3) 20
5 3쌍　　6 6명
7 30개　　8 4개
9 $\frac{11}{20}$　　10 242 km
11 큰형 : 19살, 작은형 : 17살, 동민 : 14살
12 336명　　13 240 cm
14 72분
15 가로 : 30 cm, 세로 : 36 cm
16 22일　　17 4 cm
18 214　　19 13
20 634
21 M : 1, A : 4, T : 6, H : 5
22 2　　23 165개
24 18개　　25 10개

**1** (짝수끼리의 합)$=2+4+6+\cdots+1498+1500$
) (홀수끼리의 합)$=1+3+5+\cdots+1497+1499$

$\underbrace{1+1+1+\cdots+1+1}_{750개}=750$

**2** 두 자리 수 중 가장 큰 수는 99이므로
$99\div17=5\cdots14$이고, 17로 나누었을 때 나올 수 있는 나머지 중 가장 큰 수는 16이므로
$84\div17=4\cdots16$입니다.
따라서 두 가지 경우를 비교해 보면,
㉠+㉡$=4+16=20$인 경우가 가장 큽니다.

**3** 그림을 그려서 문제를 풀어 봅니다.

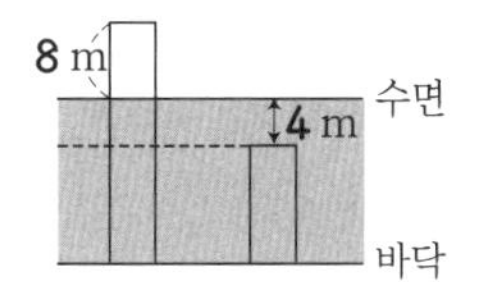


따라서 막대의 길이는 $(8+4)\times2=24$(m)이므로
물의 깊이는 $24-8=16$(m)입니다.

**4** (1) 분모는 3씩 커지고, 분자는 1씩 커지므로
$\frac{5}{16}$, $\frac{6}{19}$, $\frac{7}{22}$ 입니다.
(2) 11번째 분수의 분모는 $3\times11+1=34$입니다.
(3) $3\times\square+1=61$, $\square=20$이므로 분자는 20입니다.

**5** 예슬이가 만든 두 자리 수에 2배, 3배, …해서 상연이가 만든 수와 비교해 봅니다.
$13\times2=26$, $17\times4=68$, $31\times2=62$
따라서 (13, 26), (17, 68), (31, 62)로 3쌍입니다.

**6** 4명씩 15일 만에 끝낼 수 있는 일은 1명이
$4\times15=60$(일) 동안 해야 하는 일이므로
이 일을 10일 만에 끝마치려면
하루에 $60\div10=6$(명)씩 일을 해야 합니다.

4명이 $15-10=5$(일) 동안 하는 일의 양
$4\times5=20$만큼을 10일 만에 해야 하므로 하루에
$20\div10=2$(명)씩 더 필요합니다. 따라서 하루에
$4+2=6$(명)씩 일을 해야 합니다.

**7**

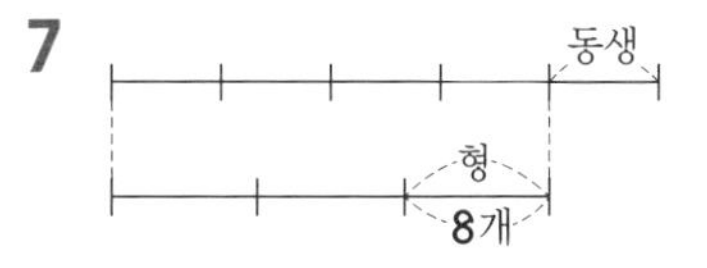


(형에게 주기 전 구슬 수)$=8\times3=24$(개)
(처음에 가지고 있던 구슬 수)$=24\div4\times5$
$=30$(개)

**8** 5로 나누어떨어지려면 일의 자리의 숫자는 0이어야 합니다. 240, 280, 420, 480, 820, 840을 만들 수 있고, 이 중에서 12로 나누어떨어지는 수는 240, 420, 480, 840이므로 모두 4개입니다.

**9** 그림을 그려서 문제를 해결합니다.
① 5분 동안 찬 물의 양

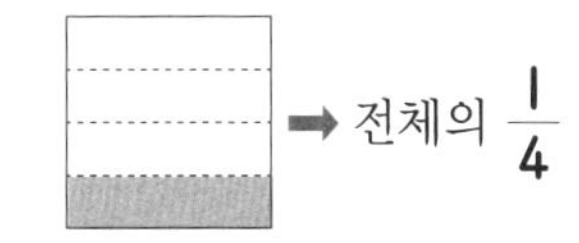


② 1분 동안 찬 물의 양

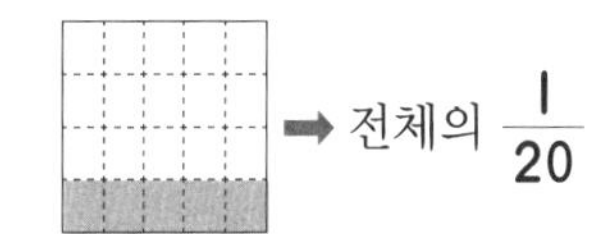


따라서 11분 후에는 전체의 $\frac{11}{20}$만큼 차게 됩니다.

**10** 40분은 60분의 $\frac{2}{3}$이므로 40분 동안에는
66 km의 $\frac{2}{3}$인 44 km만큼 갈 수 있습니다.
따라서 ㉮에서 ㉯까지의 거리는
$66\times3+44=242$(km)입니다.

**11** 어떤 두 수를 곱해서 323이 되는 경우는 $1\times323$, $19\times$⑰, 238이 되는 경우는 $1\times238$, $2\times119$, $7\times34$, $14\times$⑰입니다.
따라서 큰형의 나이는 19살, 작은형의 나이는 17살, 동민이의 나이는 14살입니다.

**12** 300과 350 사이에서 7로 나누어떨어지는 수는 301, 308, 315, 322, 329, 336, 343이고, 이 중에서 6으로 나누어떨어지는 수는 336입니다.
따라서 3학년 학생은 336명입니다.

**13** (㉠의 길이)
$=(15\times2\times3)\div2=45$(cm)
(㉡의 길이)
$=(25\times2\times3)\div2=75$(cm)

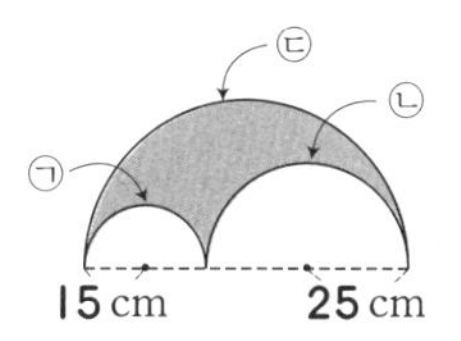

(㉢의 길이)=(30+50)×3÷2=120(cm)
(색칠한 부분의 둘레의 길이)
=45+75+120=240(cm)

**14** 벽돌을 1분에 아버지는 72÷24=3(장), 석기는 72÷36=2(장)씩 나르므로 두 사람은 1분에 3+2=5(장)씩 나릅니다. 따라서 360장을 나르는 데는 360÷5=72(분)이 걸립니다.

**15** (정사각형의 한 변의 길이)=132÷4=33(cm)
(직사각형의 가로의 길이)=33−3=30(cm)
(직사각형의 세로의 길이)=33+3=36(cm)

**16** 세균이 병에 가득 차기 1일 전에는 병의 $\frac{1}{2}$만큼 차 있고, 다시 1일 전에는 병의 $\frac{1}{4}$만큼 차 있었습니다.
따라서 병의 $\frac{1}{4}$이 차는 데에는 22일이 걸렸습니다.

**17** 정사각형에서 두 대각선의 길이는 같으므로 선분 ㅁㅂ의 길이는 선분 ㄴㅅ의 길이와 같습니다. 또, 선분 ㄴㅅ은 원의 반지름이므로 선분 ㄴㄷ의 길이와 같은 4 cm입니다.
따라서 선분 ㅁㅂ의 길이는 4 cm입니다.

**18** (△1, ①)=1=1×1
(△1, ②)=4=2×2
(△1, ③)=9=3×3
⋮
(△1, ⑮)=225=15×15
따라서 (△12, ⑮)=225−11=214입니다.

**19** □−□=0, □÷□=1이므로
(□+□)+(□×□)=196−1=195입니다.
□+□=2×□이므로
2×□+□×□=□×(□+2)=195입니다.
두 수의 곱의 일의 자리 숫자가 5이므로
□ 또는 □+2의 일의 자리 숫자는 5,
□와 □+2의 차는 2입니다.
15×17=255(×), 13×15=195(○)
따라서 □ 안에 알맞은 수는 13입니다.

**20** 일의 자리의 숫자의 합 :
(1+2+⋯+9+0)×20=45×20=900
십의 자리의 숫자의 합 :
(1+2+⋯+9)×10×2=45×20=900
백의 자리의 숫자의 합 : 1×100+2=102
따라서 (900+900+102)÷3=634

**21** 4×H의 일의 자리의 숫자가 0이므로 H는 0 또는 5입니다.
(i) H가 0일 때
3×T의 일의 자리의 숫자는 0이므로 T는 0이 되어 성립되지 않습니다.
(ii) H가 5일 때
일의 자리에서 십의 자리로 2가 받아올림됩니다.
(3×T+2)의 일의 자리의 숫자는 0이므로
T는 6이고, 십의 자리에서 백의 자리로 2가 받아올림됩니다.
(2×A+2)의 일의 자리의 숫자는 0이므로
A는 4이고 M은 1입니다.

**22** 가운데에 있는 주사위를 살펴보면 다음과 같습니다.

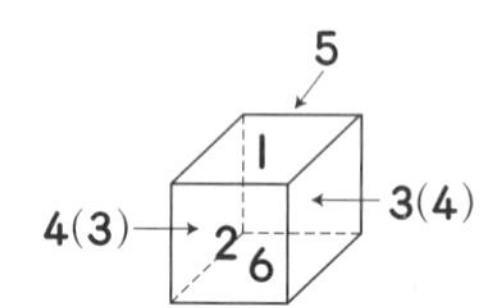


따라서 ㉮의 반대편 면에는 5가 쓰여져 있거나 4가 쓰여져 있어야 하는데, 4는 ㉮의 옆면에 쓰여져 있으므로 ㉮에는 2가 쓰여져 있습니다.

**23** 가장 위에서부터 사용된 성냥개비의 개수를 살펴보면 1층에 3개, 2층에 6개, 3층에 9개, ⋯, 10층에 3×10=30(개)가 놓여 있습니다.
(사용된 성냥개비의 수)=3+6+9+⋯+30
=(3+30)×10÷2
=165(개)

**24** 정삼각형 두 개를 겹치는 경우 두 번째 삼각형의 한 변이 <그림 2>와 같이 두 점에서 겹치도록 놓으면 만나는 점은 최대 6개가 됩니다.
같은 방법으로 오른쪽 그림과 같이 세 번째 삼각형의 한 변이 네 점에서 만나도록 놓으면
4×3=12(개)가 더 생기므로
최대 6+12=18(개)입니다.

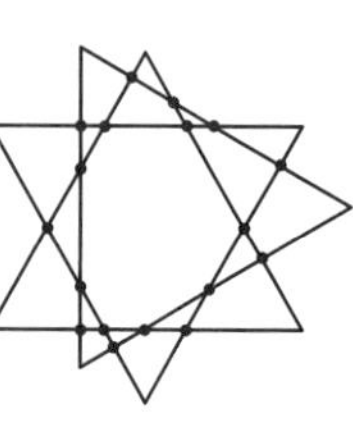

**25** 최소한의 방을 사용하려면 가능하면 큰 방을 활용하고 나머지 작은 방은 반드시 가득 차야 합니다. 5인실, 7인실, 11인실에 들어갈 학생 수를 각각 □, △, ○라고 하면

① 남학생의 경우

11×○+7×△+5×□=50

○는 3, △는 1, □는 2인 경우,

○는 2, △는 4, □는 0인 경우,

○는 1, △는 2, □는 5인 경우,

○는 0, △는 5, □는 3인 경우가 있습니다.

그러므로 남학생은 최소 6개의 방이 필요합니다.

② 여학생의 경우

11×○+7×△+5×□=30

○는 1, △는 2, □는 1입니다.

그러므로 여학생은 4개의 방이 필요합니다.

따라서 최소 6+4=10(개)의 방이 필요합니다.

## 제7회 예상문제 55~62

| | |
|---|---|
| 1 395 | 2 1 |
| 3 52번째 | 4 8개 |
| 5 62개 | 6 75 |
| 7 9개 | 8 21자리 수 |
| 9 64 m | 10 69분 |
| 11 277 | 12 875 |
| 13 8 m | 14 30개 |
| 15 45장 | 16 30 L |
| 17 6073 | 18 69 |
| 19 14개 | 20 오전 10시 20분 |
| 21 19 | 22 72개 |
| 23 432 | 24 7개 |
| 25 7단계 | |

**1** 524에서 같은 수를 7번 빼면 223입니다.
빼는 수를 □라 하면 524−223=□×7
301=□×7, □=43
따라서 ㉮에 들어갈 수는
524−43−43−43=395입니다.

**2** 5로 나누었을 때의 나머지는 일의 자리의 숫자를 알아보면 됩니다.
7을 한 번씩 곱할 때마다 일의 자리의 숫자는 7, 9, 3, 1이 규칙적으로 반복되므로 100번 곱했을 때 일의 자리의 숫자는 100÷4=25에서 1이 됩니다.
따라서 5로 나누었을 때 그 나머지는 1입니다.

**3** (1), (3, 3, 3), (5, 5, 5, 5, 5), (7, 7, 7, 7, 7, 7, 7), …이므로 7번째까지 묶음의 합은
1×1+3×3+5×5+7×7+9×9+11×11
+13×13=455임을 알 수 있습니다.
500−455=45이므로 15를 3번 더하면 됩니다.
따라서 1+3+5+7+9+11+13+3=52(번째) 수까지 더해야 그 합이 500이 됩니다.

**4** 네 자리 수를 3□9△라 하면 □+△=7이 되어야 하므로 네 자리 수는 3097, 3196, 3295, 3394, 3493, 3592, 3691, 3790이므로 8개입니다.

**5** 3756과 4332 사이의 수 중 백의 자리의 숫자와 십의 자리의 숫자가 같은 수
3770~3779 : 10개, 3880~3889 : 10개
3990~3999 : 10개, 4000~4009 : 10개
4110~4119 : 10개, 4220~4229 : 10개
4330, 4331 : 2개
따라서 62개입니다.

**6** ㉮÷㉯=15 ➡ ㉮=㉯×15
㉯÷㉰=5 ➡ ㉯=㉰×5
㉮는 ㉯의 15배이고, ㉯는 ㉰의 5배이므로
㉮는 ㉰의 15×5=75(배)입니다.
따라서 ㉮÷㉰=75입니다.

**7** 1개짜리 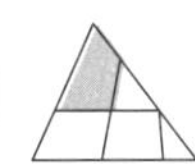 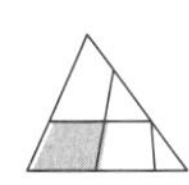 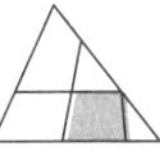

2개짜리 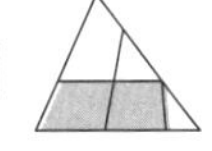 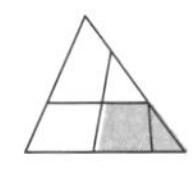 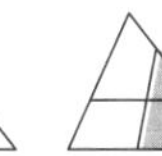

3개짜리 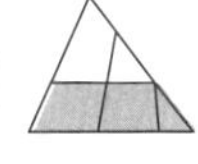

4개짜리 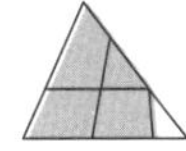

따라서 사각형은 모두 3+4+1+1=9(개)입니다.

**8** ㉠×㉡$=(2\times2\times\cdots\times2)\times(5\times5\times\cdots\times5)$ (17개, 22개)

$=(2\times2\times\cdots\times2\times5\times5\times\cdots\times5)$
$\times5\times5\times5\times5\times5$
$=(10\times10\times\cdots\times10)\times3125$
$=312500\cdots0$ (17개)

따라서 ㉠×㉡은 21자리 수입니다.

**9**

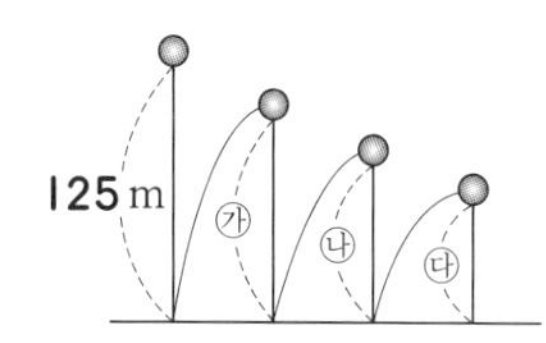


㉮ : 125의 $\frac{4}{5}=100$(m)

㉯ : 100의 $\frac{4}{5}=80$(m)

㉰ : 80의 $\frac{4}{5}=64$(m)

**10** 공연이 시작한 시각은 2시 이후 숫자의 합이 6번째로 15가 되는 시각
① 2 : 49, ② 2 : 58, ③ 3 : 39, ④ 3 : 48,
⑤ 3 : 57, ⑥ 4 : 29
공연이 끝난 시각은 2시 이후 숫자의 합이 8번째로 16이 되는 시각
① 2 : 59, ② 3 : 49, ③ 3 : 58, ④ 4 : 39,
⑤ 4 : 48, ⑥ 4 : 57, ⑦ 5 : 29, ⑧ 5 : 38
(전체 공연 시간)=5시 38분−4시 29분
=1시간 9분=69분

**11** [4], [0], [8]로 만든 두 번째로 큰 수 : 804
[5], [2], [7]로 만든 세 번째로 작은 수 : 527
따라서 $804-527=277$입니다.

**12** 49의 $\frac{3}{7}$은 21이므로
$\square\times21=525$ ➡ $\square=25$
어떤 수의 $\frac{1}{5}$이 25이므로 어떤 수는 125입니다.
따라서 $125\times7=875$입니다.

**13** (땅의 한 변의 길이)$=96\div4=24$(m)
(꽃밭의 한 변의 길이)$=24-(8\times2)=8$(m)

**14** 선분의 길이는 5 m=500 cm이므로 원의 왼쪽 끝부터 오른쪽 끝까지의 길이는 500 cm와 같거나 작아야 합니다.
규칙을 알아보면
원이 1개일 때 : $1+1$
원이 2개일 때 : $1+2+2$
원이 3개일 때 : $1+2+3+3$
원이 4개일 때 : $1+2+3+4+4$
⋮
원이 □개일 때 : $1+2+3+4+\cdots+\square+\square$
$=1+2+3+4+\cdots+\square+\square+1-1\le500$
$=1+2+3+4+\cdots+\square+\square+1\le501$
$=(1+\square+1)\times(\square+1)\div2\le501$
$=(\square+2)\times(\square+1)\le1002$
따라서 □=30일 때 $32\times31=992$(○)
□=31일 때 $32\times32=1056$(×)
그러므로 선분 안에 그릴 수 있는 원은 모두 30개입니다.

**15** 3과 4로 나누어떨어지는 수를 찾아 나머지가 가능한 한 작도록 종이를 나누어 봅니다.

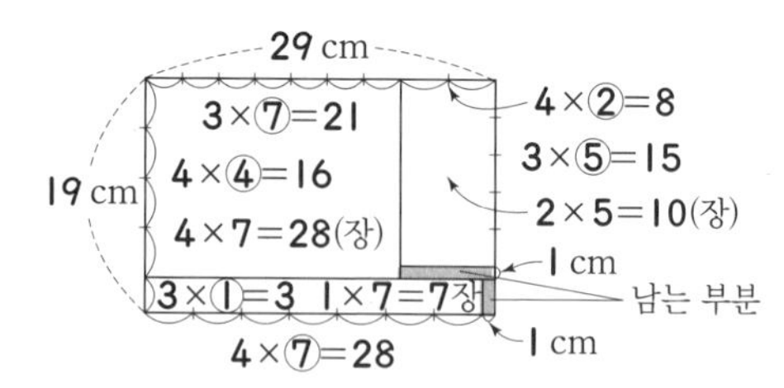


따라서 만들 수 있는 카드는 최대
$28+10+7=45$(장)입니다.

**16** 가로 눈금 한 칸의 크기는
$84\div(6+9+3+10)=3$(L)입니다.
㉱ 그릇은 가로 눈금이 10칸이므로
$3\times10=30$(L)입니다.

**17**

1, 5, 7, 11, 13, 17, 19, ⋯ (+6, +6, +6, +6, +6)

2025번째 수는 홀수 번째 수 중에서 1013번째 수이므로 $6\times1013-5=6073$입니다.

**18** $3☆5=3\times(5-1)=12$

$4☆6=4\times(6-1)=20$

$8☆9=8\times(9-1)=64$

따라서 $○☆△=○\times(△-1)$입니다.

$(3☆6)+(9☆7)=3\times(6-1)+9\times(7-1)$
$=15+54$
$=69$

**19** 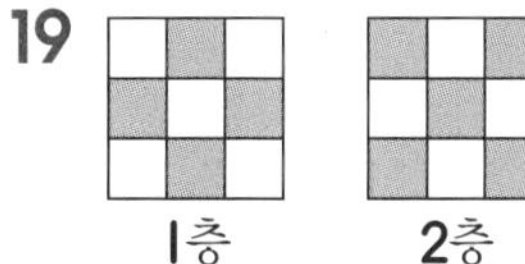

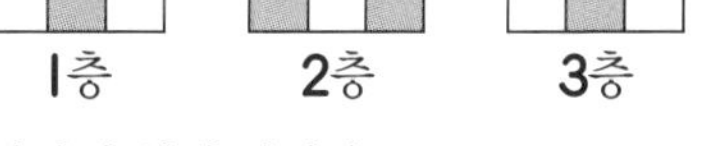


따라서 흰색 쌓기나무는 $5+4+5=14$(개)입니다.

**20** 오전 11시부터 오후 1시까지 2시간 동안 전체의 $\frac{4}{5}-\frac{1}{5}=\frac{3}{5}$을 읽었으므로 $\frac{1}{5}$만큼 읽는데 걸린 시간은 $60\times2\div3=40$(분)입니다.

따라서 책을 읽기 시작한 시각은

오전 11시$-40$분$=$오전 10시 20분입니다.

**21** 도형의 각 꼭짓점에 들어갈 숫자들이 클수록 합이 커지므로 5개의 꼭짓점에 들어갈 수는 10, 9, 8, 7, 6입니다.

따라서 다섯 개의 변 위에 있는 수들의 합이

$1+2+\cdots+9+10+10+9+8+7+6=95$이므로 한 변 위에 있는 세 수의 합은 $95\div5=19$입니다.

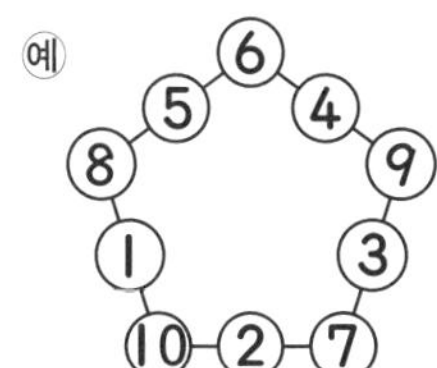


**22** 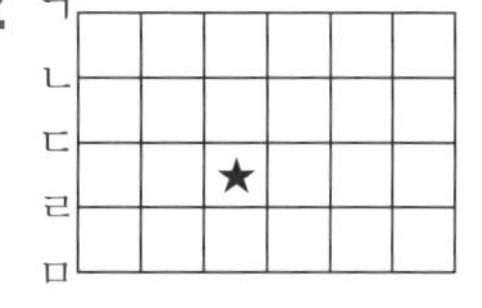


① 세로가 선분 ㄷㄹ인 ★이 포함된 직사각형 : 12개

② 세로가 선분 ㄴㄹ 또는 선분 ㄷㅁ인 ★이 포함된 직사각형 : $12\times2=24$(개)

③ 세로가 선분 ㄱㄹ 또는 선분 ㄴㅁ인 ★이 포함된 직사각형 : $12\times2=24$(개)

④ 세로가 선분 ㄱㅁ인 ★이 포함된 직사각형 : 12개

따라서 ★이 포함된 직사각형은

$12+24+24+12=72$(개)입니다.

**23** 25개의 연속된 자연수의 합이 $24\times25$이므로 가운데 수는 24, 가장 작은 수는 $24-12=12$, 가장 큰 수는 $24+12=36$입니다.

➡ $12\times36=432$

**24** 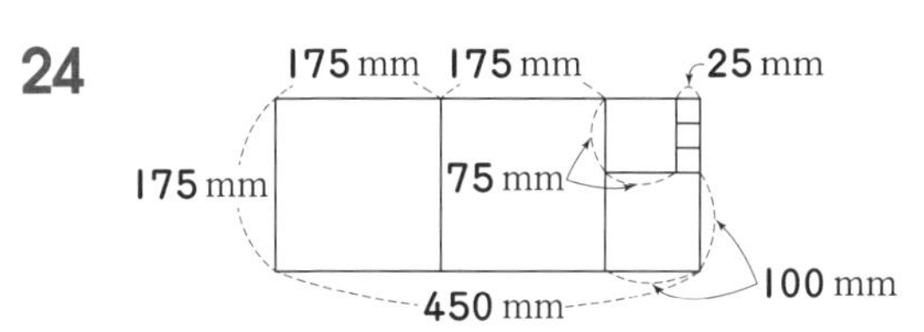


따라서 정사각형은 최대 7개입니다.

**25** 표를 그려서 해결하면 다음과 같습니다.

| 단계 | 1 | 2 | 3 | 4 | 5 | 6 | 7 |
|---|---|---|---|---|---|---|---|
| 새로 전화 받은 학생 수 | 2 | 4 | 8 | 16 | 32 | 64 | 128 |
| 전화 받은 총 학생 수 | 2 | 6 | 14 | 30 | 62 | 126 | 254 |

따라서 254명의 학생이 전화를 받으려면 모두 7단계를 거쳐야 합니다.

**제8회 예 상 문 제** 63~70

| | |
|---|---|
| 1 137 | 2 3370 |
| 3 6 L | 4 16부분 |
| 5 1800원 | 6 950 |
| 7 16개 | |
| 8 (1) 8 | (2) 111 |
| 9 123456789 | 10 29 |
| 11 (1) 가 : 178, 나 : 34<br>(2) 가 : 178, 나 : 177 | |
| 12 144 | 13 $\frac{8}{13}$ |
| 14 190장 | 15 52 cm 5 mm |
| 16 $\frac{13}{21}$, $\frac{21}{34}$ | 17 70명 |
| 18 36 cm | 19 18바퀴 |
| 20 4 | 21 66개 |
| 22 7개 | 23 81개 |
| 24 2 | 25 2경기 |

**1** 문제를 단순화시켜서 생각해 봅니다. 연속되는 3개의 홀수 11, 13, 15의 합은 39이며 그중에서 가운데 있는 수는 $39 \div 3 = 13$입니다.
또, 101, 103, 105, 107, 109의 합은 525이며 그 중에서 가운데 있는 수는 $525 \div 5 = 105$입니다.
따라서 13개의 홀수 중 가운데 수인 7번째 수는 $1625 \div 13 = 125$이므로 가장 큰 홀수는 $125 + 12 = 137$입니다.

**2** (i) 5로 나누어떨어지는 수의 합 :
$5 + 10 + 15 + \cdots + 95 + 100$
$= (5 + 100) \times 20 \div 2 = 1050$
(ii) 7로 나누어떨어지는 수의 합 :
$7 + 14 + 21 + \cdots + 91 + 98$
$= (7 + 98) \times 14 \div 2 = 735$
(iii) 5로도 나누어떨어지고 7로도 나누어떨어지는 수의 합 : $35 + 70 = 105$
(iv) 1부터 100까지의 자연수의 합 :
$1 + 2 + 3 + \cdots + 99 + 100$
$= (1 + 100) \times 100 \div 2 = 5050$
따라서 구하고자 하는 값은
$5050 - 1050 - 735 + 105 = 3370$입니다.

**3** 5 L씩 6개의 통에서 꺼내었으므로 $5 \times 6 = 30$(L)이고, 남아 있는 우유의 양의 합이 처음에 하나의 통에 들어 있던 우유의 양과 같기 때문에 30 L는 처음 $6 - 1 = 5$(통)에 들어 있던 우유의 양과 같습니다. 따라서 하나의 통에 들어 있던 우유는 $30 \div 5 = 6$(L)입니다.

**4** 

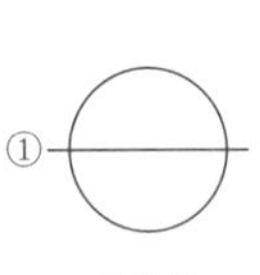


2부분

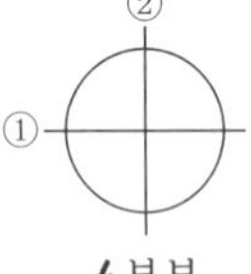


4부분

7부분

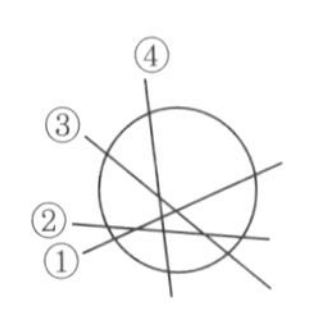


11부분

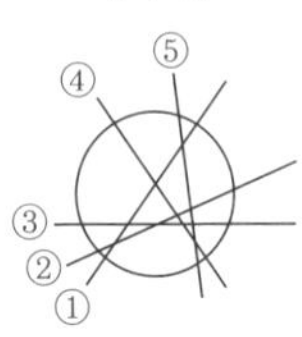


16부분

**참고**
자른 횟수와 최대로 만들 수 있는 조각 수와의 관계를 규칙적으로 생각해 보면 다음과 같습니다.

| 자른 횟수 | 조각 수 |
|---|---|
| 0 | 1=1 |
| 1 | 1+1=2 |
| 2 | 1+1+2=4 |
| 3 | 1+1+2+3=7 |
| 4 | 1+1+2+3+4=11 |
| 5 | 1+1+2+3+4+5=16 |
| ⋮ | ⋮ |

**5** □ : 식빵, ◑ : 크림빵이라고 하면
□+◑◑◑◑◑◑=3600원
➡ □□+◑◑◑◑◑◑◑◑◑◑◑◑=7200원 ⋯ ①
□□+◑◑◑◑=4800원 ⋯ ②
①−②를 하면 8×◑=2400원 ➡ ◑=300원
따라서 식빵은 1800원입니다.

**6** 세 수의 곱을 차례로 알아봅니다.
$1 \times 3 \times 5 = 15$
$1 \times 3 \times 7 = 21$
$1 \times 3 \times 9 = 27$
$1 \times 5 \times 7 = 35$
$1 \times 5 \times 9 = 45$
$1 \times 7 \times 9 = 63$
$3 \times 5 \times 7 = 105$
$3 \times 5 \times 9 = 135$
$3 \times 7 \times 9 = 189$
$5 \times 7 \times 9 = 315$
따라서 모든 세 수의 곱의 합은 950입니다.

**7** ① ㄱ ㄴ ㄷ ㄹ ㅁ ㅂ
선분 ㄷㄹ을 한 변으로 하는 삼각형 : 2개
② ㄱ ㄴ ㄷ ㄹ ㅁ ㅂ
선분 ㄹㅁ을 한 변으로 하는 삼각형 : 2개
③ ㄱ ㄴ ㄷ ㄹ ㅁ ㅂ
선분 ㅁㅂ을 한 변으로 하는 삼각형 : 2개
④ ㄱ ㄴ ㄷ ㄹ ㅁ ㅂ
선분 ㄷㅁ을 한 변으로 하는 삼각형 : 2개

⑤ 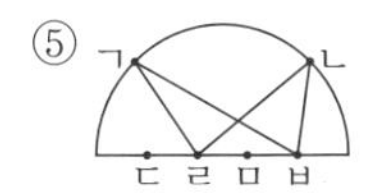


선분 ㄹㅂ을 한 변으로 하는 삼각형 : 2개

⑥ 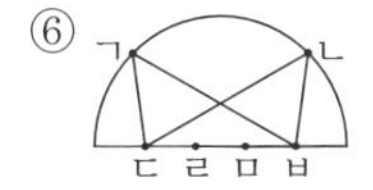


선분 ㄷㅂ을 한 변으로 하는 삼각형 : 2개

⑦ 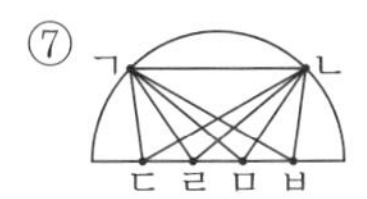


선분 ㄱㄴ을 한 변으로 하는 삼각형 : 4개

따라서 만들 수 있는 삼각형은 모두
$2\times6+4=16$(개)입니다.

**8** (1) 네 자리 수 중에서 36의 배수는 1008, 1044, 1080, 1116, 1152, ⋯ , 9864, 9900, 9936, 9972입니다.
이 수들은 각 자리의 숫자의 합이 9의 배수입니다.
따라서 ㉠+5+5+㉡=㉠+㉡+10은 18이 되므로 ㉠+㉡=8입니다.

(2) 가장 큰 수 : 6552
가장 작은 수 : 2556
따라서 $6552-2556=3996$을 36으로 나눈 몫은 111입니다.

**9**
$1\times8+1=9$
$12\times8+2=98$
$123\times8+3=987$
$1234\times8+4=9876$
㉠ ㉡ ㉢

㉠, ㉡, ㉢으로 나누어 생각해 보면
$\square\times8+9=987654321$의 □는 9자리 수인 123456789임을 알 수 있습니다.

**10**
㉮+㉯=54
㉯+㉰=60
+) ㉰+㉮=56
(㉮+㉯+㉰)×2=170
㉮+㉯+㉰=85
따라서 ㉯=85−56=29입니다.

**11** (1) $\dfrac{가\times나}{가-나}$의 계산 결과가 가장 작게 되려면 분모는 가장 큰 수이어야 합니다.
따라서 가는 178, 나는 34입니다.

(2) $\dfrac{가\times나}{가-나}$의 계산 결과가 가장 크게 되려면 분모는 가장 작은 수이고 분자는 가장 큰 수이어야 합니다.
따라서 가는 178, 나는 177입니다.

**12** 유승이가 답하는 수는 한솔이가 말한 수의 각 자리의 숫자의 합을 2번 곱하는 규칙입니다.
$57 \Rightarrow (5+7)\times(5+7)=144$

**13**

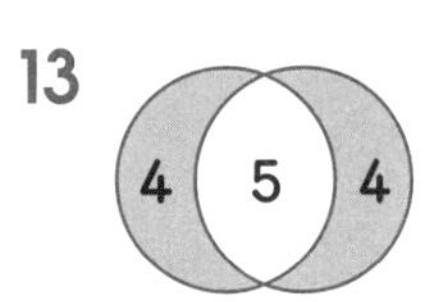


전체는 $4+5+4=13$, 색칠된 부분은 $4+4=8$이므로 $\dfrac{8}{13}$입니다.

**14** 한별이네 반 학생 수를 ★라고 하면 색종이의 수는 ★×7+8입니다.
6명에게 15장씩 나누어 주고 나머지 학생들에게 5장씩 나누어 주면 색종이 수는
6×15+(★−6)×5입니다.
➡ ★×7+8=90+(★−6)×5
➡ ★×2=52 ➡ ★=26
따라서 한별이네 반 학생 수가 26명이므로
색종이는 $26\times7+8=190$(장)입니다.

**15** 정사각형 한 변에 닿을 때까지 선을 그으면 다음과 같습니다.

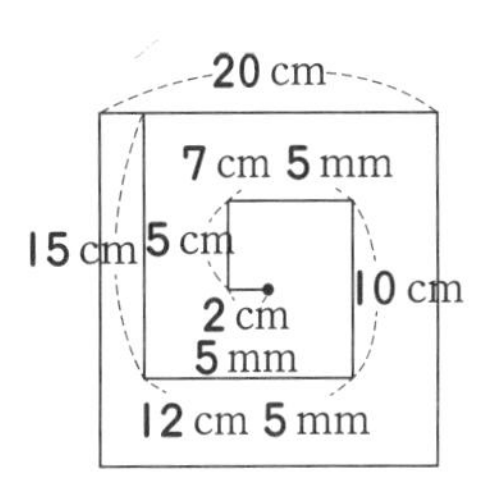


2 cm 5 mm+5 cm+7 cm 5 mm+10 cm
+12 cm 5 mm+15 cm=52 cm 5 mm

**16** $\dfrac{1}{2}$ → $\dfrac{2}{2+1}$ → $\dfrac{3}{3+2}$ → $\dfrac{5}{5+3}$ → $\dfrac{8}{8+5}$
→ $\boxed{\dfrac{13}{13+8}}$ → $\boxed{\dfrac{21}{21+13}}$ → $\dfrac{34}{34+21}$

따라서 □ 안에 들어갈 수는 $\frac{13}{21}$, $\frac{21}{34}$입니다.

**17** 남학생의 수는 130－60＝70(명)입니다. 따라서 학생이 아닌 남자의 수는 전체 남자의 수에서 남학생의 수를 빼면 되므로 140－70＝70(명)입니다.

**18** 원 나와 다의 반지름의 길이를 □cm라하면 원 가의 반지름의 길이는 □×2(cm)입니다.
(□＋□×2)＋(□＋□×2－3)＋(□＋□－4)＝65
□×8＝65＋4＋3＝72, □＝9(cm)
따라서 원 가의 반지름은 9×2＝18(cm)이므로 원 가의 지름은 18×2＝36(cm)입니다.

**19** (톱니바퀴의 톱니 수)×(회전수)는 모두 같습니다.
가 톱니바퀴의 톱니 수 : 6
가 톱니바퀴의 회전수 : 12
➡ 6×12＝72
나 톱니바퀴의 톱니 수 : 8
나 톱니바퀴의 회전수 : 72÷8＝9
다 톱니바퀴의 톱니 수 : 4
다 톱니바퀴의 회전수 : 72÷4＝18
따라서 다 톱니바퀴는 18바퀴를 돕니다.

**20**
```
        1
       10
      101
     1010
       ⋮
+ 1010 ⋯ 10
```
㉠ (1＋0＋1＋⋯＋1＋0＝50 ➡ ㉠ : 50)
㉡0 (1＋0＋1＋⋯＋1＝50 ➡ ㉡ : 50)
㉢00 (1＋0＋1＋⋯＋0＝49 ➡ ㉢ : 49)
⋮
따라서 백의 자리의 숫자는
50＋500＋4900＝5450에서 4입니다.

**21**

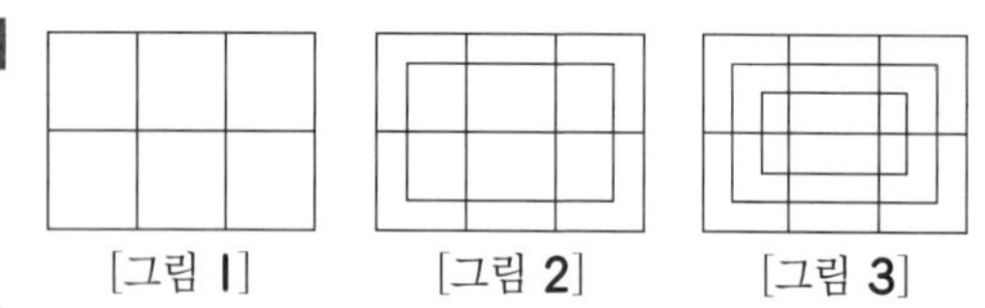

[그림 1] [그림 2] [그림 3]

(i) [그림 1]에서 찾을 수 있는 직사각형의 개수 :
(3＋2＋1)×(2＋1)＝18(개)
(ii) [그림 2]에서 새로 만들어진 직사각형의 개수 :
(3＋2＋1)×(2＋1)＋2×2＝22(개)
(iii) [그림 3]에서 새로 만들어진 직사각형의 개수 :
(3＋2＋1)×(2＋1)＋2×2＋2×2
＝26(개)
따라서 찾을 수 있는 직사각형의 개수는 모두
18＋22＋26＝66(개)입니다.

**22** 주머니에서 6개의 공을 꺼내면 모두 다른 색일 수 있으므로 최소 7개의 공을 꺼내야 2개의 공이 반드시 같은 색이 됩니다.

**23** 13×13＝169, 14×14＝196, 15×15＝225 중 1을 뺐을 때 8로 나누어떨어지는 경우는 169와 225일 때입니다.
169÷8＝21⋯1, 225÷8＝28⋯1이므로 맨 마지막에 B가 1개의 바둑돌을 가져가는 경우는 바둑돌이 169개일 때입니다. 따라서 B가 가져간 바둑돌은 8×10＋1＝81(개)입니다.

**24** 3×8＝2④
8×4＝3②
4×2＝⑧
2×8＝1⑥
8×6＝4⑧
⋮
이런 식으로 규칙에 맞게 써 나가면
3, 8, 4, 2, 8, 6, 8, 8, 4, 2, 8, 6, 8, 8, ⋯
로 제일 앞의 수 3을 제외하고는 (8, 4, 2, 8, 6, 8)이 반복됩니다.
따라서 (1000－1)÷6＝166⋯3이므로 1000번째에 놓이는 수는 2입니다.

**25**

| | 영수 | 지혜 | 용희 | 가영 | 석기 |
|---|---|---|---|---|---|
| 영수 | | ○ | ○ | ○ | ○ |
| 지혜 | ○ | | ○ | × | ○ |
| 용희 | ○ | ○ | | × | × |
| 가영 | ○ | × | × | | × |
| 석기 | ○ | ○ | × | × | |

표로 나타내어 보면 석기는 2경기를 한 것을 알 수 있습니다.

**별해**

그림을 그려서 나타내어 보면 다음과 같습니다.

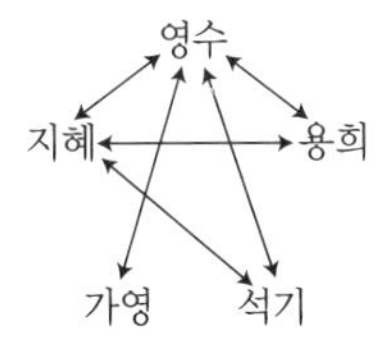


따라서 석기는 2경기를 했습니다.

## 제9회 예 상 문 제 71~78

| | |
|---|---|
| 1 4년 후 | 2 5장 |
| 3 $\frac{4}{21}$ | 4 17 |
| 5 7개 | 6 7 g |
| 7 120개 | 8 81 |
| 9 440 | 10 풀이 참조 |
| 11 $\frac{2}{24}\left(=\frac{1}{12}\right)$ | 12 1010 |
| 13 124개 | 14 8시 2분 5초 |
| 15 5개 | 16 ㉠ : 7, ㉡ : 2 |
| 17 22 | 18 46 |
| 19 72개 | 20 24분 |
| 21 6살 | 22 풀이 참조 |
| 23 88분 | 24 6 cm |
| 25 20개 | |

**1** 몇 년이 지나도 나이 차이는 일정하므로 나이의 차를 이용합니다.

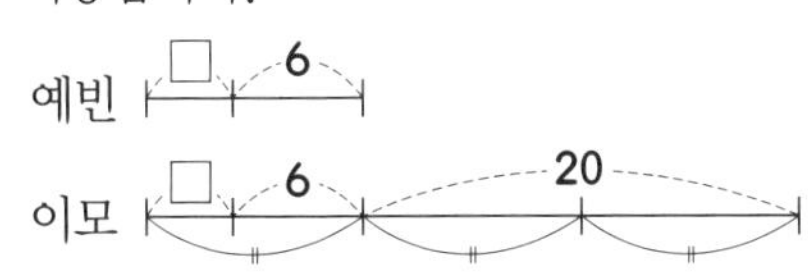


나이 차인 20살은 2배에 해당하므로
$20\div2-6=4$(년) 후에 3배가 됩니다.

**2** 만약 8장의 카드에 모두 8이 써 있다면 그 합은 $8\times8=64$이어야 하는데 실제로 $64-54=10$ 차이가 나는 것은 8보다 2 작은 6이 $10\div2=5$(장) 섞여 있기 때문입니다.

**3** 분수를 $\frac{나}{가}$라고 하면, 가+나=25이고,
가÷나=5⋯1입니다.
가=나×5+1이므로

가 ├─┴─┴─┴─┴─┴─┤1 } 25
나 ├─┤

나=(25−1)÷6=4
가=25−4=21
따라서 이 분수는 $\frac{4}{21}$입니다.

**4** 두 수의 차가 가장 작으려면 백의 자리의 숫자의 차는 1이어야 합니다.

$257-198=59$, $812-795=17$, $912-875=37$

**5** 네 자리 수를 49□△라 하면
□+△=6이 되어야 하므로 네 자리 수는
4906, 4915, 4924, 4933, 4942, 4951, 4960으로 7개입니다.

**6** 48 g의 $\frac{1}{16}$은 3 g이고, 112 g의 $\frac{1}{28}$은 4 g이므로 두 소금물을 섞으면 소금의 양은 $4+3=7$(g)이 됩니다.

**7**

| 순서 | 첫 번째 | 두 번째 | 세 번째 | 네 번째 | ⋯ |
|---|---|---|---|---|---|
| 개수(개) | 1 | 3 | 6 | 10 | ⋯ |

+2 +3 +4

따라서 15번째에 놓이는 모양을 만들려면 쌓기나무는 $1+2+3+4+\cdots+15=120$(개)가 필요합니다.

**8** 윗줄에 있는 수에 7을 더하면 아랫줄의 수가 나옵니다.

| ㉠ | ㉠+1 | ㉠+2 |
|---|---|---|
| ㉠+7 | ㉠+8 | ㉠+9 |

이 수들의 합이 459이므로 6×㉠+27=459
6×㉠=432, ㉠=72입니다.
따라서 가장 큰 수는 $72+9=81$입니다.

**9** $8+16+24+\cdots+80$
$=8\times1+8\times2+8\times3+\cdots+8\times10$
$=8\times(1+2+3+\cdots+10)$
$=8\times55=440$

**10** 예 $\boxed{6}\div\boxed{2}=\boxed{9}\div\boxed{3}=\boxed{1}\boxed{7}\boxed{4}\div\boxed{5}\boxed{8}=3$

**11**

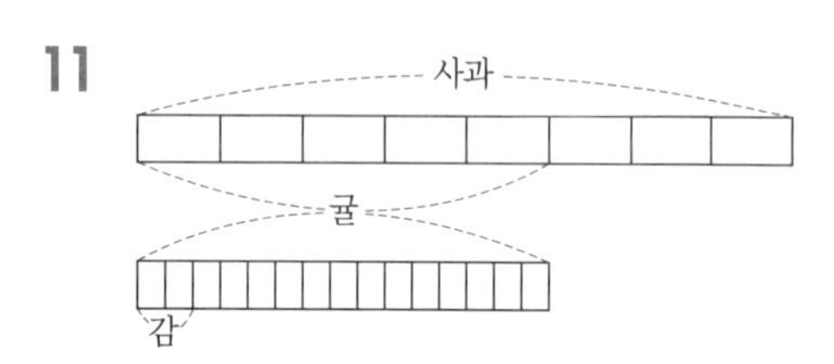


따라서 감의 개수를 사과의 개수로 나누면 사과 전체 24 중 감은 2이므로 $\frac{2}{24}=\frac{1}{12}$입니다.

**12** (  ) 속에는 처음부터 짝수가 1개, 2개, 3개, … 들어 있으므로 9번째 묶음까지는 모두
$1+2+3+\cdots+7+8+9=45$(개)의 짝수가 있습니다. 10번째 묶음에는 46번째 짝수부터 55번째까지 10개의 짝수가 들어 있습니다.
(10번째 묶음에 있는 수의 합)
$=(46+47+48+\cdots+53+54+55)\times2$
$=101\times5\times2=1010$

**13** 가장 작은 직각삼각형의 개수로 구분하여 알아봅니다.
1개짜리 : $4\times3\times3=36$(개)
2개짜리 : $4\times3\times3=36$(개)
4개짜리 : $4\times3\times2=24$(개)
8개짜리 : $4\times2\times2=16$(개)
9개짜리 : $2\times2\times2=8$(개)
18개짜리 : 4개
따라서 크고 작은 직각삼각형의 개수는
$36+36+24+16+8+4=124$(개)입니다.

**14** 120시간=5일
5일 동안 $42\times5=210$(초), 즉 3분 30초 늦어집니다.
8시 5분 35초−3분 30초=8시 2분 5초

**15** ㉠ 접시와 ㉢ 접시를 보면, ㉯ 구슬 1개의 무게는 ㉰ 구슬 2개의 무게와 같습니다.
㉠ 접시의 ㉯를 모두 ㉰로 바꾸어 ㉡ 접시와 비교하면 ㉮ 구슬 1개의 무게는 ㉰ 구슬 3개의 무게와 같습니다.
따라서 ㉮ 구슬 1개와 ㉯ 구슬 1개의 무게의 합은 ㉰ 구슬 5개의 무게와 같습니다.

**16** ㉠+㉠+㉠의 값이 19보다 커야하므로 ㉠은 6보다 큰 자연수 7, 8, 9 중의 하나입니다.

① (㉠=7, ㉡=2)　② (㉠=8, ㉡=5)　③ (㉠=9, ㉡=8)
① $37\times21=777$(○)
② $38\times51=1938$(×)
③ $39\times81=3159$(×)
따라서 ㉠은 7, ㉡은 2입니다.

**17** 두 수 중에서 큰 수를 ★이라고 하면 작은 수는 ★−122입니다. ★+★−122=712,
★+★=712+122=834, ★=417
따라서 큰 수는 417, 작은 수는 $417-122=295$이므로 ㉠=4, ㉡=7, ㉢=2, ㉣=9이고,
㉠+㉡+㉢+㉣=4+7+2+9=22입니다.

**18**
8, 6, 9, 11, 10, 16, 11, 21, 12, …
(+5: 6→11→16→21, +1: 8→9→10→11→12)

6, 11, 16, 21, 26, 31, 36, 41, 46
↑ 2, 4, 6, 8, 10, 12, 14, 16, 18(번째)

**19** $289=17\times17$이므로 흰색 타일의 한 변에 놓인 타일의 개수는 17개입니다.
따라서 검은색 타일의 수는
$(17+1)\times4=72$(개)입니다.

**20** ㉮의 물통과 ㉯의 물통에 담긴 물의 양의 차를 구하고, 그 차의 반을 ㉯로 보내는 시간을 구합니다.
$240-144=96$(g) ➡ $96\div2=48$(g)
1분에 2 g씩 옮기므로 48 g을 옮기는 데 걸리는 시간은 $48\div2=24$(분)입니다.

**21** 현재 딸의 나이를 □살이라 하면 7년 후 아버지의 나이는 $(\square+7)\times3=3\times\square+21$이므로
현재 아버지의 나이는 $3\times\square+14$(살)입니다.
따라서 현재 어머니의 나이는 $3\times\square+12$(살)입니다.
$\square+(3\times\square+14)+(3\times\square+12)=68$
$7\times\square+26=68$, $7\times\square=42$, $\square=6$
따라서 현재 딸의 나이는 6살입니다.

**22**

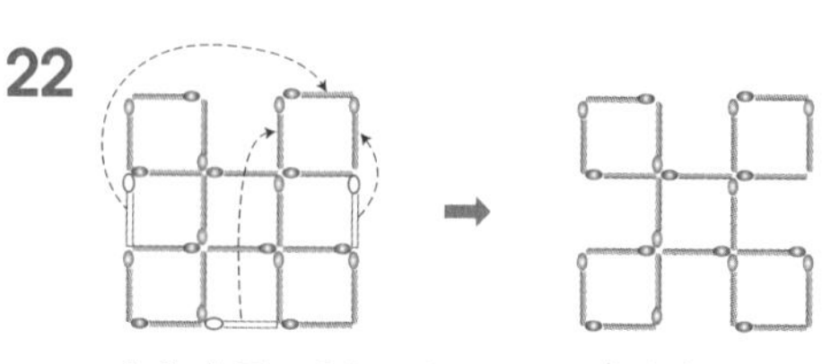

따라서 $7+10+19=36$입니다.

**23** ㉠역부터 네 번째 역까지는 역과 역 사이를 3번 지나고 2번 쉽니다.
(역과 역 사이를 가는 데 걸리는 시간)
$=(28-2\times2)\div3=8$(분)
㉠역에서 ㉡역까지는 역과 역 사이를 9번 지나고 8번 쉬므로 걸리는 시간은 $8\times9+2\times8=88$(분)입니다.

**24** 255 cm짜리 색 테이프는 최소 1개, 최대 6개까지 만들 수 있습니다.

| 255 cm짜리 개수 | 1 | 2 | 3 | 4 | 5 | 6 |
|---|---|---|---|---|---|---|
| 233 cm짜리 개수 | 7 | 6 | 5 | 4 | 3 | 2 |
| 남는 길이(cm) | 116 | 94 | 72 | 50 | 28 | 6 |

따라서 남는 색 테이프 중에서 가장 짧은 색 테이프의 길이는 6 cm입니다.

**25** 속이 빈 정사각형 모양으로 바둑돌을 늘어놓았을 때 오른쪽과 같이 4등분 할 수 있습니다.

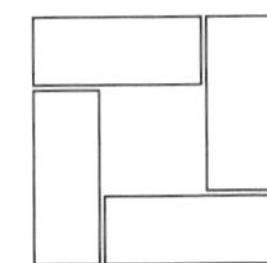

① 각 부분의 바둑돌의 수 : $300\div4=75$(개)
② 각 부분의 각 열의 바둑돌의 수 :
$75\div5=15$(개)
③ 가장 바깥쪽의 각 변의 바둑돌의 수 :
$15+5=20$(개)

## 제10회 예상문제 79~86

| | |
|---|---|
| 1 489 | 2 12시간 40분 |
| 3 35개 | 4 15 |
| 5 840개 | 6 6 |
| 7 32개 | 8 36가지 |
| 9 2550 | 10 42장 |
| 11 8, 44 | 12 42 |
| 13 3 cm | 14 222분 |
| 15 240 | 16 7시 15분 |
| 17 900 | 18 48 |
| 19 (1) 158 | (2) 20 |
| 20 나 | 21 9 |
| 22 29 | 23 36개 |
| 24 100권 | 25 16개 |

**1** $1+3+5+\cdots+13+15=64$이므로 64번째 수까지의 수의 합은
$1+2\times3+3\times5+4\times7+5\times9+6\times11+7\times13+8\times15=372$이고,
65번째 수부터 77번째 수까지의 합은 $9\times13=117$입니다. 따라서 77번째 수까지의 합은
$372+117=489$입니다.

**2** 하루는 24시간=1440분이므로
하루의 $\frac{1}{36}$은 $1440\div36=40$(분)이고
하루의 $\frac{17}{36}$은 $40\times17=680$(분)입니다.
따라서 낮의 길이가 11시간 20분이므로 밤의 길이는
24시간−11시간 20분=12시간 40분입니다.

**3** 1칸짜리 : $5+1=6$(개), 2칸짜리 : $5+4+1=10$(개)
3칸짜리 : $3+1=4$(개), 4칸짜리 : $2+4+1=7$(개)
5칸짜리 : $1+1=2$개, 6칸짜리 : 3개
8칸짜리 : 2개, 10칸짜리 : 1개
➡ $6+10+4+7+2+3+2+1=35$(개)

**4**
```
   ㉠ ㉡
×     7
──────
㉠ ㉢ ㉡
```
㉡×7=□㉡이므로 ㉡=5이고,
식을 만족하는 ㉠=1입니다.
따라서 두 자리 수는 15입니다.

**5** 20번째에는 가로로는 각각 20개씩 21줄의 성냥개비가 놓여 있고, 세로로도 각각 20개씩 21줄의 성냥개비가 놓여 있습니다.
(성냥개비의 개수)$=(20\times21)+(20\times21)$
$=840$(개)

**6** $100\div\square=2\cdots10$에서 $\square\times2+10=100$, $\square=45$이므로 연속하는 세 수는 14, 15, 16입니다.
따라서 $(14+16)\div5=6$입니다.

**7** 1칸짜리 : 6개+ 6개

2칸짜리 : 12개

3칸짜리 : 6개

4칸짜리 : 2개

따라서 $6+6+12+6+2=32$(개)입니다.

**8** 오를 때 내려올 때

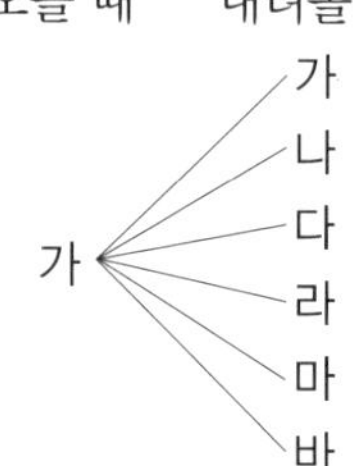


이와 같이 오를 때의 각각의 길에 대해 6가지의 방법이 있으므로 $6\times6=36$(가지)입니다.

**9**
$$\begin{array}{r} 2+4+6+\cdots+96+98+100 \\ +)\ 100+98+96+\cdots+6+4+2 \\ \hline 102+102+102+\cdots+102+102+102 \end{array}$$
$=102\times50=5100$
따라서 $5100\div2=2550$입니다.

**10** 42와 36은 6으로 나누어떨어지므로 가로와 세로를 6 cm씩 나누어 보면 다음과 같습니다.

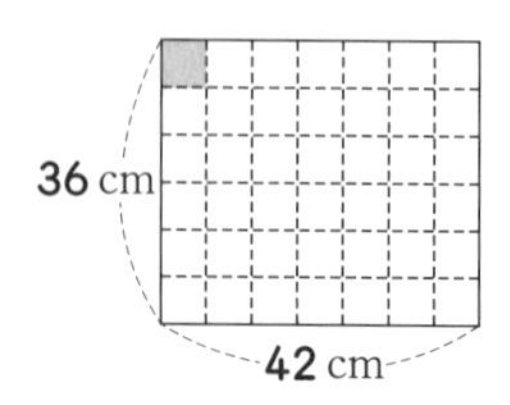


가로와 세로가 6 cm인 정사각형 모양의 카드를 $7\times6=42$(장) 만들 수 있습니다.

**11** $\triangle+\square=52$를 만족하는 ($\triangle$, $\square$)의 경우는 (1, 51), (2, 50), (3, 49), (4, 48), (5, 47), (6, 46), (7, 45), (8, 44), (9, 43)입니다.
이 중 두 수의 곱이 352인 경우는 (8, 44)입니다.

**12** $\square\heartsuit6=10 \Rightarrow (\square\div6)+(6\div2)=10$
$(\square\div6)+3=10$
$\square\div6=7$
$\square=42$

**13** $(9\times2\times45-678)\div(45-1)$
$=3$(cm)

**14** 두 자리 수를 큰 순서대로 늘어놓으면, 76, 75, 73, 72, 70, 67, …이므로 여섯 번째로 큰 수는 67입니다.
두 자리 수를 작은 순서대로 늘어놓으면, 20, 23, 25, 26, 27, 30, …이므로 여섯 번째로 작은 수는 30입니다.
따라서 (㉠−㉡)$\times6=(67-30)\times6=222$입니다.

**15** 6으로 나누어떨어지는 수 :
6, 12, 18, ㉔, 30, 36, 42, ㊽, 54, 60, 66, (72), 78, 84, 90, (96)
8로 나누어떨어지는 수 :
8, 16, ㉔, 32, 40, ㊽, 56, 64, (72), 80, 88, (96)
따라서 6과 8로 모두 나누어떨어지는 수는 24, 48, 72, 96입니다.
➡ $24+48+72+96=240$

**16** 각각의 시계가 나타내는 시각은
2시 5분−3시 15분−4시 30분−5시 50분
1시간 10분 1시간 15분 1시간 20분
이므로 마지막 시계는
5시 50분+1시간 25분=7시 15분을 나타냅니다.

**17** ㉠ : $(65+155)\div2=110$
㉡ : $65+66+\cdots+154+155=(220\times91)\div2$
220
220
$=10010$
따라서 $(10010-110)\div11=900$입니다.

**18** 6×□=8×△인 □와 △를 찾아

□+△=84인 경우를 알아봅니다.

6×4=8×3, 6×8=8×6,

6×12=8×9, …

□와 △의 합은 4+3=7, 8+6=14,

12+9=21, …로 7씩 늘어나는 규칙이 있습니다.

84÷7=12이므로 □에 알맞은 수는 4×12=48 입니다.

**19** ○※△=○×△+2와 같은 규칙을 갖고 있으므로

(1) 12※13=12×13+2=158

(2) □※22=□×22+2=442

□×22=442−2

□×22=440

□=440÷22

□=20

**20** 1000÷6=166…4이므로 1000번째 글자는 나입니다.

**21**

```
      12
733)8796
    733
    1466
    1466
       0
```

➡ ㉠+㉡+㉢+㉣

=1+2+3+3=9

**22** 1+2+3+ … +80+81=3321이므로

3350−3321=29를 두 번 더한 것입니다.

**23** 점 ㄷ만 꼭짓점으로 하는 삼각형 : 15개

점 ㅅ만 꼭짓점으로 하는 삼각형 : 15개

두 점 ㄷ과 ㅅ을 꼭짓점으로 하는 삼각형 : 6개

따라서 모두 15+15+6=36(개)입니다.

**24** 두 번째 조건을 '모든 학생들에게 4권씩 나누어 주면 32권이 남습니다.'로 이해할 수 있습니다.

따라서 처음보다 2권씩 덜 주었더니

2+32=34(권)이 남은 셈이므로 학생 수는

34÷2=17(명)이고 공책 수는

17×6−2=100(권)입니다.

**25** 깨뜨린 물건이 없이 운반했다면 동민이는

2000×10=20000(원)을 받아야 합니다.

그러나 실제로 받은 돈은 19280원이므로

20000−19280=720(원)을 받지 못한 것입니다.

이것은 물건을 운반 도중에 깨뜨려 운반비를 받지 못하고 1개당 35원씩 보상해 주었기 때문입니다.

따라서 깨뜨린 물건의 개수는

720÷(10+35)=16(개)입니다.

## 제11회 예상문제 87~94

| | |
|---|---|
| 1 7608 | 2 32세 |
| 3 2275 | 4 $\frac{3}{64}$ |
| 5 989 | 6 2160원 |
| 7 431 | 8 $\frac{13}{3}$ |
| 9 24 | 10 960원 |
| 11 957 | 12 1900원 |
| 13 790원 | 14 93 |
| 15 가 : 12, 나 : 5, 다 : 18 | |
| 16 8명 | 17 162 |
| 18 25 cm | 19 85개 |
| 20 152 cm | 21 풀이 참조 |
| 22 풀이 참조 | 23 374 |
| 24 48분 | 25 18개 |

**1** (3으로 나누어떨어지는 수의 합)

=3+6+9+…+195+198

=(3+198)×66÷2=6633

(13으로 나누어떨어지는 수의 합)

=13+26+…+182+195

=(13+195)×15÷2=1560

(3과 13으로 모두 나누어떨어지는 수의 합)

=39+78+117+156+195=585

따라서 구하고자 하는 값은

6633+1560−585=7608입니다.

**2** 지혜, 아버지, 어머니, 72살, 3살

(지혜의 나이)$\times$(1+7+7)=72+3=75
(지혜의 나이)$\times$15=75
(지혜의 나이)=75÷15=5(살)
(어머니의 연세)=5$\times$7−3=32(세)

**3** ㉠=(153+98)$\times$56÷2=7028
㉡=(1+97)$\times$97÷2=4753
따라서 ㉠−㉡=7028−4753=2275입니다.

**4** 뒤의 수는 앞의 수의 반을 나타냅니다.

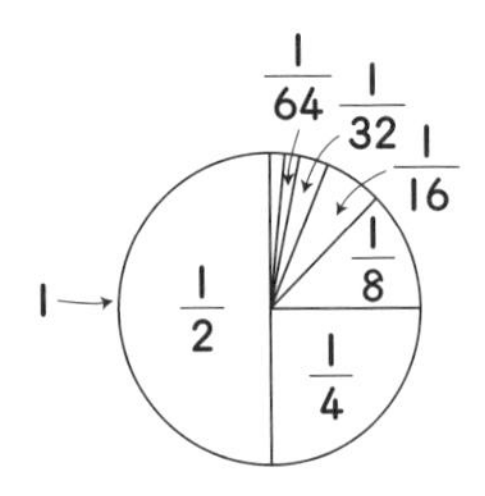


$1=\frac{1}{1}$이므로 분모는 앞의 수의 분모의 2배입니다.

$\frac{1}{16}$ 다음의 수는 16$\times$2=32이므로 $\frac{1}{32}$이고,

$\frac{1}{32}$ 다음의 수는 32$\times$2=64이므로 $\frac{1}{64}$입니다.

$\frac{1}{32}+\frac{1}{64}=\frac{2}{64}+\frac{1}{64}=\frac{3}{64}$입니다.

**5** 30으로 나누었을 때의 나머지 중 가장 큰 수는 29입니다.
30$\times$32+29=989, 30$\times$33+29=1019이므로
30으로 나누었을 때 나머지가 가장 크게 되는 세 자리 수는 989입니다.

**6** 1시간 30분은 90분이고 자전거 한 대를
90$\times$4=360(분) 동안 빌려 탄 셈이므로 내야 하는 돈은 300$\times$(360÷10)=10800(원)입니다.
따라서 한 사람이 내야 하는 돈은
10800÷5=2160(원)입니다.

**7** 가장 큰 답 : 7$\times$[6$\times${5+(4+3)}]=504
가장 작은 답 : 7+[6+{5$\times$(4$\times$3)}]=73
따라서 504−73=431입니다.

**8** $\frac{4\times\square+1}{\square}$에서 분자와 분모의 합이 16이므로

4$\times$□+1+□=16
5$\times$□+1=16
5$\times$□=15
□=3

따라서 $\frac{4\times3+1}{3}=\frac{13}{3}$입니다.

**9** 분모가 같은 분수끼리 묶어서 개수를 세어 보면

$\left(\frac{1}{2}\right), \left(\frac{1}{3}, \frac{2}{3}\right), \left(\frac{1}{4}, \frac{2}{4}, \frac{3}{4}\right), \left(\frac{1}{5}, \frac{2}{5}, \frac{3}{5}, \frac{4}{5}\right), \cdots$

1개 2개 3개 4개

이므로 1+2+3+…+12+13=91에서 91번째 수는 $\frac{13}{14}$입니다. 91번째 다음의 수는 $\frac{1}{15}$, $\frac{2}{15}$, $\frac{3}{15}$, …이므로 100번째 수는 $\frac{9}{15}$이고

㉠+㉡=15+9=24입니다.

**10** 바깥쪽의 동전의 개수는 (14−1)$\times$4=52(개)
안쪽의 동전의 개수는 (12−1)$\times$4=44(개)
따라서 모두 52+44=96(개)이므로
96$\times$10=960(원)입니다.

**11** 각 자리의 숫자의 합을 다음과 같이 나누어서 계산합니다.
1~9 ➡ 45, 10~19 ➡ 55, 20~29 ➡ 65, …,
80~89 ➡ 125, 90~99 ➡ 135,
100~110 ➡ 57
따라서 합은
45+55+65+…+125+135+57=957
입니다.

**12** (1400$\times$100+27200)÷(100−12)=1900(원)

**13** 700원씩 걷으면 3420원이 부족하고 850원씩 걷으면 2280원이 남으므로 돈을 모은 사람 수는
(3420+2280)÷(850−700)=38(명)입니다.
필요한 금액이 38$\times$700+3420=30020(원)
이므로 한 사람에게 30020÷38=790(원)씩 걷어야 합니다.

**14** 522=(작은 수)$\times$(큰 수)로 나타내면 다음과 같습니다.
522=1$\times$522=2$\times$261=3$\times$174=6$\times$87

$=9\times58=18\times29$

큰 수를 작은 수로 나누면 나머지가 3이므로 작은 수는 3보다 커야 합니다.

$87\div6=14\cdots3$, $58\div9=6\cdots4$, $29\div18=1\cdots11$

따라서 큰 수는 87, 작은 수는 6이므로 큰 수와 작은 수의 합은 93입니다.

**15** 가=나×2+2, 다=나×3+3입니다.

가+나+다=35이므로

(나×2+2)+나+(나×3+3)=35, 나=5입니다.

따라서 가는 12, 나는 5, 다는 18입니다.

**16** 27명 중 바위를 낸 어린이가 8명이므로 가위 또는 보를 낸 어린이는 $27-8=19$(명)입니다.

19명 모두가 가위를 내었다고 하면 펼쳐진 손가락의 개수는 38개입니다. 펼쳐진 손가락 62개와 차이가 생기는 것은 보를 낸 어린이가 있기 때문이므로 보를 낸 어린이는 $(62-38)\div(5-2)=8$(명)입니다.

**17** $\begin{bmatrix}15 & \square\\ 10 & 3\end{bmatrix}=96$

$15\times10-\square\div3=96$

$150-\square\div3=96$

$\square\div3=150-96$

$\square\div3=54$

$\square=54\times3$

$\square=162$

**18**

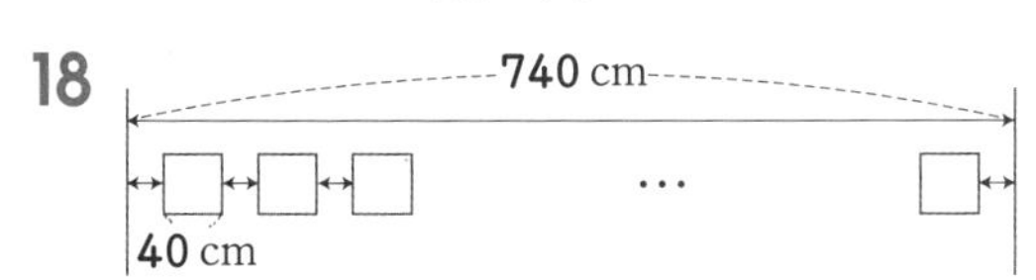


그림 11장의 폭의 길이의 합은

$40\times11=440$(cm)이므로 그림이 없는 사이 간격의 총 길이는 $740-440=300$(cm)입니다.

그림이 11장이므로 사이 간격은 12개이고 사이 간격 하나의 길이는 $300\div12=25$(cm)입니다.

**19** (첫 번째)$=4\times1-3=1$(개)

(두 번째)$=4\times2-3=5$(개)

(세 번째)$=4\times3-3=9$(개)

(네 번째)$=4\times4-3=13$(개)

⋮

따라서 22번째에는 $22\times4-3=85$(개)의 바둑돌이 놓입니다.

**20** 원의 지름은 직사각형의 세로와 같으므로 8 cm이고 원의 반지름은 $8\div2=4$(cm)입니다.

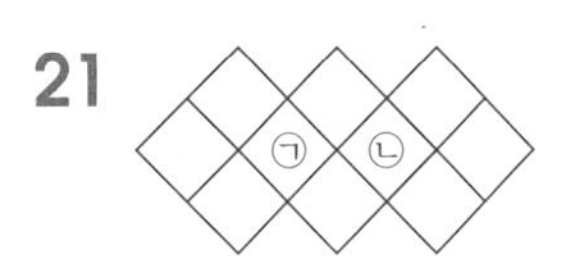 모양을 맞닿게 그린 규칙이므로 직사각형의 가로의 길이는 $(4\times3)\times12+8=152$(cm)입니다.

**21** 겹쳐진 수들을 ㉠, ㉡이라 하면 3개의 사각형을 분리했을 때 모든 수들의 합은

$2+3+\cdots+10+11+㉠+㉡=65+㉠+㉡$이고 이것은 3으로 나누어떨어져야 하므로 ㉠+㉡의 값은 4, 7, 10, 13, 16, 19 중 하나일 수 있고, 그중에서 네 수의 합을 최대로 하는 경우는 ㉠+㉡=19일 때입니다.

따라서 한 개의 사각형에 들어가는 네 수의 합이 $(65+19)\div3=28$이 되도록 알맞은 수를 채워 넣습니다.

예)

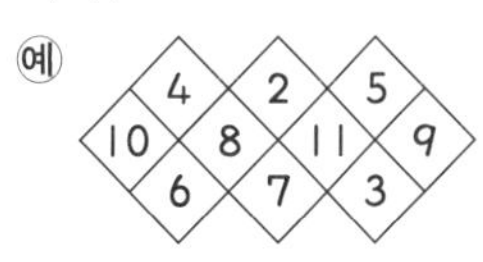


**22** 예) 큰 컵에 기름을 가득 담은 것을 작은 컵에 가득 담으면 큰 컵에는 100 mL의 기름이 남습니다.

이를 큰 통 안에 부은 다음 다시 큰 컵에 기름을 가득 담아서 큰 통에 부으면 350 mL의 기름이 들어갑니다.

**23** ㉡과 ㉢의 차가 가장 클 때

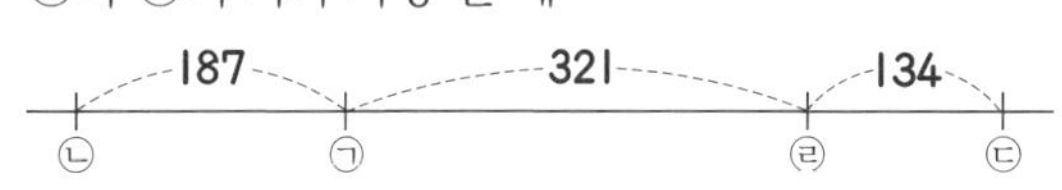


$187+321+134=642$

㉡과 ㉢의 차가 가장 작을 때

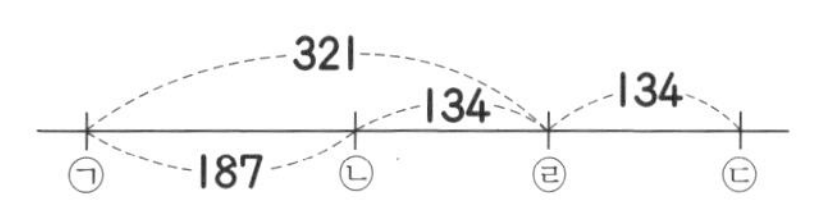


$134+134=268$

따라서 가장 큰 차는 642, 가장 작은 차는 268이므로 두 수의 차는 $642-268=374$입니다.

**24** 시험관 안에 가득 찼을 때를 1로 보면 4분 전에는 $\frac{1}{2}$, 8분 전에는 $\frac{1}{4}$, 12분 전에는 $\frac{1}{8}$만큼 차게 됩니다.

따라서 $\frac{1}{8}$만큼 차는 데 걸린 시간은 $60-12=48$(분)입니다.

**25** 직각삼각형을 만들 수 있는 직각을 찾아 번호를 붙이면 다음 그림과 같습니다.

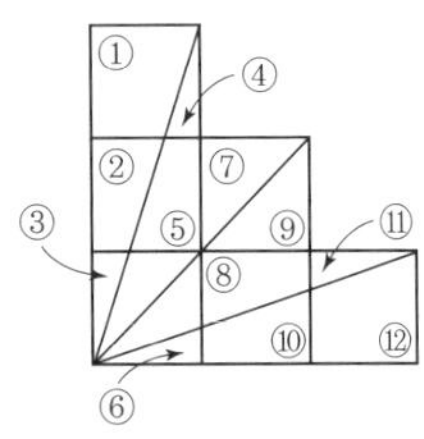


①에서 1개, ②에서 2개, ③에서 3개, ④에서 1개, ⑤에서 1개, ⑥에서 3개, ⑦에서 1개, ⑧에서 1개, ⑨에서 1개, ⑩에서 2개, ⑪에서 1개, ⑫에서 1개,
따라서 크고 작은 직각삼각형은 모두 18개입니다.

## 제12회 예 상 문 제 95~102

1 예 $1+7=8$, $9-6=3$, $4\times5=20$
2 20그루
3 1052번째
4 (39, 55, 133), (57, 65, 77)
5 12
6 12, 16, 18, 24, 36, 48, 72, 144
7 77점
8 940
9 풀이 참조
10 ㉮ : 11, ㉯ : 8
11 16개
12 19
13 94
14 7번
15 98점
16 1200 m
17 288 cm
18 34
19 9 cm
20 665 m
21 532
22 50 cm
23 31개
24 45개
25 검은색 : 80개, 흰색 : 40개

**2** 간격의 수는 $72\div8=9$이므로
왼쪽에 심는 나무 수는 $9+1=10$(그루),
양쪽에 심는 나무 수는 $10\times2=20$(그루)입니다.

**3** $\left(\frac{1}{1}\right)$, $\left(\frac{1}{2}, \frac{2}{1}\right)$, $\left(\frac{1}{3}, \frac{2}{2}, \frac{3}{1}\right)$, $\left(\frac{1}{4}, \frac{2}{3}, \frac{3}{2}, \frac{4}{1}\right)$, …
$\left(\frac{1}{5}, \frac{2}{4}, \cdots\right)$, …
위와 같이 묶은 후 규칙을 찾아보면 각 묶음별로 분자와 분모의 합이 같고, 그 합은 2, 3, 4, 5, 6, …입니다.
따라서 $\frac{17}{30}$은 분자와 분모의 합이 47이므로 46번째 묶음의 17번째 수입니다. 45번째 묶음까지는
$1+2+3+\cdots+44+45=1035$(개)의 수가 있으므로 $\frac{17}{30}$은 $1035+17=1052$(번째)에 놓인 수입니다.

**4** 각각의 수들을 두 수의 곱으로 나타내면 다음과 같습니다.
$39=3\times13$, $55=5\times11$, $133=7\times19$
$57=3\times19$, $65=5\times13$, $77=7\times11$
따라서 $39\times55\times133=57\times65\times77$입니다.

**5**
```
        1 [6]
[1][2] ) 1 [9] 2
         1 [2]
        ------
           7 [2]
          [7] 2
        ------
             0
```

**6** 150과 298의 합에서 16을 뺀 수를 어떤 수로 나누면 나누어떨어지고, 몫은 큰 수가 작은 수의 2배이므로 어떤 수와 작은 몫의 곱은
$(150+298-16)\div(1+2)=144$입니다.
144를 나누어떨어지게 하는 수는 1, 2, 3, 4, 6, 8, 9, 12, 16, 18, 24, 36, 48, 72, 144입니다.
이 중에서 조건을 만족하는 어떤 수는
12, 16, 18, 24, 36, 48, 72, 144입니다.

**7** 5번째 시험의 점수를 □점이라 하면

(62×4+□)÷5=65

62×4+□=325

□=77

따라서 5번째 시험에서 77점을 받아야 합니다.

**8** •백의 자리 숫자와 십의 자리 숫자를 곱한 수가 일의 자리의 숫자가 되는 수를 큰 수부터 알아보면 919, 900, 818이므로 세 번째로 큰 수는 818입니다.

•백의 자리 숫자와 십의 자리 숫자를 곱한 수가 일의 자리의 숫자가 되는 수를 작은 수부터 알아보면 100, 111, 122이므로 세 번째로 작은 수는 122입니다.

따라서 두 수의 합은 818+122=940입니다.

**9** 예

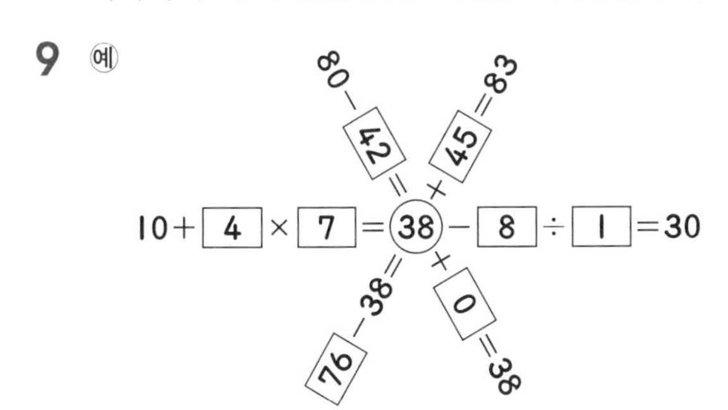


**10** (㉮−㉯)×19=57 ➡ ㉮−㉯=3

(㉮+㉯)×3=57 ➡ ㉮+㉯=19

따라서 차가 3이고 합이 19인 두 수는 11과 8이므로 ㉮=11, ㉯=8입니다.

**11** 점 ㉠ : 4+2+1=7(개), 점 ㉡ : 4+4+1=9(개)

따라서 7+9=16(개)를 그릴 수 있습니다.

**12**

| 14 | | 18 |
|---|---|---|
| | ㉠ | |
| 20 | 13 | ㉡ |

14+㉠+㉡=20+13+㉡

14+㉠=33이므로

㉠=19입니다.

**13** 여러 가지 경우로 생각해 보면

1283+94+79=1456

1283+94−79=1298

1283−94−79=1110

등이 있습니다. 주어진 조건에 맞는 경우는 1283−94−79=1110입니다.

**14** 갑이 13번 모두 이겼다고 하면 13×3=39(걸음) 앞으로 나아가야 하는데 4걸음만 나아갔으므로 갑이 진 횟수는 (39−4)÷5=7(번)입니다.

**15** (사회)+(과학)+(영어)

=87×5−85−88=262

262−8−7=247이므로 사회 점수는 87점이고, (과학)+(영어)=262−87=175에서 주어진 조건에 의해 영어는 77점, 과학은 98점이 됩니다.

**16** 8시−7시 55분=5분

언니가 출발할 때 동생이 60×5=300(m) 앞서 있습니다. 300÷(80−60)=15(분)이므로

집에서 학교까지의 거리는 80×15=1200(m)입니다.

**17** 가장 작은 직사각형의 가로와 세로의 길이의 합은 33 cm입니다.

가장 작은 직사각형의 가로의 길이를 □cm, 세로의 길이를 △cm라 하면

□×8=△×3, □+△=33입니다.

□=3, △=8일 때 □+△=11

□=6, △=16일 때 □+△=22

□=9, △=24일 때 □+△=33

따라서 정사각형의 한 변의 길이는 9×8=72(cm)이므로 네 변의 길이의 합은 72×4=288(cm)입니다.

**18**

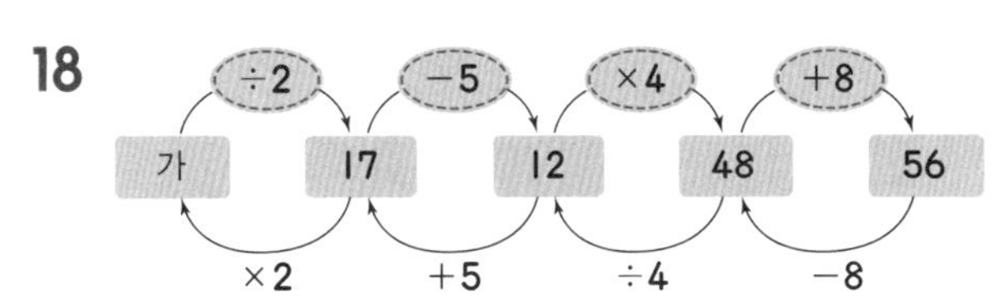


거꾸로 계산하면 가는 34입니다.

**19**

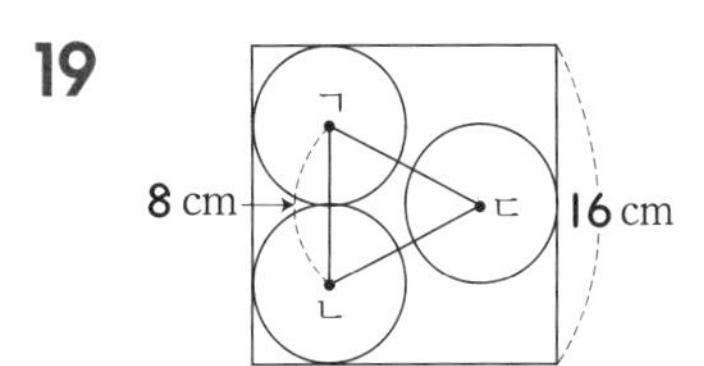


정사각형의 한 변의 길이는 64÷4=16(cm)이므로 변 ㄱㄴ의 길이는 8 cm입니다. 변 ㄱㄷ과 변 ㄴㄷ의 길이가 같으므로 변 ㄱㄷ의 길이는

(26−8)÷2=9(cm)입니다.

**20** 터널을 완전히 통과하는 데 기차가 간 거리는 25×32=800(m)입니다. 따라서 터널의 길이는 800−135=665(m)입니다.

**21** ㉠ : 정사각형의 개수

 : 36개

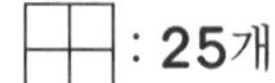 : 25개

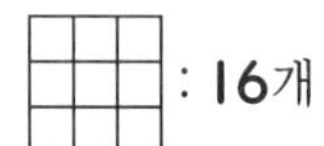 : 16개

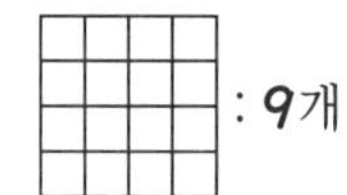 : 9개

: 4개

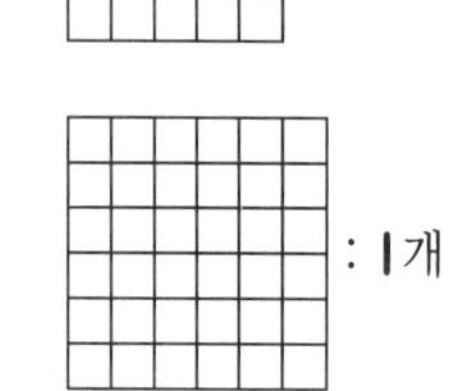 : 1개

➡ $36+25+16+9+4+1=91$(개)

㉡ : 직사각형의 개수

$(6+5+4+3+2+1)\times(6+5+4+3+2+1)$

$=21\times21=441$(개)

따라서 ㉠+㉡$=91+441=532$입니다.

**22** 다음 그림과 같이 두 상자를 겹쳐 보고 생각합니다.

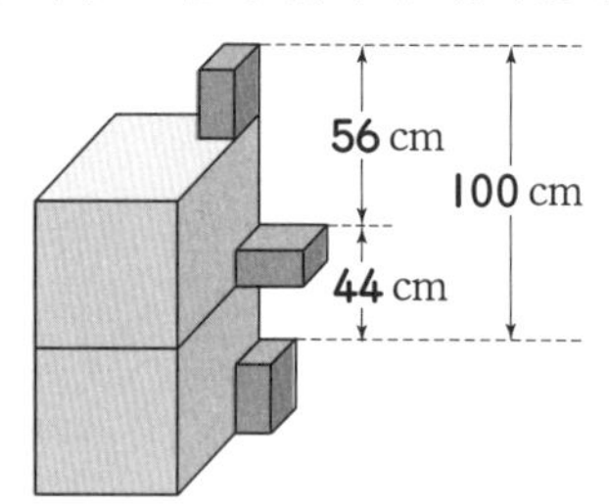


따라서 구하는 상자의 높이는 $100\div2=50$(cm)입니다.

**23** 예상하고 확인하는 방법을 이용하여 문제를 해결합니다.

| 남학생 수 | 사탕 수 | 여학생 수 | 사탕 수 |
|---|---|---|---|
| 7 | 25 | 8 | 41 |
| 8 | 28 | 7 | 36 |
| 9 | 31 | 6 | 31 |

따라서 사탕 수는 31개입니다.

**24** ① 삼각형 ㄱㄴㅂ에서 찾을 수 있는 삼각형의 개수 :

$4+3+2+1=10$(개)

② 도형 ㄴㄷㄹㅁㅂ에서 찾을 수 있는 삼각형의 개수 :

1칸짜리 − 8개
2칸짜리 − 6개
4칸짜리 − 3개
6칸짜리 − 2개
} 19개

③ 삼각형 ㄱㄴㅂ과 도형 ㄴㄷㄹㅁㅂ에 의해서 만들어지는 삼각형의 개수 :

①+⑤, ①+⑤+⑥,
②+⑦, ②+⑦+⑧
③+⑨, ③+⑨+⑫,
④+⑩, ④+⑩+⑪
②+⑦+⑧+⑬,
③+⑨+⑫+⑭
①+②+⑤+⑦, ③+④+⑨+⑩
②+③+⑦+⑧+⑨, ②+③+⑦+⑨+⑫
①+②+③+⑤+⑦+⑨+⑫,
②+③+④+⑦+⑧+⑨+⑩ ➡ 16개

따라서 모두 $10+19+16=45$(개)입니다.

**25** 검은색 바둑돌과 흰색 바둑돌의 꺼낸 횟수를 □번이라 하면

$5\times\square+30=(4\times\square)\times2$

$5\times\square+30=8\times\square$

$3\times\square=30$, $\square=10$

따라서 검은색 바둑돌은 $5\times10+30=80$(개)

흰색 바둑돌은 $4\times10=40$(개)입니다.

## 제13회 예 상 문 제 　103~110

| | | | |
|---|---|---|---|
| 1 | 175번 | | |
| 2 | 19=3+3+3+3+2+2+3 | | |
| 3 | 40 | | |
| 4 | 영수 : 9살, 지혜 : 12살, 가영 : 18살 | | |
| 5 | 10번 | 6 | 75개 |
| 7 | 4 | 8 | 11 |
| 9 | 69개 | 10 | 12개 |
| 11 | 28일 | 12 | 84개 |
| 13 | 81개 | 14 | 12개 |
| 15 | 4개 | 16 | 18 cm |
| 17 | 12개 | 18 | 28초 |
| 19 | 다 열 | 20 | 156쪽 |
| 21 | 9009 | 22 | 3840장 |
| 23 | 20개 | 24 | 풀이 참조 |
| 25 | 32분 전 | | |

**1** (i) 일의 자리의 숫자 2 :
2, 12, 22, …, 332, 342 ➡ 35번
(ii) 십의 자리의 숫자 2 :
20~29, 120~129, 220~229, 320~329
➡ $10 \times 4 = 40$(번)
(iii) 백의 자리의 숫자 2 :
200~299 ➡ 100번
따라서 $35+40+100=175$(번) 썼습니다.

**2** 19를 몇 개의 자연수의 합으로 나타낼 때 이 자연수들의 곱이 가장 크도록 하려면 1이 포함되면 안됩니다.
따라서 가장 작은 자연수는 2이고,
$2+2+2=3+3$, $2 \times 2 \times 2 < 3 \times 3$이므로
$2+2+2$를 $3+3$으로 바꾸어 주는 것이 곱을 더 크게 할 수 있습니다.
$19=2+2+2+2+2+2+2+2+3$
$=3+3+3+3+2+2+3$
따라서 $3 \times 3 \times 3 \times 3 \times 2 \times 2 \times 3 = 972$인 경우가 가장 큽니다.

**3** $10+20+ \cdots +70+80=360$인데 두 원에 들어갈 수들의 합은 $200+200=400$이므로 가운데 중복되는 두 수의 합은 $400-360=40$입니다.

**4** 예상하고 확인하여 풀어 봅니다.
① 영수가 7살일 때 지혜는 10살, 가영이는 14살이므로 합은 31살입니다.
② 영수가 8살일 때 지혜는 11살, 가영이는 16살이므로 합은 35살입니다.
③ 영수가 9살일 때 지혜는 12살, 가영이는 18살이므로 합은 39살입니다.
따라서 영수는 9살, 지혜는 12살, 가영이는 18살입니다.

수직선을 그려서 문제를 해결합니다.

(영수의 나이)$=(39-3) \div 4 = 9$(살)
(지혜의 나이)$=9+3=12$(살)
(가영이의 나이)$=9 \times 2 = 18$(살)

**5** 5개의 열쇠를 각각 가, 나, 다, 라, 마라고 하면 가 열쇠로 4개의 방에 사용해 보면 어느 방에 맞는 열쇠인지를 알 수 있습니다. 마찬가지로 나 열쇠는 3개의 방에, 다 열쇠는 2개의 방에, 라 열쇠는 1개의 방에 사용해 보면 어느 방의 열쇠인지를 알 수 있습니다. 그러면 마 열쇠는 자동으로 결정됩니다.
따라서 $4+3+2+1=10$(번)을 사용하면 모든 방에 맞는 열쇠를 반드시 찾을 수 있습니다.

**6** ㉡이 7일 때 ㉠은 5, 6, 7, 8, 9로
(㉠, ㉡) ➡ (5, 7), (6, 7), (7, 7), (8, 7), (9, 7)
➡ 5개
㉡이 0부터 6까지일 때 ㉠은 0부터 9까지이므로
(㉠, ㉡)$=10 \times 7 = 70$(개)입니다.
따라서 구하는 순서쌍은 $5+70=75$(개)입니다.

**7** 원의 지름이 16 cm이므로 4개의 원의 지름의 길이의 합은 $16 \times 4 = 64$(cm)입니다.
(겹쳐진 3군데의 길이의 합)$=64-52=12$(cm)
따라서 ㉠$=12 \div 3 = 4$입니다.

**8** 가×나$=390$ … ①
나×다$=330$ … ②
가+다$=24$ … ③
①과 ②식에서
가×나+나×다$=720$
나×(가+다)$=720$
나×$24=720$, 나$=30$
②식에서 다$=330 \div 30 = 11$

**9** 50보다 크고 100보다 작은 수 중에서 7로 나누었을 때 나머지가 6인 수는 55, 62, 69, 76, 83, 90, 97이고, 8로 나누었을 때 나머지가 5인 수는 53, 61, 69, 77, 85, 93입니다.
따라서 웅이가 가지고 있는 구슬은 69개입니다.

**10** 30개가 모두 사각형이라고 가정하면
필요한 수수깡은 모두 $30 \times 4 = 120$(개)로 실제 사용된 수수깡과 $120-108=12$(개)의 차이가 납니다.
이것은 삼각형을 사각형이라고 가정했기 때문입니다.
사각형은 삼각형보다 수수깡이 1개씩 더 사용되므로 만들어진 삼각형의 수는 $12 \div 1 = 12$(개)입니다.

**11** 한 주간의 날짜의 합을 7로 나누면 수요일의 날짜가 됩니다. $84 \div 7 = 12$이므로 수요일의 날짜는 12이고 금요일의 날짜는 14입니다.
일주일은 7일마다 반복되므로 마지막 금요일은
$14+7+7=28$(일)입니다.

**12** 7층 ──── 1개 ) +2
6층 ──── 3개 ) +3
5층 ──── 6개 ) +4
4층 ──── 10개
⋮
따라서 쌓기나무는
$1+3+6+10+15+21+28=84$(개)입니다.

**13** 압정을 가장 적게 사용하여 붙이려면 사진을 가로로 8장, 세로로 8장씩 붙여야 합니다.
따라서 필요한 압정의 수는 $9 \times 9 = 81$(개)입니다.

**14** $11 \times 11 = 121$
$12 \times 12 = 144$
$13 \times 13 = 169$
⋮
$20 \times 20 = 400$
$21 \times 21 = 441$
$22 \times 22 = 484$
따라서 $22-10=12$(개)입니다.

**15** 표를 그려 생각해 봅니다.

| 가 | 나 | 다 | 라 | 나+다+라 |
|---|---|---|---|---|
| 45 | 15 | 13 | 9 | 37 |
| 46 | 16 | 14 | 10 | 40 |
| 47 | 17 | 15 | 11 | 43 |
| 48 | 18 | 16 | 12 | 46 |
| 49 | 19 | 17 | 13 | 49 |

따라서 4개씩 구슬을 나누어 주면 가의 구슬의 수는 나, 다, 라 3명의 구슬의 수의 합과 같게 됩니다.

별해
가, 나, 다, 라에게 구슬을 각각 □개씩 나누어주었을 때
$45+\square=(15+\square)+(13+\square)+(9+\square)$
$\square+\square=45-15-13-9$, $\square=4$
따라서 4개씩 나누어주면 된다.

**16** 선분 ㄴㅅ의 길이를 □cm라 하면
직사각형의 세로의 길이는 $(27+\square)$ cm이고
직사각형의 가로의 길이는 $(27+\square+\square)$ cm입니다.
직사각형의 네 변의 길이의 합이 216 cm이므로 가로와 세로의 길이의 합은 $216 \div 2 = 108$(cm)입니다.
$(27+\square)+(27+\square+\square)=108$에서
$\square+\square+\square=108-27-27=54$
$\square=54 \div 3=18$
따라서 선분 ㄴㅅ의 길이는 18 cm입니다.

**17** ●○●○○●●의 7개의 바둑돌이 규칙적으로 반복되고 있습니다
84개의 바둑돌을 늘어놓으면 검은색 바둑돌은
$4 \times 12 = 48$(개), 흰색 바둑돌은 $3 \times 12 = 36$(개)가 놓이므로 검은색 바둑돌은 흰색 바둑돌보다
$48-36=12$(개) 더 많습니다.

**18** 1분에 3.6 km(=3600m)의 빠르기이므로 1초에
$3600 \div 60 = 60$(m)의 빠르기로 달립니다.
따라서 고속열차의 길이는 $60 \times 3 = 180$(m)이므로
터널을 통과하는 데에는
$(1500+180) \div 60 = 28$(초)가 걸립니다.

**19**

| | 가 열 | 나 열 | 다 열 | 라 열 | 마 열 | 바 열 | 사 열 |
|---|---|---|---|---|---|---|---|
| 1째 줄 → | 1 | 2 | 3 | 4 | 5 | 6 | 7 |
| 2째 줄 → | 14 | 13 | 12 | 11 | 10 | 9 | 8 |
| 3째 줄 → | 15 | 16 | 17 | 18 | 19 | 20 | 21 |
| 4째 줄 → | 28 | 27 | 26 | 25 | 24 | 23 | 22 |
| | ⋮ | ⋮ | ⋮ | ⋮ | ⋮ | ⋮ | ⋮ |

1, 3, 5, …째 줄은 왼쪽에서 오른쪽으로 수가 1씩 증가하고, 2, 4, 6, …째 줄은 오른쪽에서 왼쪽으로 수가 1씩 증가합니다. $110 \div 7 = 15 \cdots 5$에서 110은 16째 줄이고 오른쪽에서 5번째에 있게 됩니다.
따라서 다열의 수입니다.

**20** 한 자리 수는 1개, 두 자리 수는 2개, 세 자리 수는 3개의 숫자가 적힙니다.
1~9쪽 : 9개
10~99쪽 : $90 \times 2 = 180$(개)
100쪽부터는 3개씩 숫자가 적혀야 하므로

360−(9+180)=171(개)의 숫자를 3개씩 적어 나가면 171÷3=57(쪽)을 적을 수 있습니다.
따라서 이 책의 마지막 쪽수는
9+90+57=156(쪽)입니다.

**21** □행에 있는 수들의 개수는 □×2−1(개)이므로
17행에 있는 수들의 개수는
17×2−1=33(개)입니다.
각 행의 가장 오른쪽에 있는 수들은
1=1×1, 4=2×2, 9=3×3, 16=4×4, …
이므로 17행의 가장 오른쪽에 있는 수는
17×17=289이고,
가장 왼쪽에 있는 수는
289−32=257입니다.
따라서 17행에 있는 수들의 합은
257+258+…+288+289=9009입니다.

**22** 4 m 80 cm=480 cm
위에서부터 첫째 줄과 둘째 줄을 한 묶음으로 생각해 보면 필요한 타일의 수는
480÷10+480÷6=128(장)입니다.
이러한 묶음이 모두 480÷16=30(묶음)이므로 필요한 타일의 수는 128×30=3840(장)입니다.

**23**
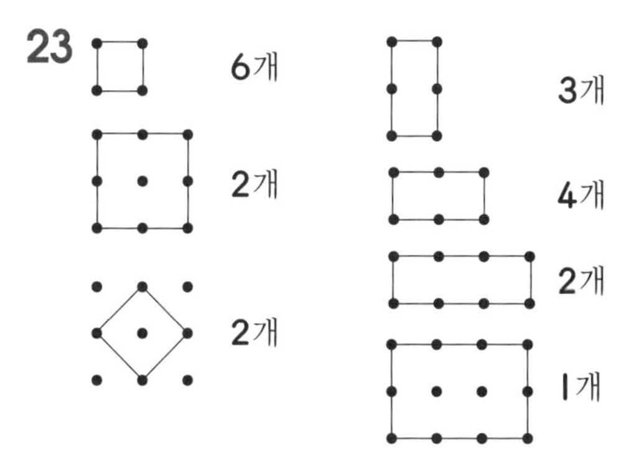


➡ 모두 20개

**24** 12 L의 석유를 둘로 나누면 석유는 6 L씩 나누어지고, 5+1=6이므로 1 L의 석유를 얻을 수 있는 방법을 생각해 봅니다. 먼저 5 L의 통에 석유를 가득 채운 후, 9 L의 통에 붓습니다. 또 다시 5 L의 통에 석유를 가득 채워서 9 L의 통에 붓습니다. 이때, 5 L의 통에 1 L의 석유가 남으므로 이어서 9 L의 통에 들어 있는 석유를 모두 큰 통에 붓고, 1 L의 석유를 9 L의 통에 붓습니다. 마지막으로 5 L의 통에 석유를 가득 채워 9 L의 통 안에 붓습니다. 이때, 9 L의 통 안에는 1+5=6(L)의 석유가 남고 큰 통에도 6 L의 석유가 남습니다.

**25** 예슬이가 1분에 70 m의 빠르기로 약속 장소에 가다가 약속 시간에 멈추었다면, 약속 장소까지는
70×6=420(m)가 남게 됩니다.
또, 예슬이가 1분에 133 m의 빠르기로 약속 장소에 약속 시간까지 가게 되면 약속 장소를 지나
133×12=1596(m)를 더 가게 됩니다.
그러므로 출발해서 약속 시간까지 1분에 133 m의 빠르기로 간 것이 1분에 70 m의 빠르기로 간 것보다
420+1596=2016(m) 더 많이 갔고, 1분에
133−70=63(m)씩 더 많이 가게되므로 약속 시간까지는 2016÷63=32(분)이 남은 것입니다.

**제14회 예 상 문 제** 111 ~118

| | |
|---|---|
| 1 34 | 2 15개 |
| 3 48개 | 4 84개 |
| 5 3시간 | 6 6분 21초 |
| 7 4 cm | 8 14개 |
| 9 72 cm | 10 46번 |
| 11 33가구 | 12 14 g |
| 13 112 cm | 14 52 cm |
| 15 36 cm | 16 ㄴ, 58번째 |
| 17 18시간 | 18 49개 |
| 19 607 | 20 21가지 |
| 21 12388 | 22 7개 |
| 23 4개 | 24 3번 |
| 25 ㉯조, 63번째 | |

**1** 가<나<다<라로 가정하면
가+나+다=128
가+나+라=153
가+다+라=161
나+다+라=170입니다.
네 식을 모두 더하면
3×(가+나+다+라)=612,
가+나+다+라=204이므로
204−170=34가 가장 작은 수입니다.

**2** 빨간색 구슬은 전체 36개를 4로 나눈 것 중 1이므로 36÷4=9(개)입니다.
파란색 구슬은 전체 36개를 3으로 나눈 것 중 1이므로 36÷3=12(개)입니다.
따라서 노란색 구슬은 36−9−12=15(개)입니다.

**3** 1칸짜리 − 28개
4칸짜리 − 15개
9칸짜리 − 4개
16칸짜리 − 1개
따라서 찾을 수 있는 크고 작은 정사각형은 48개이다.

**4** 1에서 358까지의 수 중에서 4로 나누어떨어지는 수는 358÷4=89 ⋯ 2이므로 89개입니다.
그런데 1에서 20까지의 수 중에서 4로 나누어떨어지는 수가 5개 있으므로 이것을 제외하면 89−5=84(개) 있습니다.

**5** 3명이 각각 1시간에 하는 일의 양은
어머니는 $\frac{1}{6}$, 오빠는 $\frac{1}{9}$, 예슬이는 $\frac{1}{18}$입니다.
3명이 함께 1시간에 하는 일의 양을 그림으로 나타내면 다음과 같습니다.

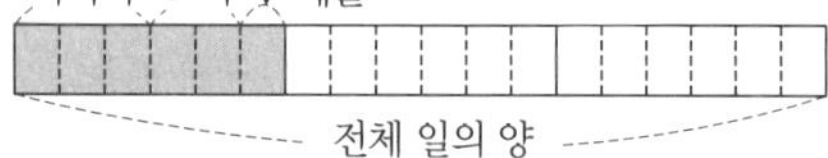


따라서 3명이 이 일을 함께 하면 3시간 만에 마칠 수 있습니다.

**6** 예슬이는 1초에 60÷20=3(m), 석기는 1초에 150÷30=5(m)의 빠르기로 뜁니다.
(공원의 둘레의 길이)
=(두 사람의 빠르기의 차)
×(처음으로 만나는 데 걸린 시간)
=(5−3)×(25×60+24)
=2×1524
=3048(m)
(두 사람이 만나는 데 걸리는 시간)
=(공원 둘레의 길이)÷(두 사람의 빠르기의 합)
=3048÷(3+5)=381(초)이므로
6분 21초 후에 처음 만나게 됩니다.

**7** 상연이가 처음 그린 원의 지름을 □ cm라 하면
□×2×2×2×2×2×2−□
=□×64−□=567
□×63=567, □=9(cm)
예슬이가 처음 그린 원의 지름을 △ cm라 하면
△×3×3×3×3−△=△×81−△=400
△×80=400, △=5(cm)
따라서 처음 그린 가장 작은 원의 지름의 차는
9−5=4(cm)입니다.

**8** (8950−500)÷(50+100+500)
=8450÷650=13
따라서 50원짜리 동전과 100원짜리 동전은 13개씩 꺼내고, 500원짜리 동전은 13+1=14(개)를 꺼냈습니다.

**9** 직사각형의 세로의 길이를 ㉠cm라 하면 $3\times$㉠$+$㉠$=24$(cm), ㉠$=6$(cm)입니다. 따라서 정사각형의 한 변의 길이가 $3\times6=18$(cm)이므로 둘레의 길이는 $18\times4=72$(cm)입니다.

**10** 10명이 서로 한 번씩 바둑을 둘 때의 대국 수는
$10\times(10-1)\div2=45$(번)이고,
14명이 서로 한 번씩 바둑을 둘 때의 대국 수는
$14\times(14-1)\div2=91$(번)입니다.
따라서 늘어난 대국 수는 $91-45=46$(번)입니다.

**11** 그림으로 그려서 알아봅니다.
돼지만 기르는 집 : $124-117=7$(가구)
소만 기르는 집 : $143-117=26$(가구)

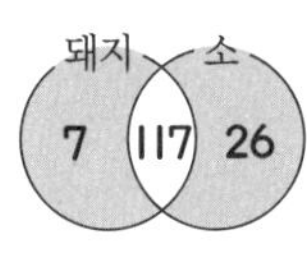


따라서 돼지나 소 중에서 어느 한 가지만을 기르는 집은
$7+26=33$(가구)입니다.

**12** ㉰$=$㉯$+$㉯, ㉱$=$㉯$+$㉯$+$㉯$+$㉯$+3$g이고,
㉰와 ㉱의 무게의 합이 51g이므로
㉯$=(51-3)\div6=8$(g)
㉯$=$㉮$+$㉮$+4$g이므로 ㉮$=(8-4)\div2=2$(g)
따라서 ㉮$=2$g, ㉯$=8$g, ㉰$=16$g, ㉱$=35$g
이므로 ㉮와 ㉰의 무게의 차는 $16-2=14$(g)
입니다.

**13** 직사각형의 긴 변과 짧은 변의 길이의 합이 24cm이고, 긴 변의 길이가 짧은 변의 길이의 2배이므로 긴 변의 길이는 16cm, 짧은 변의 길이는 8cm입니다.
따라서 도형의 둘레의 길이는
$48\times3-8\times4=112$(cm)입니다.

**14** 정사각형 ㄱㅅㄴㅂ의 한 변의 길이는 가운데에 있는 큰 원의 지름과 같으므로
$18\times2=36$(cm)이고,
선분 ㄱㅁ의 길이는 선분 ㄱㅂ의 $\frac{1}{2}$이므로 18cm입니다.

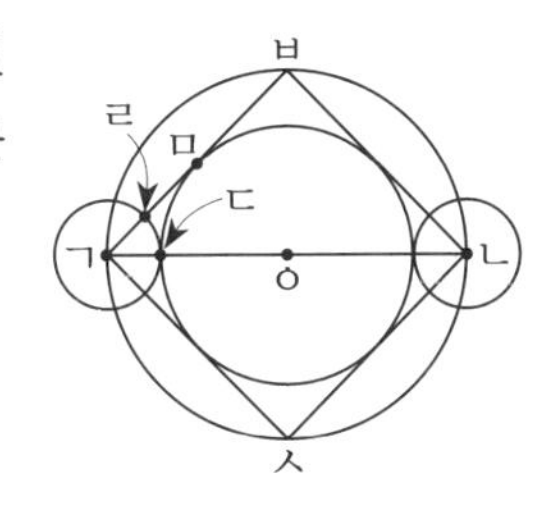


따라서 (선분 ㄱㄹ)$=$(선분 ㄱㄷ)$=18-10=8$(cm)
이므로 선분 ㄱㄴ의 길이는 $(8+18)\times2=52$(cm)
입니다.

**15** 긴 끈 / 짧은 끈 } 60cm
끈을 5등분 한 것 중 하나는 $60\div5=12$(cm)
따라서 긴 끈의 길이는 $12\times3=36$(cm)입니다.

**16** ㄱ, ㄴ, ㄷ, ㄹ의 각 꼭짓점은 8로 나누어 나머지가 각각 1, 3, 5, 7인 수끼리 모은 것입니다.
이것을 표로 나타내면 다음과 같습니다.

| ㄱ | 1 | 9 | 17 | 25 | 33 | … |
|---|---|---|---|---|---|---|
| ㄴ | 3 | 11 | 19 | 27 | 35 | … |
| ㄷ | 5 | 13 | 21 | 29 | 37 | … |
| ㄹ | 7 | 15 | 23 | 31 | 39 | … |

$459\div8=57\cdots3$에서 나머지가 3이므로 꼭짓점 ㄴ에 위치하며, 58번째에 있는 수입니다.

**17** 54시간 동안에 3분이 빨라졌으므로
$54\div3=18$(시간)마다 1분씩 빨라집니다.

**18** 11, 22, 33, 44, 55, 66, 77, 88, 99 ➡ 9개
101, 111, …, 181, 191
202, 212, …, 282, 292
303, 313, …, 383, 393
404, 414, …, 484, 494 ➡ 40개
따라서 맨 앞과 맨 뒤의 숫자의 순서를 바꾸어도 같은 수가 되는 것은 모두 49개입니다.

**19** 5, 1, 3, 7, 8로 만든 세 자리 수 :
875, 873, 871, 857, <u>853</u>, …
4, 0, 9, 2, 6으로 만든 세 자리 수 :
204, 206, 209, 240, <u>246</u>, …
따라서 두 수의 차는 $853-246=607$입니다.

**20**

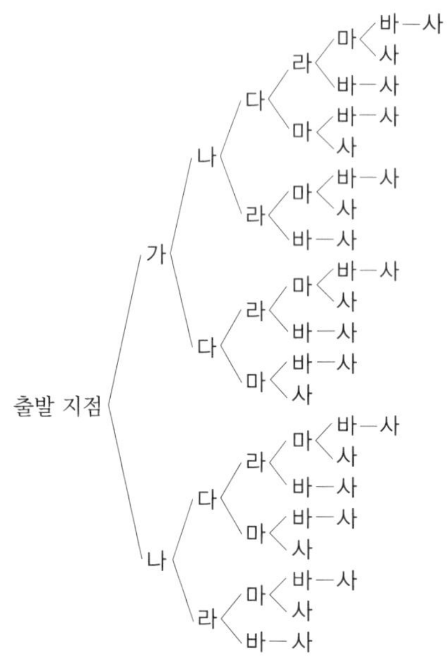


따라서 **21**가지입니다.

**21** 네 수에서 **7**이 **2**번, **9**가 **1**번, **1**이 **2**번, **2**가 **3**번, **5**가 **1**번, **3**이 **1**번, **6**이 **2**번 나타나므로 ★▼♥는 **791**, ◆●▲는 **362**, ▲★■는 **275**, ●♥▲는 **612**임을 알 수 있습니다.
따라서 ●■▲×★▼$=652\times19=12388$입니다.

**22** **5**번 상자에 들어 있는 바둑돌의 개수는 $387\div9=43$(개)이고, 이것은 **1**번 상자에 들어 있는 바둑돌의 개수보다 $43-15=28$(개) 더 많으므로 뒤의 상자에는 바로 앞의 상자보다 $28\div4=7$(개)씩의 바둑돌이 더 들어 있습니다.

**23** ①+②$=90°$이고,
삼각형 ㄱㄴㄷ과 삼각형 ㅁㄴㄹ은 서로 포개어지므로 각 ㄱㄴㅁ은 직각이 됩니다.

따라서 그릴 수 있는 직각삼각형은 오른쪽 같이 **4**개입니다.

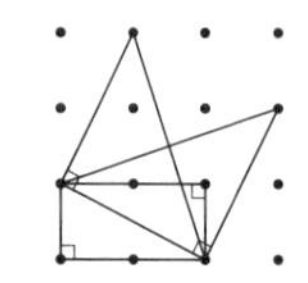

**24** 양팔 저울의 양쪽에 탁구공 **6**개씩을 올려 놓아 무게를 잰 후 무거운 쪽 **6**개를 다시 **3**개씩 올려 놓아 무게를 잽니다. 마지막으로 무거운 쪽 **3**개를 선택하여 **2**개를 재었을 때 양팔 저울이 수평이 되면 남은 하나가 불량품이고, 수평이 되지 않으면 무거운 쪽이 불량품입니다. 따라서 최소 **3**번을 재어 보면 불량품을 가려낼 수 있습니다.

**25** ㉮, ㉯, ㉰의 배열의 순서를 바꾸어 보면
㉯ : **1**, **6**, **7**, **12**, **13**, **18**, …
㉮ : **2**, **5**, **8**, **11**, **14**, **17**, …
㉰ : **3**, **4**, **9**, **10**, **15**, **16**, …
수의 배열은 위와 같은 규칙이 있으므로 다음과 같이 정리할 수 있습니다.
㉯ : **6**으로 나누었을 때 나머지가 **1**이거나 나누어떨어지는 수
㉮ : **6**으로 나누었을 때 나머지가 **2**이거나 **5**인 수
㉰ : **6**으로 나누었을 때 나머지가 **3**이거나 **4**인 수
따라서 $187\div6=31\cdots1$이므로 ㉯조에 속하고
$31\times2+1=63$(번째) 수입니다.

**제15회 예 상 문 제** **119~126**

| | |
|---|---|
| **1** 10개 | **2** 6일 |
| **3** 풀이 참조 | **4** 137개 |
| **5** 17 | **6** 3번 |
| **7** 4 | **8** 19020 |
| **9** 24가지 | **10** 368 cm |
| **11** 330 | **12** 18초 |
| **13** 2556개 | **14** 50개 |
| **15** 형 : 8400원, 나 : 5100원, 동생 : 4500원 | |
| **16** 92 | **17** 10200g |
| **18** 15 cm | **19** 12 cm |
| **20** 192 | **21** 80 |
| **22** 1 또는 2 | **23** 108개 |
| **24** 12월 13일 | **25** 42개 |

## 정답과 풀이

**1** 4개의 숫자의 합이 3이 되는 경우는 4개의 숫자가 각각 다음과 같은 경우입니다.

(1, 1, 1, 0), (2, 1, 0, 0), (3, 0, 0, 0)

① (1, 1, 1, 0)으로 만들 수 있는 네 자리 수
1110, 1101, 1011 ➡ 3개

② (2, 1, 0, 0)으로 만들 수 있는 네 자리 수
2100, 2010, 2001, 1200, 1020, 1002
➡ 6개

③ (3, 0, 0, 0)으로 만들 수 있는 네 자리 수
3000 ➡ 1개

따라서 $3+6+1=10$(개)입니다.

**2** 두 수를 곱해서 36이 되는 경우는
$1\times36$, $2\times18$, $3\times12$, $4\times9$, $6\times6$, $9\times4$, $12\times3$, $18\times2$, $36\times1$이고, 이 중에서 1월 36일, 18월 2일, 36월 1일은 존재하지 않으므로
2월 18일, 3월 12일, 4월 9일, 6월 6일, 9월 4일, 12월 3일로 모두 6일입니다.

**3** 9개의 수의 합은 333이고, 네 직선 위의 수의 총합은 $111\times4=444$입니다. 이때 $444-333=111$은 가운데 수가 3번 더 중복되어 계산된 것이므로 가운데 수는 $111\div3=37$입니다.
따라서 가운데 원에 37을 채운 후 나머지 수들을 두 수의 합이 74가 되도록 결정합니다.

예

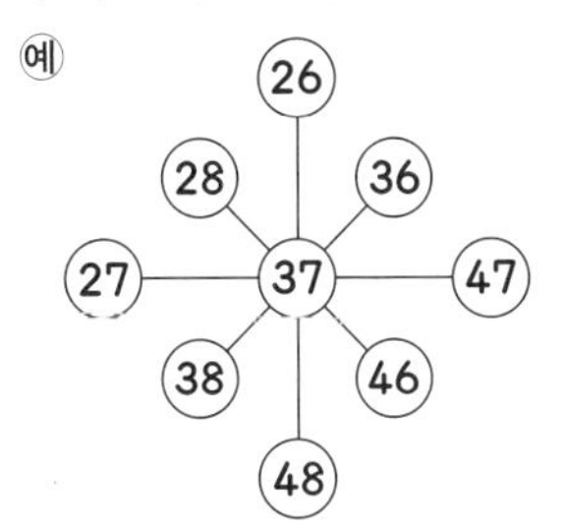


**4**

영수
가영
석기
지혜
12개
506개
6개

(영수가 딴 사과의 개수)$=(506-12+6)\div4$
$=125$(개)

(석기가 딴 사과의 개수)$=125+12=137$(개)

**5** $17\times17\times17=4913$
따라서 가는 17입니다.

**6** 바둑돌의 색깔이 2가지이므로 처음에 흰색 바둑돌이 나오고 두 번째에 검은색 바둑돌이 나왔다면, 세 번째에는 틀림없이 흰색 바둑돌이나 검은색 바둑돌이 나오므로 세 번째에는 같은 색깔 바둑돌이 2개가 됩니다.
따라서 최소한 3번 꺼내야 합니다.

**7** $(\square\times3+8)\div2-6=\square$

$\square\times3+8=(\square+6)\times2$

$\square\times3+8=\square\times2+12$

$\square=12-8=4$

**8** 세 자리 수의 백의 자리 숫자의 합 :
$(4+5)\times20=180$
십의 자리 숫자의 합 : $(2+3)\times20=100$
일의 자리 숫자의 합 : $(0+1)\times20=20$
따라서 세 자리 수 40개의 합이 가장 크게 될 때의 합은
$180\times100+100\times10+20\times1=19020$입니다.

**9** 빨강, 주황, 노랑, 초록을 모두 칠하게 되는 경우를 알아봅시다.

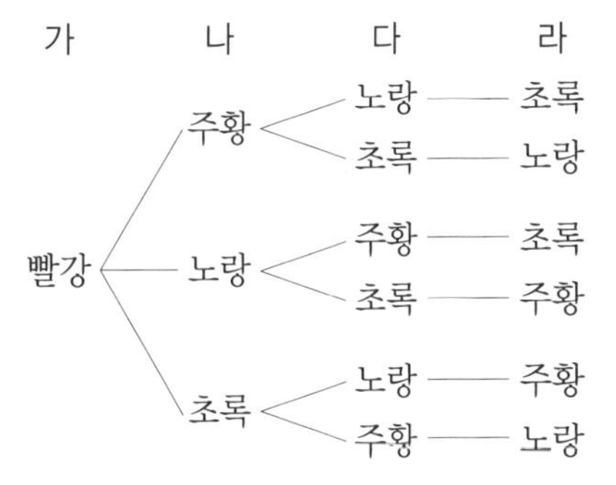


주황, 노랑, 초록을 가에 칠하는 방법도 각각 6가지 방법이 있으므로 모두 $4\times6=24$(가지)가 됩니다.

**10** (삼각형의 한 변의 길이)=(원의 지름의 길이)
$=24\div3=8$(cm)
직사각형 둘레에 그린 50개의 원 중에서 각 꼭짓점에 위치한 원을 4개 빼면 46개가 직사각형의 가로와 세로에 있습니다.
(직사각형 가로와 세로의 길이의 합)
$=46\div2\times8=184$(cm)
따라서 직사각형 네 변의 길이의 합은
$184\times2=368$(cm)입니다.

**11** 연속한 여섯 개의 자연수 중 가운데 두 수의 합은 $1989 \div 3 = 663$이므로 두 수 중 작은 수는 $(663-1) \div 2 = 331$입니다.
따라서 ㉠$=331-1=330$입니다.

**12**

기차 | 터 널 | 기차
(362+70) m

그림과 같이 기차가 터널을 완전히 통과하려면 $362+70=432$(m)를 달려야 하므로 걸리는 시간은 $432 \div 24 = 18$(초)입니다.

참고
(열차가 다리, 굴 등을 통과하는 데 걸리는 시간)
=(열차의 길이+다리, 굴 등의 길이)
÷(열차의 빠르기)

**13** 첫째 줄을 빼고 두 줄씩 묶으면 흰색 돌이 항상 한 개씩 많으므로 흰색 돌이 36개 더 많으려면
$35 \times 2 + 1 = 71$(줄)이 필요합니다.
(돌의 전체 개수)
$=1+2+3+\cdots+71$
$=(1+71) \times 71 \div 2$
$=2556$(개)

**14** (사과 4개)=(감 6개)
➡ (사과 20개)=(감 30개)
(감 3개)=(귤 5개)
➡ (감 30개)=(귤 50개)
따라서 (사과 20개)=(귤 50개)입니다.

**15** 형은 동생의 2배보다 600원이 적고 나는 동생보다 600원 많으므로 형과 나의 돈의 합은 동생의 3배입니다.
동생 : $18000 \div 4 = 4500$(원)
형 : $4500 \times 2 - 600 = 8400$(원)
나 : $4500 + 600 = 5100$(원)

**16** 나와 다의 합은 가의 $1196 \div 92 = 13$(배)입니다.
나와 다의 차가 가장 작으려면 나는 가의 6배, 다는 가의 7배일 때이고, 그때의 차는 $92 \times (7-6) = 92$입니다.

**17** 통조림의 수는 $3 \times 5 \times 3 = 45$(개)이고, 그 무게는 $45 \times (50+150) = 9000$(g)입니다.
따라서 빈 상자 무게를 합하면
$9000+1200=10200$(g)입니다.

**18**

ㅈ, ㅇ, ㄱ, ㅅ, ㅂ, ㄹ, ㄴ, ㅅ', ㅁ, ㅊ, ㄷ, 6 cm, 24 cm

삼각형 ㅂㅁㅊ은 정삼각형이므로 선분 ㅁㅊ은 6 cm입니다. 점 ㅅ에서 선분 ㄴㄷ에 수직인 선분을 그려 주면 삼각형 ㅅㅅ'ㅁ의 넓이는 정삼각형 ㅂㅁㅊ의 넓이의 $\frac{1}{2}$이므로 선분 ㅅ'ㅁ은 3 cm입니다.
(선분 ㄱㅅ)+(선분 ㅅㅇ)
=(선분 ㄴㅅ')+(선분 ㅊㄷ)
=(선분 ㄴㄷ)−(선분 ㅅ'ㅁ)−(선분 ㅁㅊ)
$=24-3-6=15$(cm)

**19** 8번째에 그린 원의 지름 : $4+2 \times 7 = 18$(cm)
20번째에 그린 원의 지름 : $4+2 \times 19 = 42$(cm)
따라서 8번째에 그린 원의 중심과 20번째에 그린 원의 중심 사이의 길이는
$(42 \div 2)-(18 \div 2)=12$(cm)입니다.

**20** 어떤 두 자리 수를 ㉠㉡이라고 하면
㉠㉡÷㉠=10···㉡, ㉠㉡÷㉡=16
㉡=2일 때 ㉠㉡$=16 \times 2 = 32$
㉡=4일 때 ㉠㉡$=16 \times 4 = 64$
㉡=6일 때 ㉠㉡$=16 \times 6 = 96$
따라서 어떤 수가 될 수 있는 수들의 합은
$32+64+96=192$입니다.

**21** ○ 안의 수를 각각 두 자리 수의 곱으로 나타내어 봅니다.
$224=(2 \times 2 \times 2 \times 2) \times (2 \times 7) = 16 \times 14$이므로 ㉮는 16 또는 14입니다.
(1) ㉮가 16일 때 $384 \div 16 = 24$에서 ㉯=24
㉯가 24일 때 $624 \div 24 = 26$에서 ㉱=26
㉱가 26일 때 $364 \div 26 = 14$에서 ㉰=14
(2) ㉮가 14일 때 $384 \div 14 = 27 \cdots 6$으로 나누어떨어지지 않습니다.
따라서 ㉮+㉯+㉰+㉱$=16+24+14+26=80$입니다.

**22**

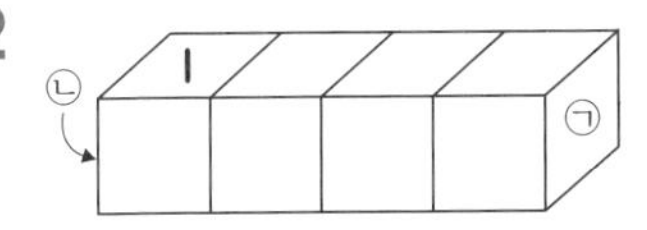


ㄴ자리에 올 수 있는 수는 **2**, **3**, **4**, **5**입니다.
이 수 중 주사위를 붙여 놓았을 때 붙은 두 면의 합이 **8**이 될 수 있는 경우는 **2**와 **3**뿐입니다.
ㄴ 자리에 **2**가 오는 경우

**2 5 | 3 4 | 4 3 | 5 2**

ㄴ 자리에 **3**이 오는 경우

**3 4 | 4 3 | 5 2 | 6 1**

따라서 ㄱ 자리에 올 수 있는 수는 **1** 또는 **2**입니다.

**23**

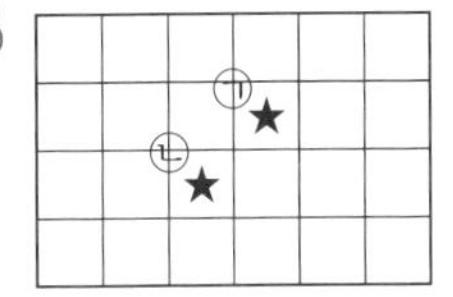


① ㄱ을 포함하는 직사각형의 개수 :
$(4\times3)\times(2\times3)=72$(개)
② ㄴ을 포함하는 직사각형의 개수 :
$(3\times4)\times(3\times2)=72$(개)
③ ㄱ, ㄴ을 동시에 포함하는 직사각형의 개수 :
$(3\times3)\times(2\times2)=36$(개)
따라서 ★을 포함하는 직사각형은
$72+72-36=108$(개)입니다.

**24** **12**월의 날수는 **31**일이고 계속 **450**원이었다면 요구르트의 값은 $450\times2\times31=27900$(원)이어야 하는데 실제로는 **31700**원이므로 인상된 기간은
$(31700-27900)\div(550\times2-450\times2)$
$=19$(일)입니다.
따라서 인상된 날짜는 $31-19+1=13$(일)입니다.

**25**

| 버스 정류장 | 출발 지점 | 1 | 2 | 3 | 4 |
|---|---|---|---|---|---|
| 탄 사람 수(명) | 12 | 11 | 10 | 9 | 8 |
| 내린 사람 수(명) | · | 1 | 2 | 3 | 4 |

| 5 | 6 | 7 | 8 | 9 | 10 | 11 | 종점 |
|---|---|---|---|---|---|---|---|
| 7 | 6 | 5 | 4 | 3 | 2 | 1 | · |
| 5 | 6 | 7 | 8 | 9 | 10 | 11 | 12 |

탄 사람 수와 내린 사람 수를 비교해 보면 **5**정류장까지는 탄 사람 수가 내린 사람 수보다 많고, **6**정류장에서는 탄 사람 수와 내린 사람 수가 같고, **7**정류장부터는 탄 사람 수가 내린 사람 수보다 적습니다.
따라서 버스 안의 승객이 가장 많을 때는 **5**정류장에서 승객이 승하차한 뒤이므로 최소
$(12+11+10+9+8+7)-(1+2+3+4+5)$
$=42$(개)의 좌석이 준비되어 있습니다.

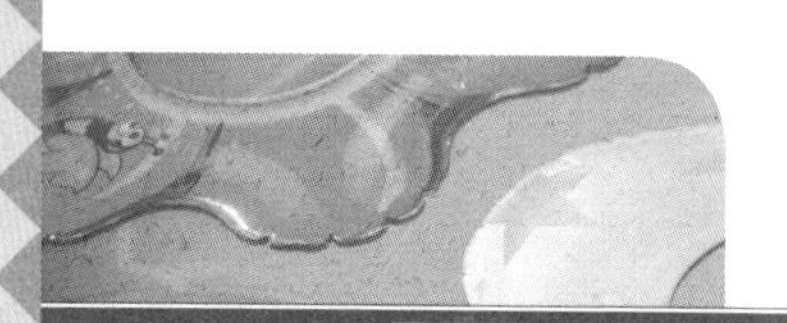

## 올림피아드 기출문제

### 제1회 기출문제 129~136

| | |
|---|---|
| 1 909 | 2 147명 |
| 3 32 cm | 4 81 |
| 5 53 | 6 13 |
| 7 6개 | 8 500원 |
| 9 20 | 10 61 |
| 11 15 | 12 729명 |
| 13 84개 | 14 33개 |
| 15 11 | 16 690 |
| 17 22 | 18 21개 |
| 19 27바퀴 | 20 121 mm |
| 21 9 | 22 38 g |
| 23 6개 | 24 11가지 |
| 25 89 | |

**1** 가장 큰 수 : 8949, 가장 작은 수 : 8040
➡ $8949-8040=909$

**2** $25+123-1=147$(명)

**3** 사각형 ㅁㅅㅇㄹ은 두 변의 길이가 각각 6 cm, 10 cm인 직사각형으로 네 변의 길이의 합은 32 cm입니다.

**4** ☆은 2 또는 7이 될 수 있으나 2일 때는 문제가 성립되지 않습니다. ☆=7일 때, ◎=9, △=2입니다.
따라 ☆◎+△=79+2=81입니다.

**5** △ : 1, 3, 5, 7, 9, 11, 13
(+2 +2 +2 +2 +2 +2)
□ : 4, 5, 8, 13, 20, 29, 40
(+1 +3 +5 +7 +9 +11)

따라서 ㉠에 들어갈 분수는 $\frac{13}{40}$이므로
$13+40=53$입니다.

**6** 일의 자리의 숫자를 3번 곱하여 일의 자리의 숫자가 7이 되는 경우는 3입니다.
$13\times13\times13=2197$
따라서 ㉮는 13입니다.

**7** 한별이가 가지고 있는 숫자 카드 0은 백의 자리에 놓을 수 없으므로 037, 073, 039, 093, 079, 097의 6개의 수를 만들 수 없습니다.

**8**
영수 ———— 1500원
지혜 —— 1500원

$1500\div3=500$(원)

**9** $1000\div4=250$
연속되는 다섯 개의 수의 합이 250이므로
$250\div5=50$이 중간 수가 되고, 다섯 개의 수는 48, 49, 50, 51, 52입니다. 따라서 연속되는 다섯 개의 수 중 가장 작은 수와 가장 큰 수의 합을 5로 나누면 $(48+52)\div5=20$입니다.

**10** 서울의 시각이 뉴욕의 시각보다 14시간 더 빠릅니다.
9월 12일 오후 2시 35분+14시간
=9월 13일 4시 35분
㉠+㉡+㉢+㉣=$9+13+4+35=61$

**11** 8+9+가=21이므로 가=4
한 가운데 수가 $21-10-4=7$이므로
나$=21-7-8=6$, 다$=21-7-9=5$
따라서 가+나+다$=4+6+5=15$입니다.

**12** 8시 20분부터 20분 간격으로 야영장에 있는 학생 수는 다음과 같습니다.
8시 20분 : 3명
8시 40분 : $3+3\times2=9$(명)
9시 : $9+9\times2=27$(명)
9시 20분 : $27+27\times2=81$(명)
9시 40분 : $81+81\times2=243$(명)
10시 : $243+243\times2=729$(명)

**13** 한 변의 길이가 4 cm인 정사각형 종이에서 8개를 오려낼 수 있습니다.
따라서 $3\times3\times8+3\times2\times2=84$(개)를 오려낼 수 있습니다.

**14** 1개짜리 직사각형 : 9개
2개짜리 직사각형 : 11개
3개짜리 직사각형 : 5개
4개짜리 직사각형 : 5개
6개짜리 직사각형 : 2개
8개짜리 직사각형 : 1개
따라서 $9+11+5+5+2+1=33$(개)입니다.

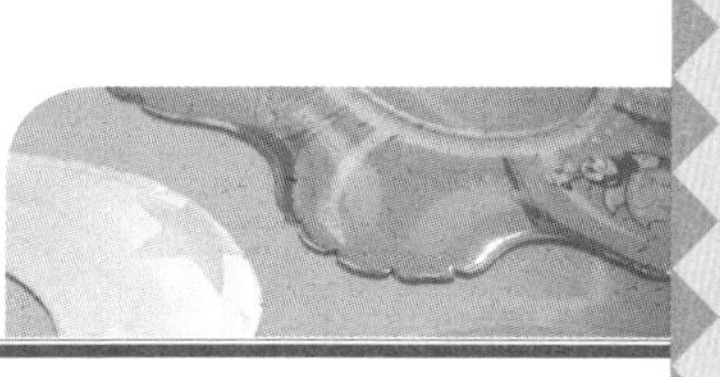

**15** 62※□=245
62×2+□×□=245
□×□=245−124=121
같은 수를 두 번 곱하여 121이 되는 경우는
11×11=121이므로 □는 11입니다.

**16** □는 ○보다 254가 더 크므로 □=○+254이고, ○와 △의 합이 436이므로 ○+△=436입니다.
이것을 그림으로 나타내면 다음과 같습니다.

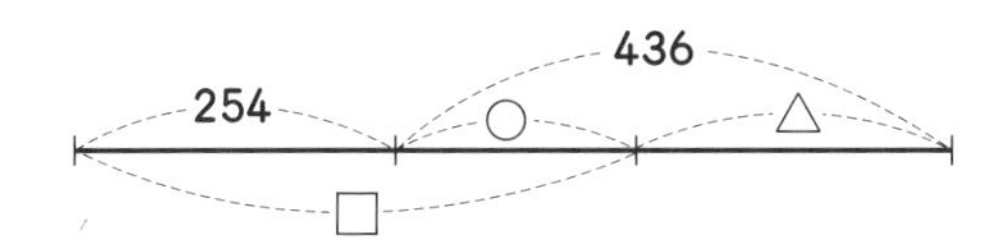


따라서 □+△=254+436=690입니다.

**17** 두 수의 곱이 1728이므로 두 수의 일의 자리의 숫자는 각각 (1, 8), (2, 4), (2, 9), (3, 6), (4, 7), (6, 8)입니다. 또한, 일의 자리끼리의 합은 6이어야 하므로 두 수의 일의 자리의 숫자는 2와 4입니다.
따라서 구하고자 하는 두 수는 32, 54이므로
두 수의 차는 54−32=22입니다.

**18** • 일의 자리가 0인 경우

| 백의 자리 | 2 | 2 | 2 | 4 | 4 | 4 | 5 | 5 | 5 | 8 | 8 | 8 |
|---|---|---|---|---|---|---|---|---|---|---|---|---|
| 십의자리 | 4 | 5 | 8 | 2 | 5 | 8 | 2 | 4 | 8 | 2 | 4 | 5 |

• 일의 자리가 5인 경우

| 백의 자리 | 2 | 2 | 2 | 4 | 4 | 4 | 8 | 8 | 8 |
|---|---|---|---|---|---|---|---|---|---|
| 십의 자리 | 0 | 4 | 8 | 0 | 2 | 8 | 0 | 2 | 4 |

따라서 12+9=21(개)입니다.

**19** 가 톱니바퀴가 18바퀴 돌면 9×18=162(개)의 톱니가 돌아갑니다.
따라서 다 톱니바퀴는 162÷6=27(바퀴) 돕니다.

**20** 선반과 선반 사이의 거리가 25 cm이므로 첫 번째 선반부터 마지막 선반까지의 거리는
250×(8−1)+26×8=1958(mm)입니다.
따라서 바닥에서 첫 번째 선반까지의 거리는
(2200−1958)÷2=121(mm)입니다.

**21** 사각형의 네 수의 합을 □라 하면
(3+4+⋯+12)+㉮+㉯
=75+㉮+㉯=□×3
이므로 ㉮+㉯는 나머지 없이 3으로 나누어집니다.
따라서 ㉮와 ㉯의 합이 9일 때 □가 최소가 됩니다.

**22** ㉯=㉱+㉱+㉱+4, ㉰=㉮+㉮+6
㉮=㉯+㉯에서 ㉮=㉱×6+8입니다.
㉮+㉱=㉱×7+8=36이므로
㉱=(36−8)÷7=4(g)입니다.
따라서 ㉮=4×6+8=32(g),
㉰=32×2+6=70(g)이므로
㉰−㉮=70−32=38(g)입니다.

**23** 가영이와 지혜가 한 번씩 꺼낸 공의 합이 9개가 되도록 해야 합니다.
따라서 가영이가 이기려면 9×16+6=150이므로
가영이가 나머지 6개를 먼저 꺼낸 후 지혜가 1개 꺼내면 가영이는 8개, 지혜가 2개 꺼내면 가영이는 7개, ⋯
이것을 반복하면 가영이가 반드시 이기게 됩니다.

**24** 집을 출발하여 각 길의 교차점까지 가는 방법은 오른쪽과 같습니다.

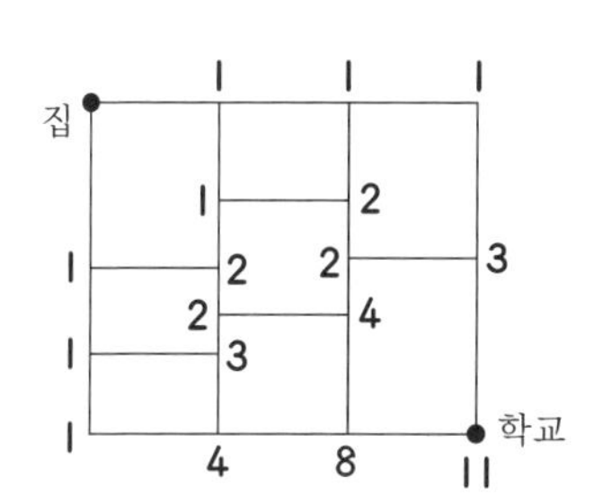


**25** 4, 5, 14, 31, 56, 89, 130
+1 +9 +17 +25 +33 +41
+8 +8 +8 +8 +8

**제2회 기출문제** 137~144

| | |
|---|---|
| **1** 602명 | **2** 4달 |
| **3** 206쪽 | **4** 45 |
| **5** 830명 | **6** 202 |
| **7** 195 | **8** 13개 |
| **9** 100분 | **10** 80 cm |
| **11** 95 | **12** 575 cm |
| **13** 12 | **14** 38 |

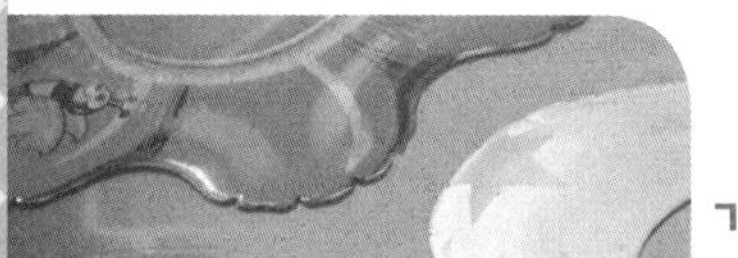



15 4
16 24
17 256번째
18 52분
19 20
20 143
21 336 cm
22 186 cm
23 33개
24 44번째
25 18가지

**1**

포기한 사람, 끝까지 뛴 사람, 108명, 1312명

끝까지 뛴 사람은 $(1312-108)\div2=602$(명)입니다.

**2** 12달 모두 750원씩 저금했다면
$12\times750=9000$(원)입니다.
실제는 8800원이므로 700원씩 저금한 달수는
$(9000-8800)\div(750-700)=4$(달)입니다.

**3** 1쪽부터 9쪽까지 사용한 숫자 : 9개
10쪽부터 99쪽까지 사용한 숫자 :
$90\times2=180$(개)
$510-(9+180)=321$
$321\div3=107$
따라서 206쪽까지 썼습니다.

**4**

$$\begin{array}{r} 7\ 6 \\ \times\ ㄱ\ 5 \\ \hline ㄴ\ ㄷ\ 0 \\ ㄹ\ ㅁ\ ㅂ\ \ \\ \hline ㅅ\ ㅇ\ 4\ 0 \end{array}$$

$76\times5=380$이므로
ㄴ=3, ㄷ=8
ㄷ과 ㅂ의 합의 일의 자리 숫자가 4이므로 $6\times$ㄱ의 일의 자리 숫자는 6이 되어야 합니다.
그러므로 ㄱ은 6이 됩니다.

$76\times6=456$이므로 ㄹ=4, ㅁ=5, ㅂ=6, ㅅ=4, ㅇ=9입니다.
따라서 $6+3+8+4+5+6+4+9=45$입니다.

**5** 처음 타고 있던 관광객 수를 □명이라 하면
□$-324+172=678$
➡ □$=678-172+324=830$(명)

**6** $452+235=687$이고, $888-687=201$이므로
□ 안에 201에 가장 가까운 수를 넣으면 세 수의 합이 888에 가장 가까운 수가 됩니다. 백의 자리와 일의 자리의 숫자가 같은 세 자리 수 중에서 201에 가장 가까운 수는 202입니다.

**7**

(+ →, − ↓)

| 982 | 319 | |
|---|---|---|
| ㉠ | ㉮ | 932 |
| 245 | | |

• $982-$㉠$=245$
㉠$=982-245=737$
• $737+$㉮$=932$
㉮$=932-737=195$

**8** 주머니에서 6개의 공을 꺼내면 모두 다른 색일 수 있고, 다시 6개의 공을 꺼내어 모두 다른 색일 때에는 색깔별로 2개의 공을 꺼낸 것입니다.
따라서 1개의 공을 더 꺼내면 같은 색 공 3개를 꺼낼 수 있으므로 $6+6+1=13$(개)입니다.

**9** 지혜의 시계와 가영이의 시계는 하루에 20분씩 차이가 납니다. 9월 18일부터 9월 23일까지는 5일이므로 $5\times20=100$(분)입니다.

**10** 도형 (가)는 둘레에 작은 정사각형의 한 변이 26개인 도형이고, 둘레의 길이가 52 cm이므로 작은 정사각형의 한 변의 길이는 $52\div26=2$(cm)입니다.
도형 (나)는 둘레에 작은 정사각형의 한 변이 40개인 도형이므로 둘레의 길이는 $40\times2=80$(cm)입니다.

**11** 2, 5, 11, 23, 47, □, 191
+3 +6 +12 +24 +48 +96
따라서 □$=47+48=95$입니다.

**12** 삼각형 모양의 타일을 한 개씩 늘리면 둘레의 길이는 25 cm씩 늘어납니다.
따라서 만들어진 타일의 둘레의 길이는
$75+(21-1)\times25=75+500=575$(cm)입니다.

**13** (가), (나)에 공통으로 들어가 있는 수를 지우면 (가)에는 6, 8이, (나)에는 □와 4가 남습니다.
따라서 $6\times8=$□$\times4$이므로
□$=48\div4=12$입니다.

**14**

| 32 | ㉢ | ㉡ |
|---|---|---|
| | 35 | |
| 36 | ㉠ | ★ |

$32+35+★=★+$㉠$+36$
➡ ㉠$=31$
$36+35+$㉡$=32+$㉢$+$㉡
➡ ㉢$=39$

따라서 세 수의 합은 $31+35+39=105$이므로
$32+35+★=105$, $★=38$입니다.

**15**

$$\begin{array}{r} △\ 0\ 0\ 0 \\ -\ \ \ △\ △\ △ \\ \hline □\ □\ □\ □ \end{array}$$

받아내림된 후 일의 자리의 계산이 $10-△=△$이므로 $△=5$입니다.

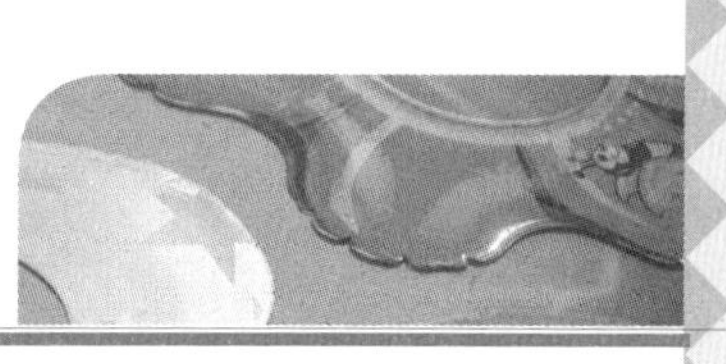



따라서 $5000-555=4445$이므로 □$=4$입니다.

**16** 연속된 세 수 중 첫 번째 수를 □라고 하면

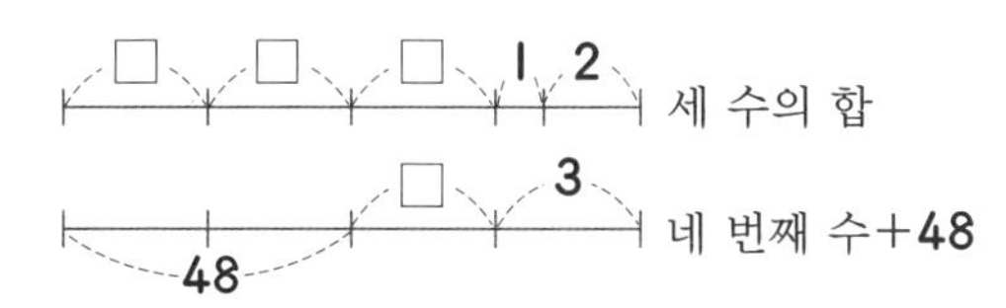


따라서 □$=48\div2=24$이므로 연속된 세 수는 24, 25, 26입니다.

**17** 300명 ⟶ 150명 (2씩 뛴 수) ⟶ 75명 (4씩 뛴 수) ⟶ 37명 (8씩 뛴 수)
⟶ 18명 (16씩 뛴 수) ⟶ 9명 (32씩 뛴 수) ⟶ 4명 (64씩 뛴 수)
⟶ 2명 (128씩 뛴 수) ⟶ 1명 (256씩 뛴 수)

따라서 256번째에 서 있어야 합니다.

**18** 통나무는 $560\div80=7$(도막)이므로 자르는 횟수는 $7-1=6$(번)입니다. 한 번 자르는 데 7분이 걸리므로 자르기만 하는 데 걸리는 시간은 $7\times6=42$(분)이며, 쉬는 횟수는 $6-1=5$(번)이므로 쉬는 데 걸리는 시간은 $5\times2=10$(분)입니다.
따라서 $42+10=52$(분) 걸립니다.

**19** 어떤 수는 4로 나누어떨어지면서 69보다 크고 99보다 작거나 같습니다.

72, 76, 80, 84, 88, 92, 96 (차례로 4씩 커짐)

$72=4\times18$, $76=4\times19$, $80=4\times20$, $84=4\times21$, $88=4\times22$, $92=4\times23$, $96=4\times24$이므로 이들 중 어떤 수와 몫과의 차가 69인 것은 $92=4\times23$일 경우입니다.
따라서 어떤 수는 92이므로 $92\div5=18\cdots2$에서 몫과 나머지의 합은 $18+2=20$입니다.

**20** 규칙을 찾아보면
□=(큰 수)−(작은 수)
△=(앞의 수)×(뒤의 수)+(뒤의 수)
또는 ((앞의 수)+1)×(뒤의 수)
○=(앞의 수)÷(뒤의 수)+1
10△((81○3)□15)=10△(28□15)
=10△13
$=10\times13+13$
$=143$

**21** 정사각형 (가)의 한 변의 길이는 $60-24=36$(cm)입니다.
(나)와 (다)의 한 변의 길이는 12 cm이므로
(가), (나), (다), (라)의 둘레의 길이의 합은
$(36+12+12+24)\times4=336$(cm)입니다.

**22**

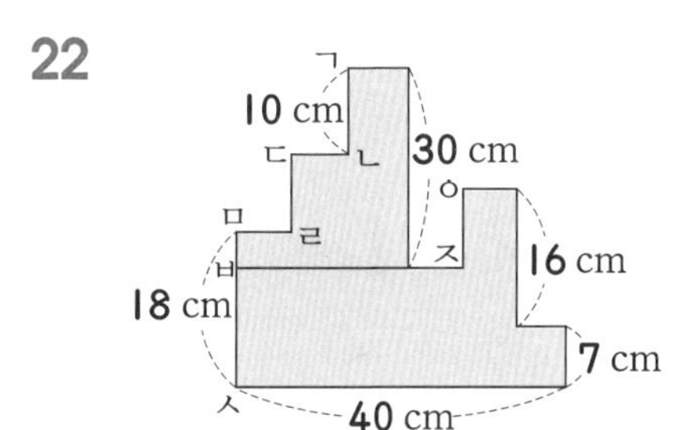


(선분 ㄱㄴ)+(선분 ㄷㄹ)+(선분 ㅁㅂ)=30(cm)
(선분 ㅇㅈ)+(선분 ㅂㅅ)$=16+7=23$(cm)
둘레의 길이 : $(30+23+40)\times2=186$(cm)

**23** 삼각형 1칸짜리 : 20개
삼각형 4칸짜리 : 9개
삼각형 9칸짜리 : 3개
삼각형 16칸짜리 : 1개
따라서 모두 33개 있습니다.

**24** 첫 번째 ⟶ $2\times2=4$(개)
두 번째 ⟶ $3\times3=9$(개)
세 번째 ⟶ $4\times4=16$(개)
⋮
41번째 ⟶ $42\times42=1764$(개)
42번째 ⟶ $43\times43=1849$(개)
43번째 ⟶ $44\times44=1936$(개)
44번째 ⟶ $45\times45=2025$(개)
이므로 44번째입니다.

**25**

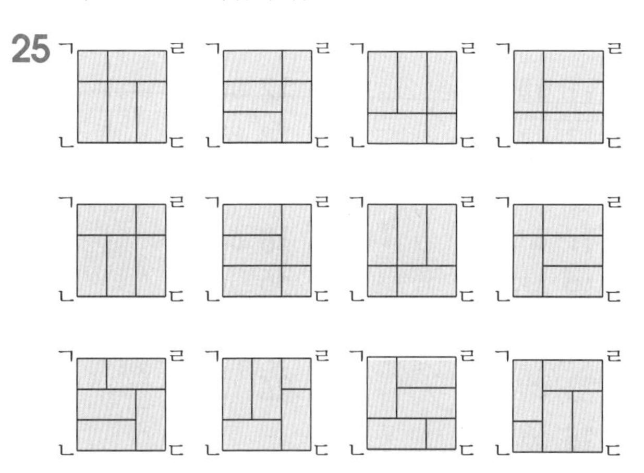

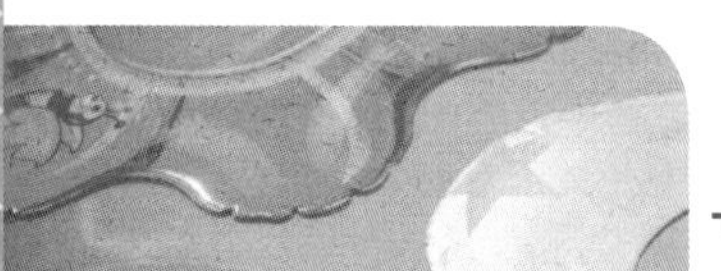



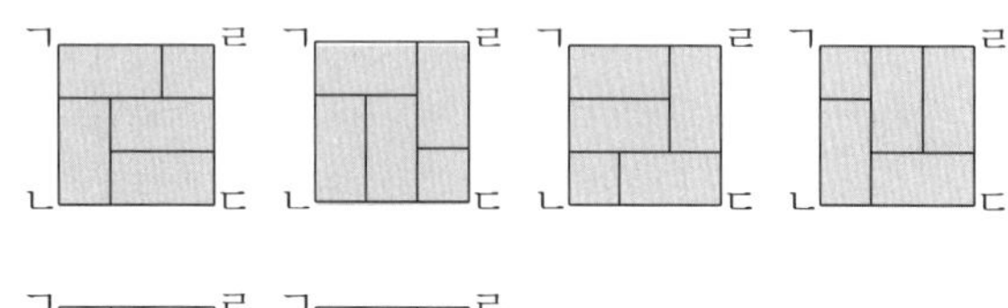

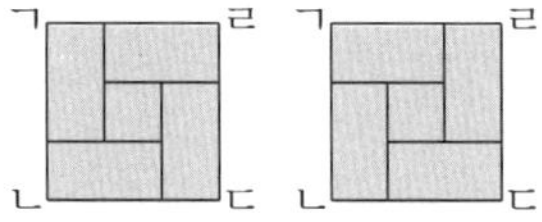

위와 같이

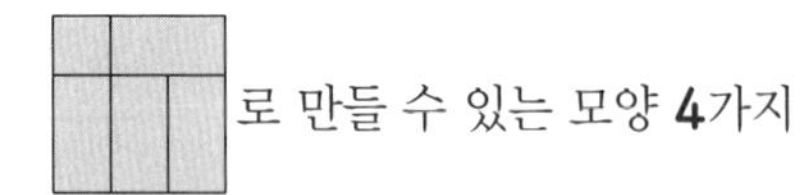
로 만들 수 있는 모양 4가지

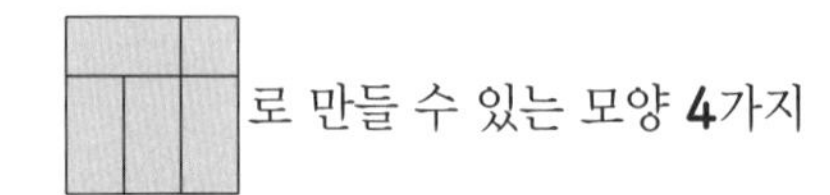
로 만들 수 있는 모양 4가지

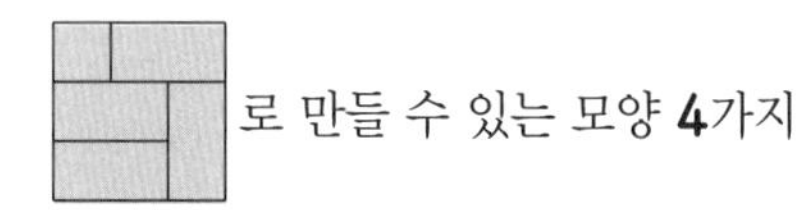
로 만들 수 있는 모양 4가지

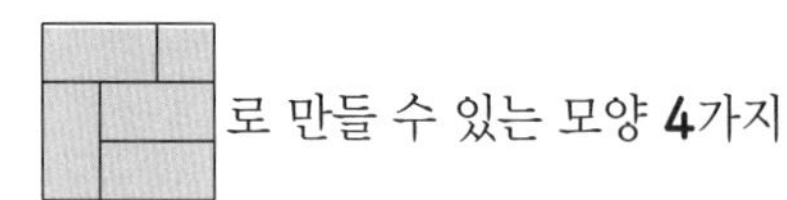
로 만들 수 있는 모양 4가지

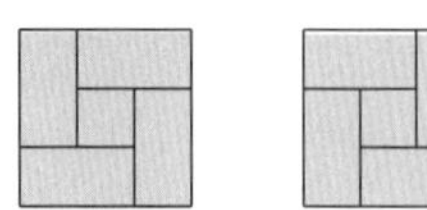  2가지

따라서 4+4+4+4+2=18(가지)입니다.

## 제3회 기출문제 145~152

| | |
|---|---|
| 1 29개 | 2 90개 |
| 3 40 cm | 4 17개 |
| 5 512명 | 6 4년 후 |
| 7 8 | 8 45분 |
| 9 84개 | 10 8 |
| 11 60명 | 12 862 |
| 13 4가지 | 14 189 |
| 15 176 | 16 150 |
| 17 5가지 | 18 58 cm |
| 19 45개 | 20 42개 |
| 21 42개 | 22 36가지 |
| 23 84번 | 24 12 |
| 25 풀이 참조 | |

**1** 3111, 3222, 3333, ⋯, 3999 : 9개
4000, 4111, 4222, 4333, ⋯, 4999 : 10개
5000, 5111, 5222, 5333, ⋯, 5999 : 10개
따라서 모두 29개입니다.

**2** 그림을 그려 알아봅니다.

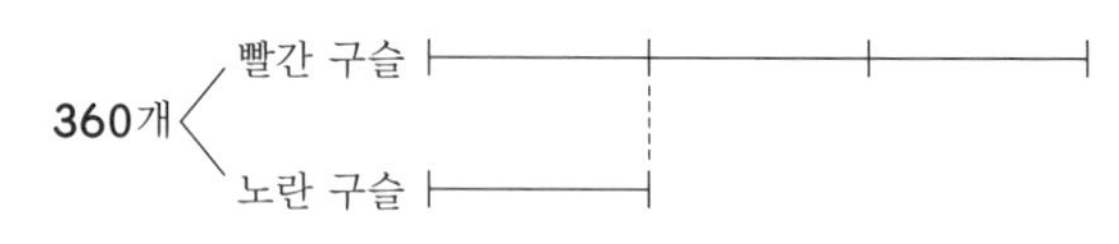


노란 구슬의 개수는
360÷(3+1)=90(개)입니다.

**3**

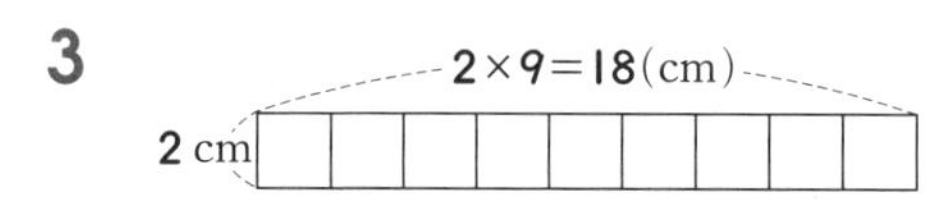


2 cm짜리 9개를 이어 붙인 길이는
2×9=18(cm)입니다.
따라서 만든 도형의 둘레의 길이는
2+18+2+18=40(cm)입니다.

**4** 5로 나누어떨어지는 수는 일의 자리가 0인 경우나 5인 경우입니다.
일의 자리가 0인 두 자리 수 : 9개
일의 자리가 5인 두 자리 수 : 8개
따라서 모두 9+8=17(개)입니다.

**5** 초코맛이나 딸기맛을 좋아하는 학생 수는
6401−918=5483(명)이므로
초코맛과 딸기맛을 모두 좋아하는 학생 수는
3486+2509−5483=512(명)입니다.

**6** 표를 이용하여 구해 봅니다.

| | 올해 | 1년 후 | 2년 후 | 3년 후 | 4년 후 | 5년 후 |
|---|---|---|---|---|---|---|
| 부모님의 연세의 합 | 79 | 81 | 83 | 85 | 87 | 89 |
| 세 자녀의 나이의 합 | 17 | 20 | 23 | 26 | 29 | 32 |
| 3배 | × | × | × | × | ○ | × |

따라서 3배가 되는 해는 4년 후입니다.

**7** 48※□=160
➡ 48×2+□×□=160
□×□=160−96=64
같은 두 수를 곱해서 64가 되는 수는 8×8인 경우이

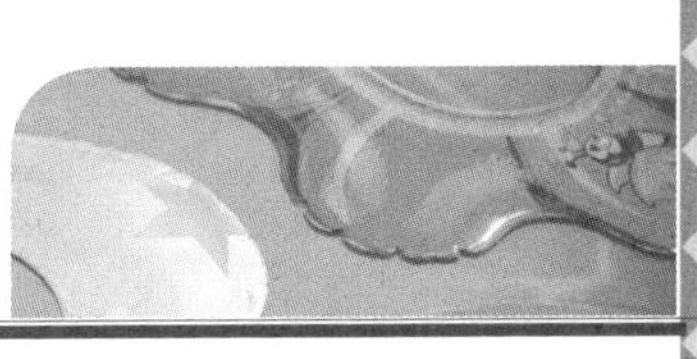



므로 구하는 수는 8입니다.

**8** (6시 10분)−(2시 30분)−(1시간 15분)
−(1시간 40분)=45분

**9** 각 자리의 숫자의 합이 7이 되는 경우로 만들 수 있는 네 자리 수는 다음과 같습니다.
(0, 0, 0, 7)의 경우는 1개
(0, 0, 1, 6), (0, 0, 2, 5), (0, 0, 3, 4)의 경우는 각각 6개
(0, 1, 1, 5), (0, 1, 3, 3), (0, 2, 2, 3)의 경우는 각각 9개
(0, 1, 2, 4)의 경우는 18개
(1, 1, 1, 4), (1, 2, 2, 2)의 경우는 각각 4개
(1, 1, 2, 3)의 경우는 12개로
모두 $1+6\times3+9\times3+18+4\times2+12=84$(개) 입니다.

**10** 가로, 세로에 있는 네 수의 합이 같아야 하므로 그 합은 $15+4+5+18=42$입니다.
㉮+11+10+15=42에서 ㉮=6
㉮+㉯+16+3=42에서 ㉯=17
㉯+㉰+13+4=42에서 ㉰=8
따라서 ㉰에 들어갈 알맞은 수는 8입니다.

**11** 남학생 수는 $140-65=75$(명)입니다. 따라서 학생이 아닌 남자의 수는 전체 남자의 수에서 남학생 수를 빼면 되므로 $135-75=60$(명)입니다.

**12** 1분에 65 m의 빠르기로 걸을 때 걸리는 시간을 □분이라 하면,

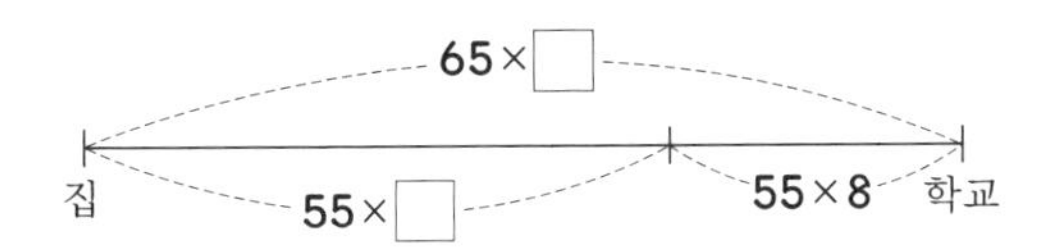


65×□−55×□=440
10×□=440, □=44(분)
따라서 집에서 학교까지의 거리는
65×44=2860(m)=2 km 860 m이므로
㉠+㉡=2+860=862입니다.

**13** 같은 수를 곱하여 일의 자리의 숫자가 4가 되는 ㉡은 2 또는 8 입니다. 이때 ㉡이 8이라면
㉠㉡×㉡은 세 자리 수가 되므로 ㉡=8이 아니다.
㉡=2일 때, ㉠은 1, 3, 4가 될 수 있습니다.
㉠=1일 때, ㉢은 3, 4, 5, 6, 7, 8
㉠=3일 때, ㉢은 1
㉠=4일 때, ㉢은 1이 될 수 있습니다.
그러나 $12\times32=32\times12$, $12\times42=42\times12$이고 $12\times42$, $12\times52$의 계산 과정에서 □ 안에 0이 나오므로 얻을 수 있는 세 자리 수는 모두 4가지입니다.

**14** 1003−1000=3
1005−1002=3
1007−1004=3
⋮
1127−1124=3
$3\times63=189$

**15** 가장 큰 수를 □, 둘째로 큰 수를 △, 가장 작은 수를 ○라고 하면
㉠ □+△+○=504
㉡ □−△=△−○
㉢ □−○=16
㉡에서 □+○=△+△이므로
㉠에서 □+△+○=△+△+△=504,
△=168
□+○=336, □−○=16에서
□=176, ○=160 입니다.

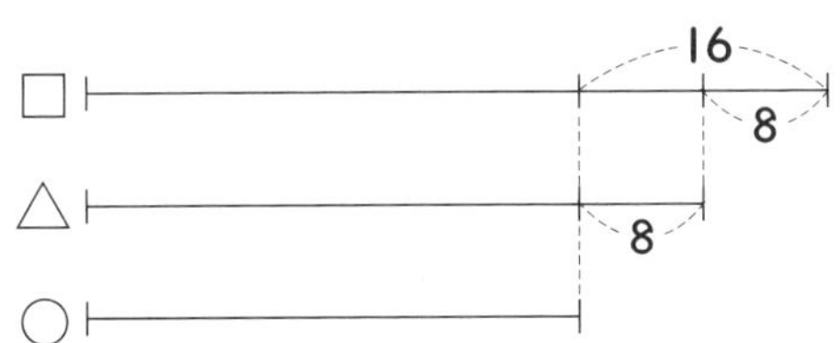


따라서 가장 큰 수는 $(504+8+16)\div3=176$ 입니다.

**16** $1080=12\times90$, $12=2\times6$, $90=6\times15$, $2=1\times2$, $6=2\times3$, $15=3\times5$와 같이 이웃하는 아래 두 수를 곱해서 바로 위의 수가 되게 하는 규칙으로 수를 써넣은 것입니다. 4층의 수를 가장 작게 하려면, 곱해지는 횟수가 많은 가운데에 차례대로 작은 수 1, 2를 넣으면 되고, 4층의 수를 두 번째로 작게 하려면 가운데에 두 수 1, 3을 넣으면 됩니다.

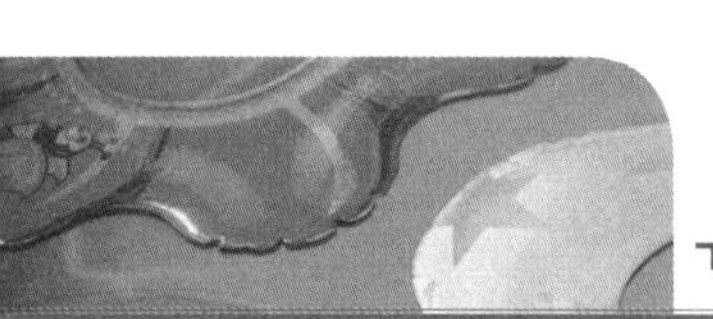


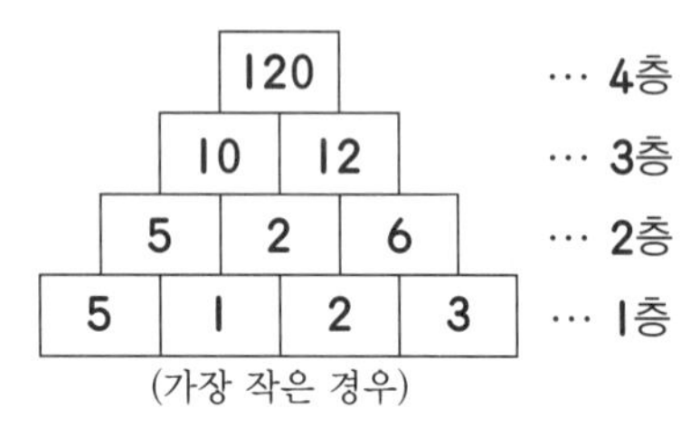

(가장 작은 경우)

가장 작은 경우 양 옆의 두 수 **5**와 **3**을 서로 바꾸거나 가운데 두 수 **1**과 **2**를 서로 바꾸어도 **4**층의 수는 **120**입니다.

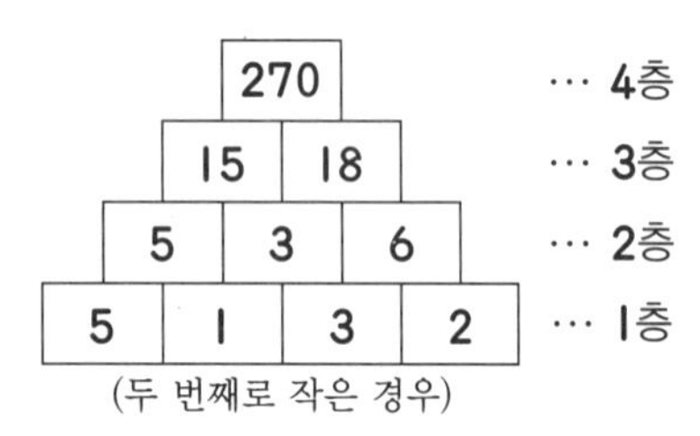

(두 번째로 작은 경우)

두 번째로 작은 경우도 마찬가지입니다. 따라서 **4**층의 수가 가장 작은 경우와 두 번째로 작은 경우의 차는 **270**－**120**＝**150**입니다.

**17** 어떤 수를 홀수로 나누었을 때 나누어떨어지면 그 홀수개의 합으로 가능합니다. 또한 어떤 수를 짝수로 나누었을 때 그 몫의 소수 첫째 자리의 숫자가 **5**이면 그 짝수개의 합으로 가능합니다.

**75÷2=37.5 → 37+38=75**
**75÷3=25 → 24+25+26=75**
**75÷5=15 → 13+14+15+16+17=75**
**75÷6=12.5**
**→ 10+11+12+13+14+15=75**
**75÷10=7.5**
**→ 3+4+5+6+7+8+9+10+11+12=75**

따라서 연속된 자연수의 합으로 나타낼 수 있는 방법은 모두 **5**가지입니다.

**18**

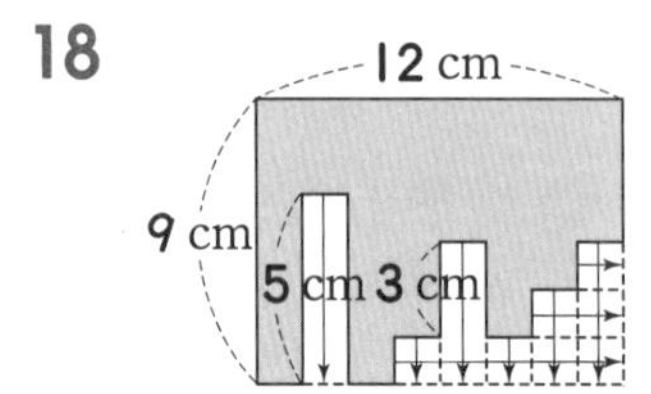


**12×2+3×2+5×2+9×2=58**(cm)

**19** 직선 가에서 두 점을 선택하여 변을 그리는 경우는 **2+1=3**(가지)이고, 직선 나에서 한 점을 선택하는 경우는 **5**가지이므로 **3×5=15**(개)의 삼각형을 그릴 수 있습니다. 직선 나에서 두 점을 선택하여 변을 그리는 경우는 **4+3+2+1=10**(가지)이고, 직선 가에서 한 점을 선택하는 경우는 **3**가지이므로
**10×3=30**(개)의 삼각형을 그릴 수 있습니다.
따라서 그릴 수 있는 삼각형은 **15+30=45**(개)입니다.

**20** **1**칸짜리 직사각형 : **11**개
**2**칸짜리 직사각형 : **14**개
**3**칸짜리 직사각형 : **7**개
**4**칸짜리 직사각형 : **6**개
**6**칸짜리 직사각형 : **3**개
**8**칸짜리 직사각형 : **1**개
따라서 크고 작은 직사각형은 모두 **42**개입니다.

**21** **2**칸짜리 사각형 : **11**개
**3**칸짜리 사각형 : **14**개
**4**칸짜리 사각형 : **8**개
**5**칸짜리 사각형 : **3**개
**6**칸짜리 사각형 : **1**개
**7**칸짜리 사각형 : **2**개
**8**칸짜리 사각형 : **2**개
**11**칸짜리 사각형 : **1**개
따라서 **11+14+8+3+1+2+2+1=42**(개)입니다.

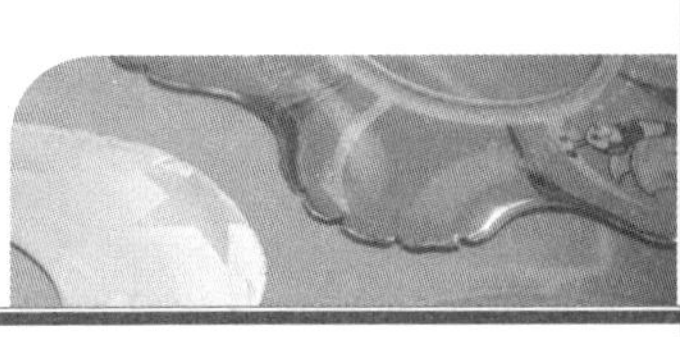

**22**

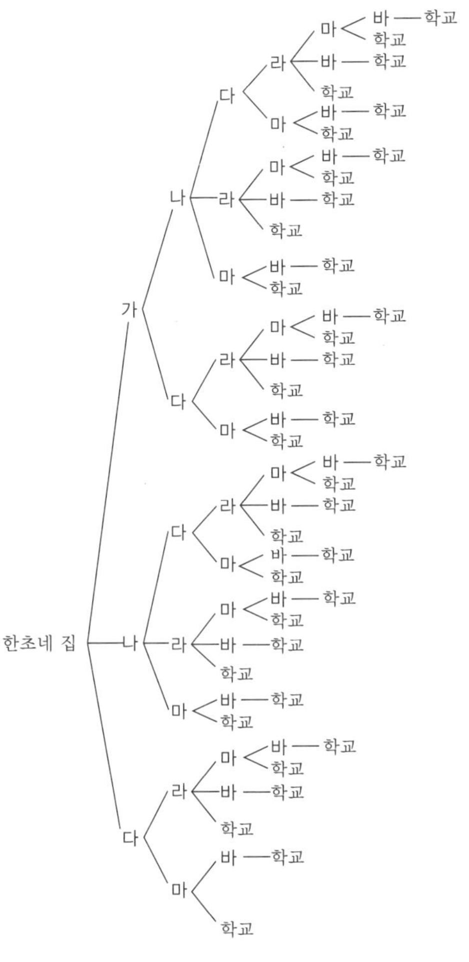


따라서 한초네 집에서 학교까지 갈 수 있는 서로 다른 길은 모두 36가지입니다.

별해

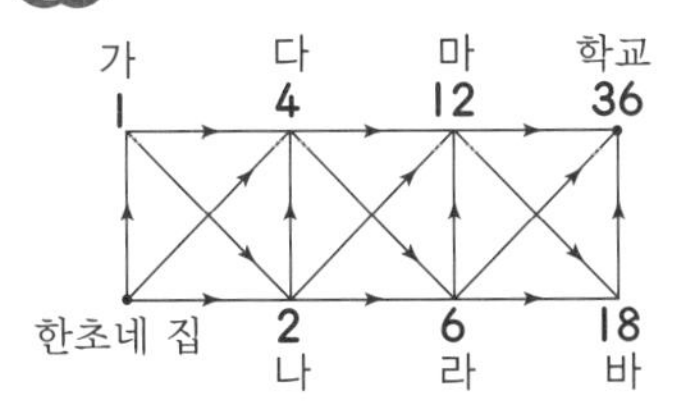


**23** 쌓기블록의 개수는 첫 번째 1개, 두 번째 4개, 세 번째 10개, …이므로 각 차례의 마지막 번호는 각 차례의 쌓기블록의 개수와 같습니다. 각 차례의 쌓기블록의 개수를 규칙적으로 알아보면,

첫 번째 : 1개

두 번째 : 4개 ➡ $1+3=1+(1+2)$

세 번째 : 10개 ➡ $1+3+6$

$=1+(1+2)+(1+2+3)$

마찬가지 방법으로 일곱 번째의 쌓기블록의 개수를 구해보면

$1+(1+2)+(1+2+3)+(1+2+3+4)$

$+(1+2+3+4+5)+(1+2+3+4+5+6)$

$+(1+2+3+4+5+6+7)$

$=1+3+6+10+15+21+28$

$=84$(개)

따라서 일곱 번째 모양의 마지막 번호는 84입니다.

**24** 직각이 가장 많은 경우와 가장 적은 경우는 다음과 같이 20개와 8개로 그 차는 12개입니다.

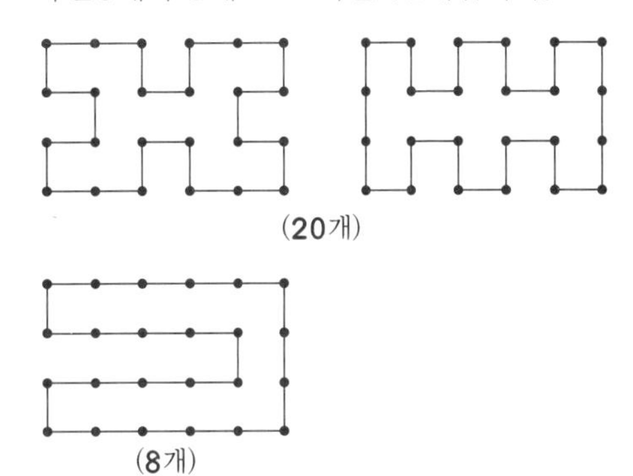


**25**

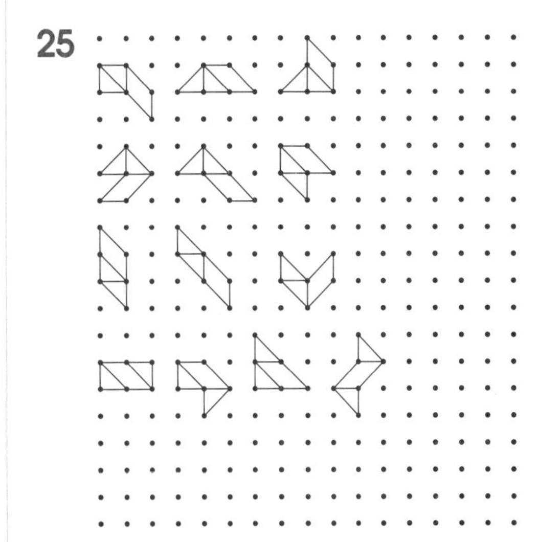

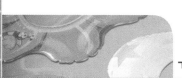

제4회 기 출 문 제 153~160

| | |
|---|---|
| 1 7개 | 2 360 mm |
| 3 29개 | 4 85분 |
| 5 260번 | 6 28 |
| 7 38번 | 8 45살 |
| 9 36 | 10 50명 |
| 11 13개 | 12 4 km |
| 13 14가지 | 14 808 |
| 15 272 | 16 18분 후 |
| 17 18개 | 18 16개 |
| 19 120 m | 20 406개 |
| 21 34개 | 22 12번째 |
| 23 354개 | 24 38개 |
| 25 4가지 | |

**1** 0은 천의 자리에 올 수 없으므로 만들 수 있는 네 자리 수는 1000, 1001, 1010, 1011, 1100, 1101, 1110의 7개입니다.

**2** (색칠된 정사각형의 한 변의 길이)
$=120\text{ mm}-(15\times2)\text{ mm}=90\text{ mm}=9\text{ cm}$
따라서 색칠된 정사각형의 둘레의 길이는
$9\times4=36(\text{cm})=360(\text{mm})$입니다.

**3** 바둑돌은 ● ○ ● ● ○ ● ●이 규칙적으로 반복되고 있으며 $100\div7=14\cdots2$이므로 100번째까지는 7개씩 14묶음과 2개가 더 놓입니다.
따라서 놓이는 흰색 바둑돌은 $2\times14+1=29$(개)입니다.

**4** ㉮역에서 ㉱역까지 가는 데 걸린 시간 :
오후 2시 20분－오전 10시 30분
＝3시간 50분＝230분
㉯역에서 ㉰역까지 가는 데 걸린 시간 :
$230-(87+5+8+45)=85$(분)

**5** 백의 자리에 숫자 1이 나오는 경우 :
100, 101, 102, ⋯, 199 ➡ 100번
십의 자리에 숫자 1이 나오는 경우 :
(10, 11, 12, ⋯, 19), (110, ⋯, 119), ⋯,
(710, ⋯, 719) ➡ $10\times8=80$(번)
일의 자리에 숫자 1이 나오는 경우 :
(1, 11, 21, ⋯, 91), (101, ⋯, 191), ⋯,
(701, ⋯, 791) ➡ $10\times8=80$번
따라서 1쪽부터 800쪽까지 숫자 1은 모두
$100+80+80=260$(번) 나옵니다.

**6** ㉮ ㉯ 280

따라서 ㉮$=280\div10=28$입니다.

**7** 8명이 서로 한 번씩 바둑을 두는 대국 수는
$8\times(8-1)\div2=28$(번)이고,
12명이 서로 한 번씩 바둑을 두는 대국 수는
$12\times(12-1)\div2=66$(번)입니다.
따라서 늘어난 대국 수는 $66-28=38$(번)입니다.

**8** 효근이의 나이 ①
아버지의 연세 ① 3 ① 3 ① 3
아버지의 연세 ④

③＋9＝④, ①＝9
따라서 효근이의 나이는 9살이고,
아버지의 연세는 $9\times4=36$(세)이므로
나이의 합은 $9+36=45$(살)입니다.

**9** ㉠÷9＝㉡, ㉠＝㉡×9
㉡÷4＝㉢, ㉡＝㉢×4
㉠＝㉢×4×9, ㉠＝㉢×36, ㉠÷㉢＝36

**10** 수학이나 체육을 좋아하는 어린이는
$280-20=260$(명)입니다.

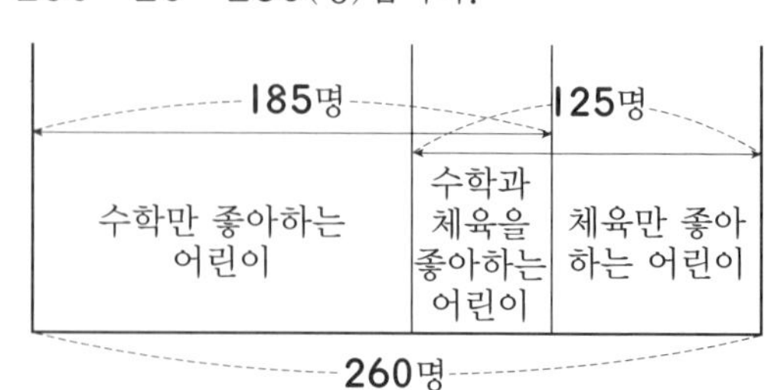


위 그림을 통해 수학과 체육을 모두 좋아하는 어린이 수는 $185+125-260=50$(명)입니다.

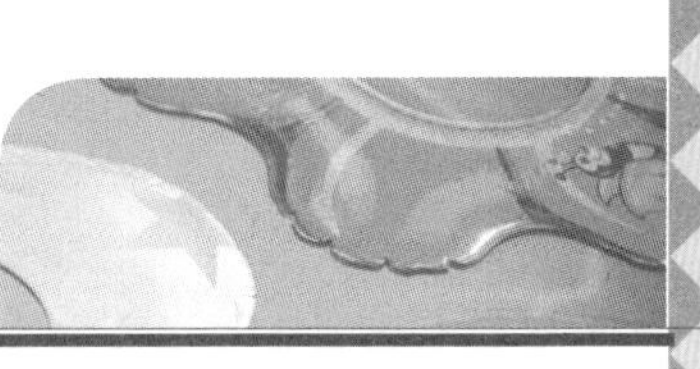

**11**

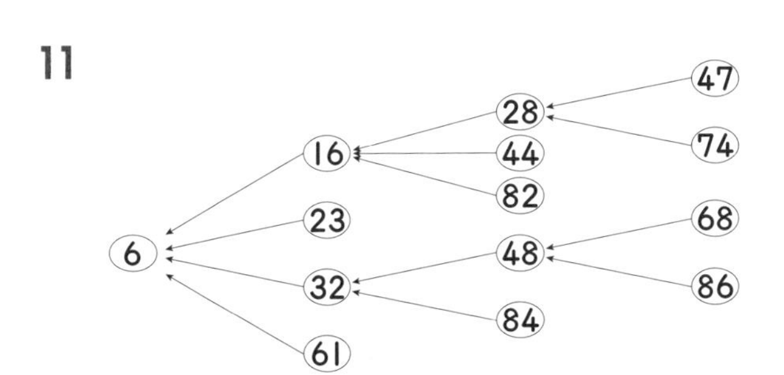


계산한 마지막 값이 6이 되는 두 자리 수는 위의 ○ 안의 수와 같으므로 모두 13개입니다.

**12** 1 시간에 15 km의 빠르기로 가므로 40 분에 10 km를 갑니다. 따라서 길 ㄱㄴ의 길이는
10−3−3=4(km)입니다.

**13**

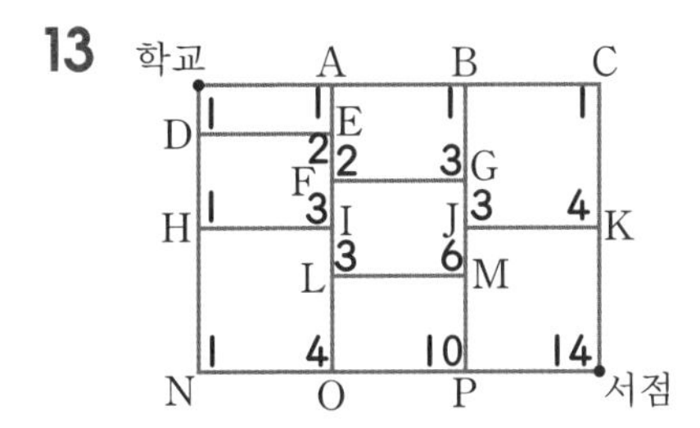


① 학교 ⟶ A : 1가지, 학교 ⟶ D : 1가지
➡ 학교 ⟶ E : 2가지
② 학교 ⟶ B : 1가지, 학교 ⟶ F : 2가지
➡ 학교 ⟶ G : 3가지
③ 학교 ⟶ C : 1가지, 학교 ⟶ J : 3가지
➡ 학교 ⟶ K : 4가지
④ 학교 ⟶ H : 1가지, 학교 ⟶ F : 2가지
➡ 학교 ⟶ I : 3가지
⑤ 학교 ⟶ N : 1가지, 학교 ⟶ L : 3가지
➡ 학교 ⟶ O : 4가지
⑥ 학교 ⟶ L : 3가지, 학교 ⟶ J : 3가지
➡ 학교 ⟶ M : 6가지
⑦ 학교 ⟶ O : 4가지, 학교 ⟶ M : 6가지
➡ 학교 ⟶ P : 10가지
⑧ 학교 ⟶ K : 4가지, 학교 ⟶ P : 10가지
➡ 학교 ⟶ 서점 : 14가지

**14** 272는 9로 나누어떨어지지 않으므로 다음과 같이 생각해 봅니다.
□×9=△272, △272는 가장 작은 수
△=1일 때, 1272÷9 ➡ 나누어떨어지지 않음
△=2일 때, 2272÷9 ➡ 나누어떨어지지 않음
△=3일 때, 3272÷9 ➡ 나누어떨어지지 않음
△=4일 때, 4272÷9 ➡ 나누어떨어지지 않음
△=5일 때, 5272÷9 ➡ 나누어떨어지지 않음
△=6일 때, 6272÷9 ➡ 나누어떨어지지 않음
△=7일 때, 7272÷9=808 ➡ 나누어떨어짐
따라서 808×9=7272이므로 어떤 수 중 가장 작은 수는 808입니다.

**15** □번째 줄의 수는 (□−1)번째 줄의 두 수를 차례로 더한 규칙이므로
네 번째 줄 : 20, 28, 36, 44, 52, 60, ⋯
➡ 8씩 커짐
다섯 번째 줄 : 48, 64, 80, 96, 112, ⋯
➡ 16씩 커짐
여섯 번째 줄 : 112, 144, 176, 208, ⋯
➡ 32씩 커짐
따라서 여섯 번째 줄의 여섯 번째 수는
112+32×5=272입니다.

**16** 1분 동안 물통 전체의 $\frac{1}{15}$씩을 채우는 데 $\frac{1}{15}$의 $\frac{1}{6}$ 만큼씩 새어 나가는 셈이므로 1분당 $\frac{1}{15}$의 $\frac{5}{6}$만큼씩 채워집니다.

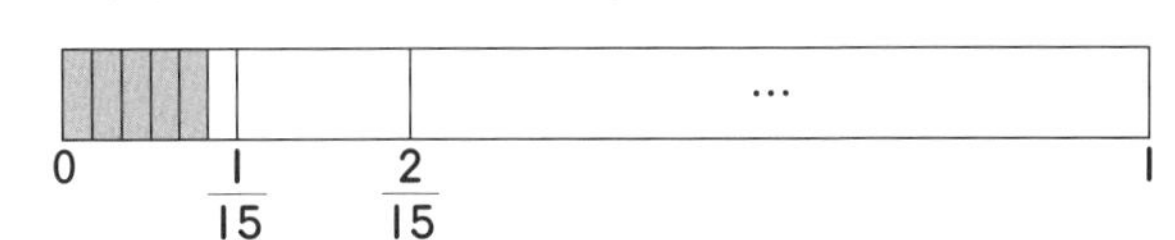


따라서 1분 동안 전체 15×6=90(칸) 중 5칸씩 채워지므로 90÷5=18(분) 후에 가득 찹니다.

**17** 5500보다 크고 7500보다 작은 수이므로 천의 자리의 숫자는 5 또는 6 또는 7입니다.
합이 8인 두 수에는 0과 8, 1과 7, 2와 6, 3과 5, 4와 4가 있으므로 조건에 맞는 네 자리 수를 생각해 보면 다음과 같습니다.
(i) 천의 자리의 숫자와 일의 자리의 숫자가 5인 경우
5500<5□□5<7500을 만족하는 네 자리 수에는 5535, 5625, 5715, 5805로 4개 있습니다.
(ii) 천의 자리의 숫자와 일의 자리의 숫자가 6인 경우
5500<6□□6<7500을 만족하는 네 자리 수에는 6086, 6176, 6266, 6356, 6446,

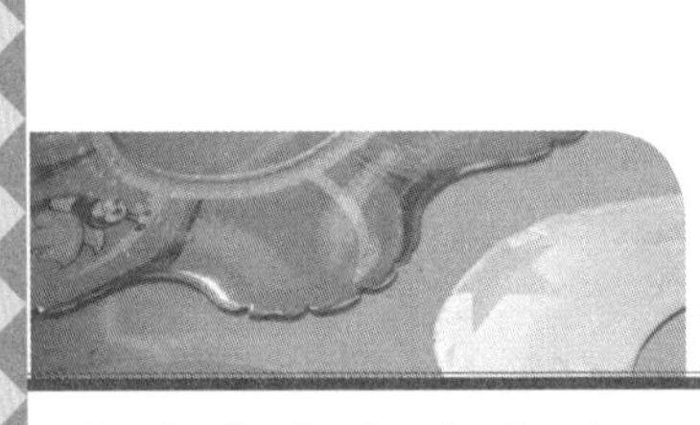


6536, 6626, 6716, 6806으로 9개 있습니다.

(iii) 천의 자리의 숫자와 일의 자리의 숫자가 7인 경우 5500<7□□7<7500을 만족하는 네 자리 수에는 7087, 7177, 7267, 7357, 7447로 5개 있습니다.

따라서 모두 $4+9+5=18$(개)입니다.

**18** 45개 중에서 5인용 의자 한 개에 3명이 앉았으므로 45개의 의자에 $136+2=138$(명)이 앉을 수 있습니다. 따라서 5명씩 앉은 의자는

$(138-45\times2)\div(5-2)=16$(개)입니다.

**19**

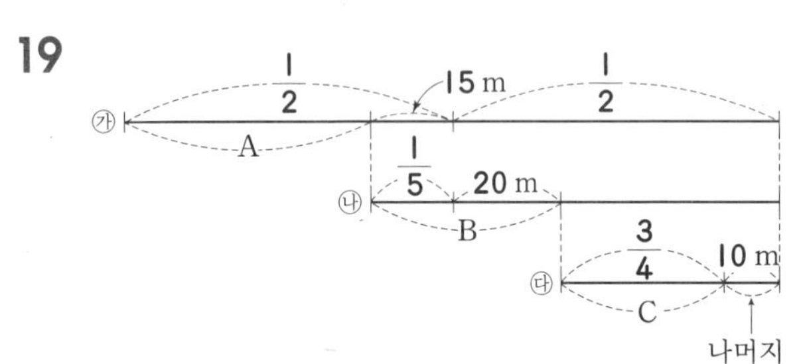


㉰에서 10 m는 $\frac{1}{4}$에 해당되므로

C의 길이는 $10\times3=30$(m)

㉯에서 $40+20=60$(m)는 $\frac{4}{5}$에 해당하므로

$\frac{1}{5}$은 $60\div4=15$(m)

따라서 전체의 $\frac{1}{2}$이 60 m이므로

전체의 길이는 $60\times2=120$(m)입니다.

**20**

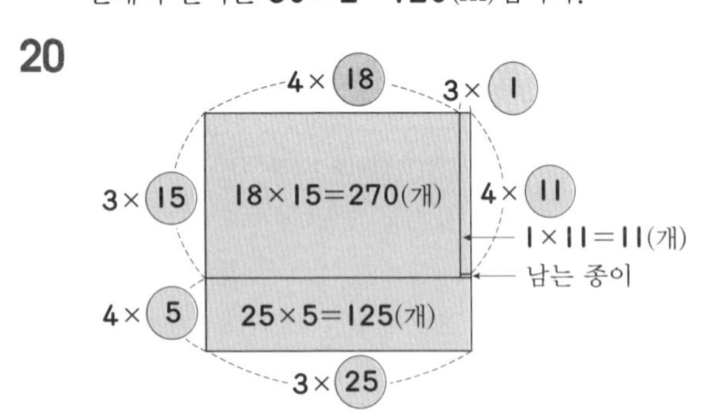


$125+270+11=406$(개)

**21**

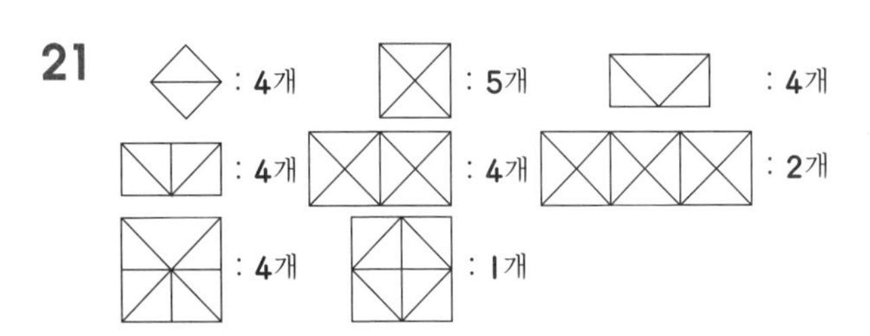


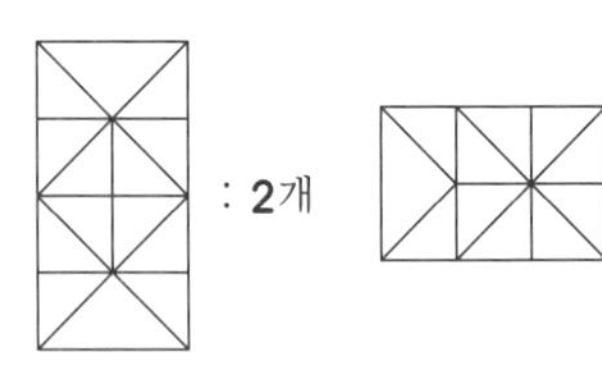


따라서 찾을 수 있는 크고 작은 직사각형은 모두 34개입니다.

**22** 표를 만들어 보면 다음과 같습니다.

| ■번째 | 3 | 4 | 5 | 6 | 7 | 8 | 9 | 10 | 11 | 12 |
|---|---|---|---|---|---|---|---|---|---|---|
| 검은 | 5 | 7 | 9 | 11 | 13 | 15 | 17 | 19 | 21 | 23 |
| 흰 | 1 | 3 | 6 | 10 | 15 | 21 | 28 | 36 | 45 | 55 |

따라서 흰 바둑돌이 검은 바둑돌보다 32개 많아지는 것은 12번째입니다.

**23** 변 ㄱㄴ 위의 점을 뺄 경우 : $4\times3\times4=48$(개)

변 ㄴㄷ 위의 점을 뺄 경우 : $3\times4\times3=36$(개)

변 ㄷㄹ 위의 점을 뺄 경우 : $4\times3\times4=48$(개)

변 ㄱㄹ 위의 점을 뺄 경우 : $3\times4\times3=36$(개)

변 ㄱㄴ 또는 변 ㄷㄹ 위의 두 점과 다른 변 위의 한 점으로 만드는 경우 : $3\times11\times2=66$(개)

변 ㄱㄹ 또는 변 ㄴㄷ 위의 두 점과 다른 변 위의 한 점으로 만드는 경우 : $6\times10\times2=120$(개)

따라서 만들 수 있는 삼각형은 모두

$48+36+48+36+66+120=354$(개)입니다.

**24**

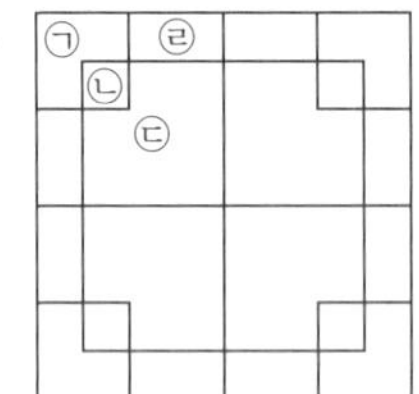


㉡ : 4개, ㉣ : 8개, ㉠+㉡ : 4개,

㉡+㉢ : 4개, ㉣+㉣ : 4개,

㉠+㉡+㉢+㉣+㉣ : 4개,

㉡+㉢+㉡+㉢ : 4개,

㉠+㉡+㉢+㉣+㉣+㉠+㉡+㉢+㉣+㉣ : 4개

가장 큰 직사각형 : 1개, 가운데 직사각형 : 1개

따라서 찾을 수 있는 크고 작은 직사각형은 모두 38개입니다.

**25** 규칙 ① 위의 수는 아래의 두 자연수의 합입니다.

② 같은 수로 반복해서 쓸 수 있습니다.

③ 오른쪽으로 갈수록 수가 같거나 커야 합니다.

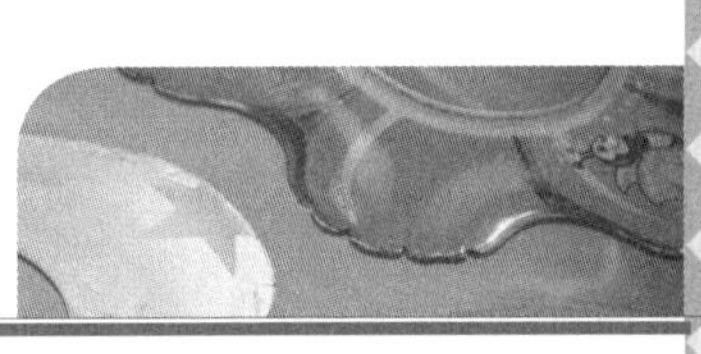

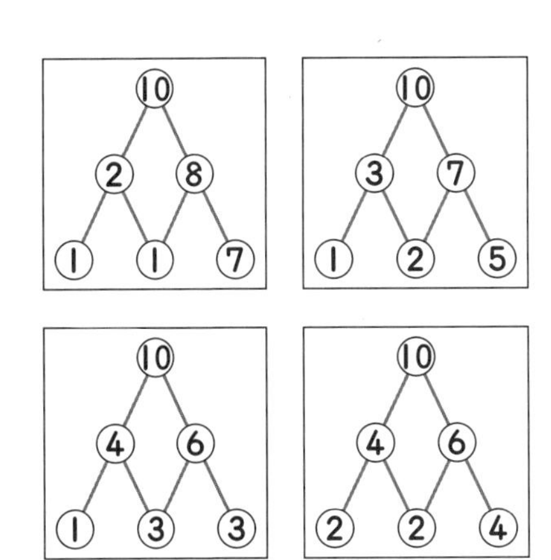


따라서 모두 **4**가지입니다.

**제5회 기출문제** 161~168

| | |
|---|---|
| **1** 28 | **2** 5마리 |
| **3** 90장 | **4** 262 cm |
| **5** 7 | **6** 18개 |
| **7** 16분 후 | **8** 13살 |
| **9** 500명 | **10** 73개 |
| **11** 23 | **12** 6점 |
| **13** 964 | **14** 240 |
| **15** 37 | **16** 11살 |
| **17** 216마리 | **18** 435 cm |
| **19** 50가지 | **20** 103줄 |
| **21** 951 | **22** 910 |
| **23** 46 | **24** 48개 |
| **25** (1) 90개 (2) 117개 | |

**1** $19\times34=646$이므로 $\square\times3=84$입니다.
따라서 $\square=28$입니다.

**2** 표를 만들어 생각합니다.

| 타조의 수(마리) | 8 | 9 | 10 |
|---|---|---|---|
| 코끼리의 수(마리) | 7 | 6 | 5 |
| 다리 수의 합(개) | 44 | 42 | 40 |

따라서 코끼리는 **5**마리입니다.

**3** 반복되는 부분은 파랑 노랑 빨강 빨강 파랑 빨강 이고 빨간색은 **3**장입니다.
따라서 $180\div6=30$이므로 $30\times3=90$(장) 있습니다.

**4** $15\times20-2\times19=262$(cm)

**5**

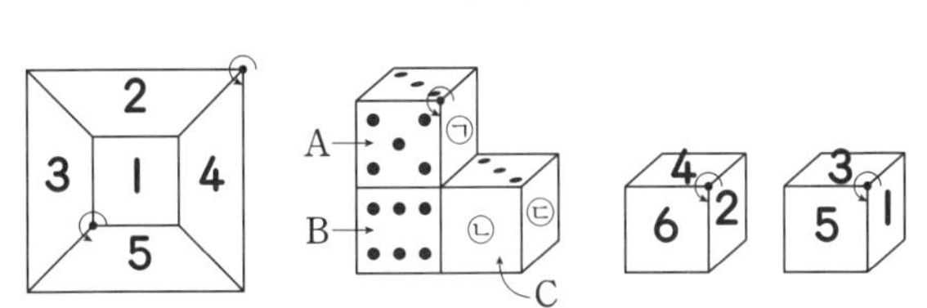


꼭짓점을 중심으로 1, 3, 5는 시계 반대 방향으로 회전하므로 주사위 A에서 ㉠은 1입니다. 또한 주사위 B의 윗면의 눈의 수는 4이므로 주사위 B의 오른쪽 면의 눈의 수는 2입니다. 따라서 ㉢은 1이고, ㉡은 5이므로 ㉠, ㉡, ㉢의 눈의 수의 합은 $1+5+1=7$입니다.

**6**

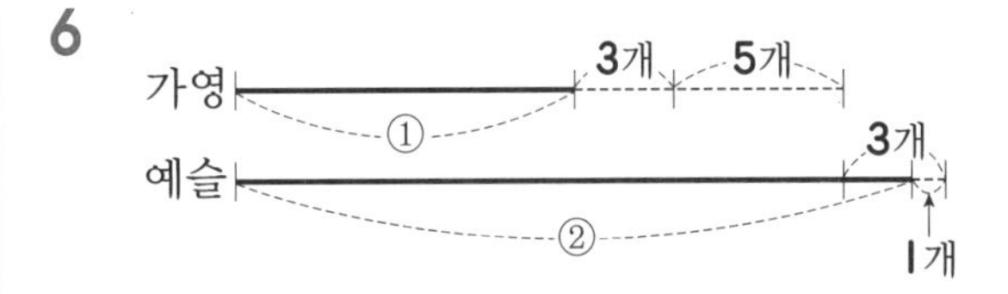


위 그림에서 변화 후의 가영이의 사탕 수는
$(3+5+2)\div(2-1)=10$(개)이므로 1봉지 안에 들어 있던 사탕 수는 $10+3+5=18$(개)입니다.

**7** 한초와 석기의 빠르기의 차는
매분 $81-72=9$(m)입니다.
따라서 석기가 2분 동안 걸은 거리를 따라잡는 데 걸리는 시간은 $72\times2\div9=16$(분) 후입니다.

**8** 형과 한초의 나이의 합은 $66\div3=22$(살)이므로
$(22+4)\div2=13$(살)입니다.

**9** 여학생 전체는 $45\div9\times50=250$(명)이므로
전체 학생 수는 $250\times2=500$(명)입니다.

**10** 학생 수는 $(28+8)\div4=9$(명)이므로
사탕 수는 $5\times9+28=73$(개)입니다.

**11**

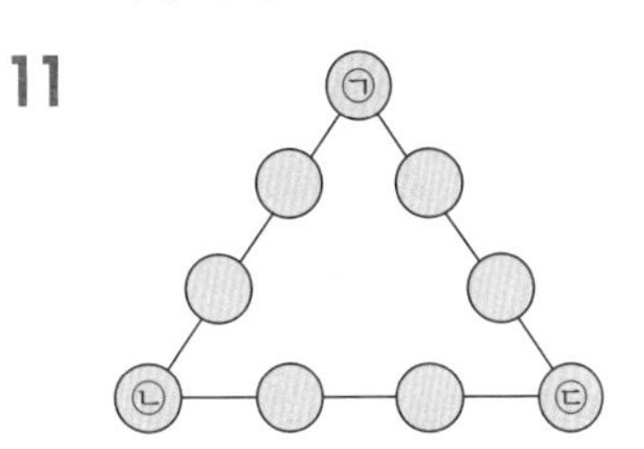


㉠, ㉡, ㉢에 쓰이는 수는 중복되어 계산되는 수이므

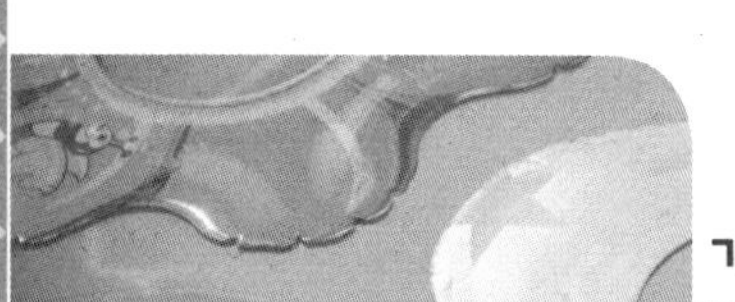



로 네 수의 합이 될 수 있는 수 중 가장 큰 수는
$\{(1+2+3+\cdots+9)+(7+8+9)\}\div3=23$
입니다.

**12**

| 사과 | ㉠ | $d$ | 바나나 |
|---|---|---|---|
| 딸기 | | ㉡ | 포도 |
| $a$ | 사과 | ㉢ | $c$ |
| 바나나 | | 딸기 | $b$ |

$a$에 그려지는 과일은 포도, $b$에 그려지는 과일은 사과, $c$에 그려지는 과일은 딸기입니다.
따라서 ㉢은 바나나, ㉡은 사과와 포도 둘 중의 하나이므로 사과, $d$는 포도, ㉠은 딸기입니다.
그러므로 $3+1+2=6$(점)입니다.

**13** [1], [2], [3], [4] 4장의 숫자 카드를 사용하여
(두 자리 수)×(두 자리 수)의 곱셈식을 만들 때,
[4][2]×[3][1]=1302, [4][1]×[3][2]=1312
에서 (41×32)인 경우가 가장 큽니다.
또, [1], [2], [3], [4], [5] 5장인 경우
(두 자리 수)×(세 자리 수)의 가장 큰 결과는
[5][2]×[4][3][1]=22412입니다.
여기서 규칙을 찾으면 알파벳 순서대로 큰 수부터 쓰면 됩니다.
[$a$][$d$]×[$b$][$c$], [$a$][$d$]×[$b$][$c$][$e$],
[$a$][$d$][$f$]×[$b$][$c$][$e$][$g$]
따라서 [9][6][4]×[8][7][5][3]의 결과가 가장 크므로 구하는 세 자리 수는 964입니다.

**14** ㉮÷㉯는 5로 나누어떨어지는 수이며 18보다는 작은 수입니다.
따라서 ㉮÷㉯가 될 수 있는 수는 5, 10, 15입니다.
이 중에서 문제의 조건을 만족하는 것은 15이며 이때 ㉰는 3입니다.
㉮÷㉯=15인 경우를 살펴보면 ㉮=15, ㉯=1
또는 ㉮=30, ㉯=2 또는 ㉮=45, ㉯=3
또는 ㉮=60, ㉯=4…
㉮−㉯=56을 만족하는 경우는 ㉮=60, ㉯=4일 때입니다.
따라서 ㉮×㉯=60×4=240입니다.

**15** 여섯 번째 수를 □라고 하면
왼쪽으로 가면 □보다 2, 4, 6, 8, 10이 작고,
오른쪽으로 가면 □보다 3, 6, 9가 작습니다.
□×9−(2+4+6+8+10+3+6+9)=285
□×9−48=285
□×9=333
□=37

**16** 표를 만들어 거꾸로 생각해 봅니다.

| | A | B | C |
|---|---|---|---|
| 마지막에 가지고 있는 바둑돌의 개수 | 16 | 16 | 16 |
| A가 B, C에게 주기 전의 바둑돌의 개수 | 32 | 8 | 8 |
| B가 A, C에게 주기 전의 바둑돌의 개수 | 28 | 16 | 4 |
| C가 A, B에게 주기 전의 바둑돌의 개수 | 26 | 14 | 8 |

따라서 3년 전에 A는 26살, B는 14살, C는 8살이었으므로 지금 C는 8+3=11(살)입니다.

**17** 소의 수가 24마리일 때 소, 염소, 돼지의 먹이통은 각각 12개, 8개, 3개입니다.
즉, 소, 염소, 돼지가 모두 24×3=72(마리)일 때, 먹이통은 12+8+3=23(개)입니다.
따라서 먹이통이 23×3=69(개)이므로
모두 72×3=216(마리)입니다.

**18** 가운데 점을 기준으로 생각합니다.

| 서 | 동 | 서 | 동 | 서 | 동 | 서 | 동 | … | 서 |
|---|---|---|---|---|---|---|---|---|---|
| 1 | 3 | 5 | 7 | 9 | 11 | 13 | 15 | … | 29 |

동2 서3 동4 서5 동6 서7 동8 … 서15

가운데 점을 기준으로 서쪽으로 15 cm 가면 변에 닿게 됩니다.
따라서 $1+2+3+\cdots+29=(1+29)\times14+15$
$=435$(cm)입니다.

**19** A에서 B까지 최단 거리로 가는 방법은 5가지,
B에서 C까지 최단 거리로 가는 방법은 10가지
따라서 5×10=50(가지)입니다.

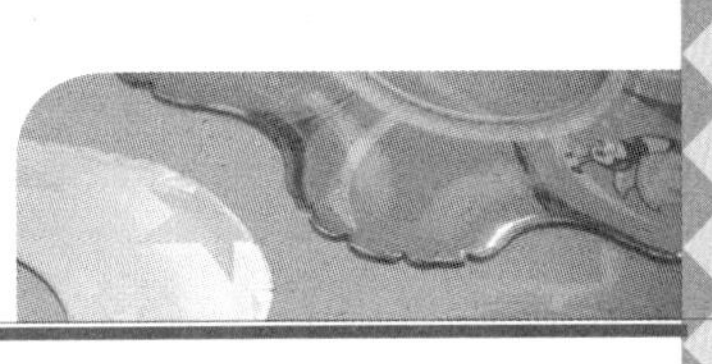

**20**

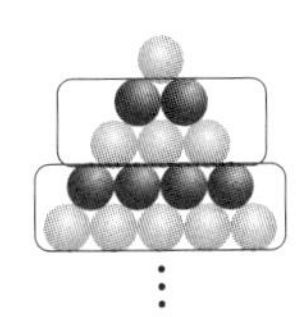

한 묶음마다 흰색 돌이 1개씩 많아집니다.
따라서 $(52-1)\times2+1=103$(줄)입니다.

**21** 가장 큰 수는 971이고, 가장 작은 수는 20이므로 $971-20=951$입니다.

**22** 각 자리의 숫자의 합이 19 또는 10 또는 1일 때 행복한 수입니다.
따라서 가장 큰 세 자리 수부터 늘어놓으면
991, 982, 973, 964, 955, 946, 937, 928, 919, 910, …이므로, 10번째로 큰 수는 910입니다.

**23**

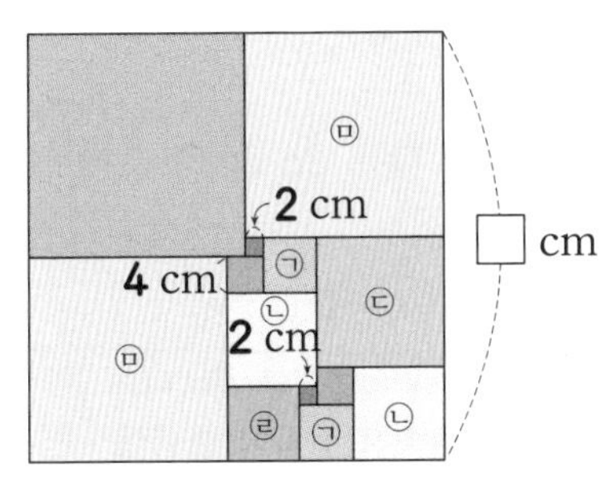


정사각형 ㉠의 한 변의 길이는 $2+4=6$(cm)
정사각형 ㉡의 한 변의 길이는 $4+6=10$(cm)
정사각형 ㉢의 한 변의 길이는 $4+10=14$(cm)
정사각형 ㉣의 한 변의 길이는 $10-2=8$(cm)
정사각형 ㉤의 한 변의 길이는
$4+10+8=22$(cm)
따라서 $10+14+22=46$(cm)입니다.

**24** 주어진 과정을 한번 실행할 때마다 가의 구슬은
$5-2=3$(개)씩 줄어드는 셈이므로
처음 가에 있던 구슬은 $3\times50+38=188$(개)이고,
처음 다에 있던 구슬은 $188-90=98$(개)입니다.
다 주머니의 구슬은 한 번 실행할 때마다
$3-2=1$(개)씩 줄어드는 셈이므로
남은 구슬은 $98-50=48$(개)입니다.

**25** (1)

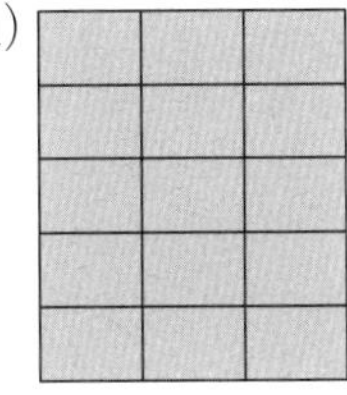

위의 그림에서 찾을 수 있는 크고 작은 직사각형은
$(1+2+3)\times(1+2+3+4+5)=90$(개)

(2)

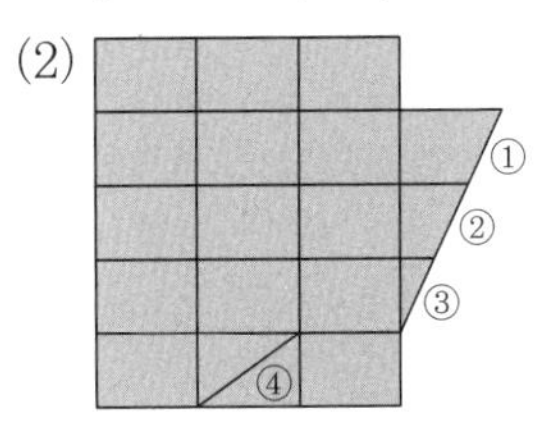


선분 ①을 포함하는 사각형 → 4개
선분 ②를 포함하는 사각형 → 4개
선분 ③을 포함하는 사각형 → 3개
선분 ①②를 포함하는 사각형 → 4개
선분 ②③을 포함하는 사각형 → 3개
선분 ①②③을 포함하는 사각형 → 3개
선분 ④를 포함하는 사각형 → 6개
➡ 27개
따라서 찾을 수 있는 크고 작은 사각형은 모두
$90+27=117$(개)입니다.

## 제6회 기출문제 169~176

| | |
|---|---|
| 1 18시간 | 2 95분 |
| 3 14 | 4 3 |
| 5 164 cm | 6 240분 |
| 7 72시간 | 8 20개 |
| 9 94 | 10 23살 |
| 11 133분 | 12 217 |
| 13 850 mL | 14 45 km |
| 15 192 cm | 16 240 g |
| 17 55개 | 18 37개 |
| 19 30개 | 20 3배 |
| 21 9 cm | 22 240 m |
| 23 6 | |
| 24 $111111111\div9=12345679$ | |
| 25 144개 | |

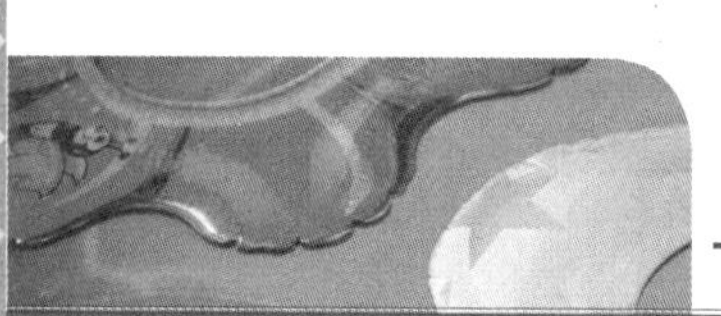



**1** $36\times3\div6=18$(시간)

**2** 거울에 비친 시계가 나타낸 시각은 5시 20분입니다.
따라서 철수가 공부를 한 시간은
5시 20분−3시 45분=1시간 35분=95분
입니다.

**3** 1500년과 2000년 사이에서
지진이 일어난 해 :
1523년−1583년−1643년−1703년−1763년−1823년−1883년−1943년
홍수가 일어난 해 :
1543년−1613년−1683년−1753년−1823년−1893년−1963년
따라서 지진과 홍수가 동시에 일어난 해는
1823년이므로 $1+8+2+3=14$입니다.

**4** 12◎㉯=(12×12)÷(㉯×㉯)=16이므로
㉯×㉯=144÷16=9입니다.
이때 $3\times3=9$이므로 ㉯=3입니다.

**5** 전체 길이는 작은 원의 지름 16개와 왼쪽과 오른쪽의 두께의 합과 같습니다.
$(10\times16)+(14-10)=164$(cm)

**6** ㉮ 양초는 2분에 5 mm씩, ㉯ 양초는 2분에
$6\div3\times2=4$(mm)씩 타 들어갑니다.
㉮ 양초는 ㉯ 양초보다 2분에 1 mm씩 더 많이 타므로 20분 후에는 1 cm만큼 더 많이 탑니다.
따라서 ㉮ 양초가 ㉯ 양초보다 12 cm 더 많이 탔다면
$20\times12=240$(분) 후입니다.

**7** ㉮ 시계는 24시간에 8분씩 늦어지고, ㉯ 시계는 24시간에 12분씩 빨라지므로 24시간 후에 두 시계가 가리키는 시각의 차는 20분입니다.
따라서 두 시계가 가리키는 시각의 차가
1시간(=60분)일 때에는 $24\times3=72$(시간) 후입니다.

**8**

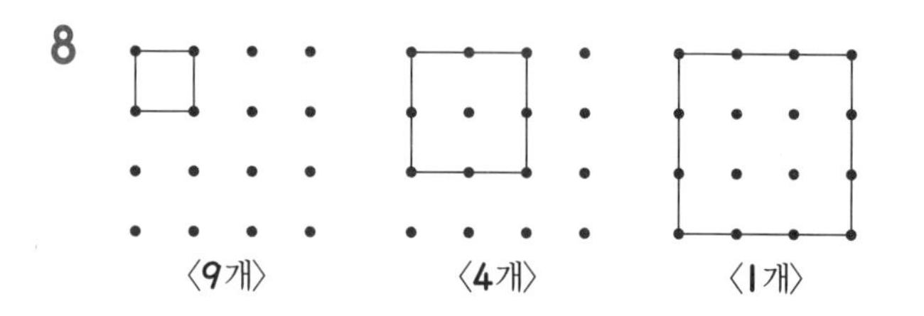


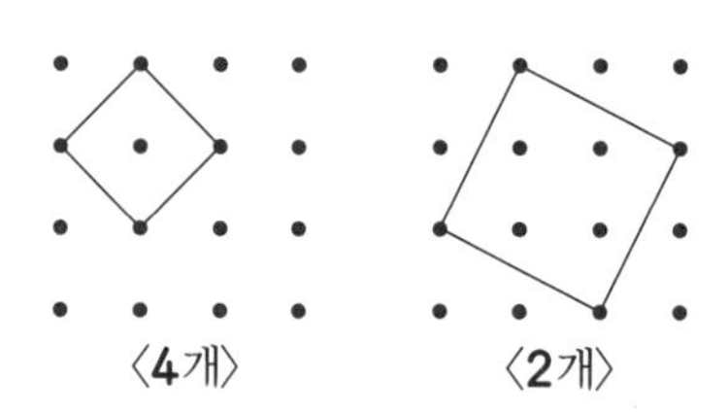


➡ $9+4+1+4+2=20$(개)

**9** ㅅ열의 수의 규칙을 찾아보면 6부터 시작하여 8씩 커지는 규칙입니다.
따라서 ㅅ열의 12번째 수는 $6+8\times11=94$입니다.

**10** 삼촌의 4년 전의 나이는 철수의 6년 후의 나이와 같으므로 삼촌과 철수의 나이의 차는 10살입니다.
➡ (삼촌)−(철수)=10
삼촌의 4년 후의 나이와 철수의 3년 전의 나이의 합은 37살이므로
(삼촌)+4+(철수)−3=37
(삼촌)+(철수)=36
삼촌과 철수의 나이의 합은 36살이고, 나이의 차는 10살이므로 삼촌의 나이는
$(36+10)\div2=23$(살)입니다.

**11** 길이가 320 cm인 통나무 1개를 80 cm 길이로 자르면 4도막이 되므로 3번을 잘라야 합니다.
따라서 길이가 320 cm인 통나무 5개를 80 cm 길이로 모두 자르려면 $3\times5=15$(번)을 잘라야 하고
$15-1=14$(번)을 쉬어야 합니다.
➡ $7\times15+2\times14=105+28=133$(분)

**12**

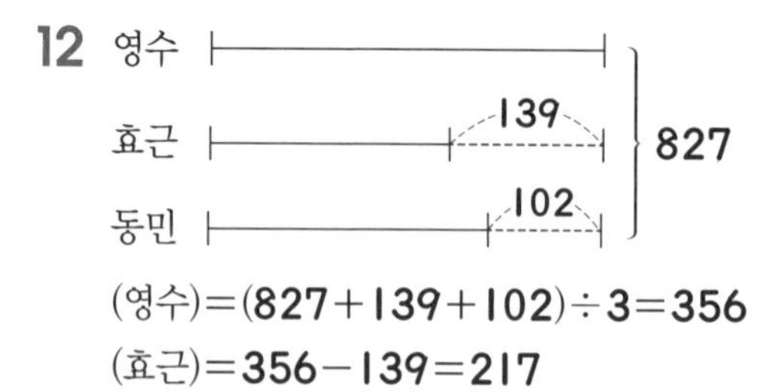


(영수)=$(827+139+102)\div3=356$
(효근)=$356-139=217$

**13**

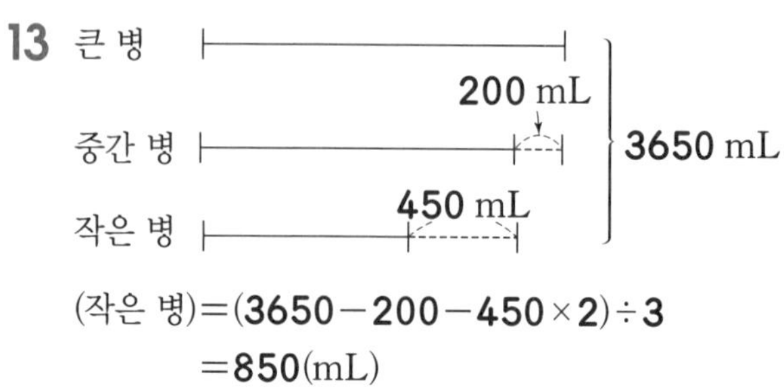


(작은 병)=$(3650-200-450\times2)\div3$
=850(mL)

**14**

지하철 버스 자전거
6 km

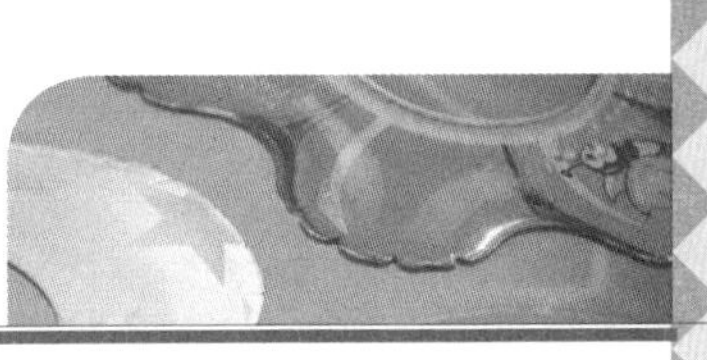

눈금 한 칸의 거리가 $6\div2=3$(km)이므로 집에서 박물관까지의 거리는 $3\times15=45$(km)입니다.

**15**

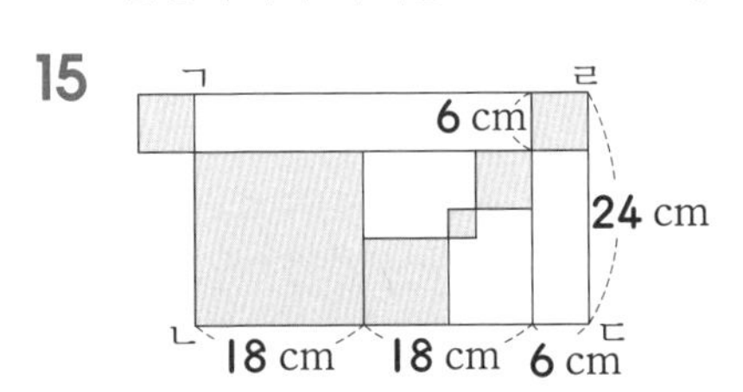


➡ $(6+6+18+18)\times4=192$(cm)

**16** (배 1개의 무게)$=10500\div(5+2)=1500$(g)
(사과 1개의 무게)$=1500\times2\div5=600$(g)
(감 1개의 무게)$=600\times2\div5=240$(g)

**17** 용희가 가지고 있는 구슬을 □라고 하면
동민이가 가지고 있는 구슬 : $2\times\square+1$
규형이가 가지고 있는 구슬 : $(2\times\square+1)\times2-3$
$\square+2\times\square+1+(2\times\square+1)\times2-3=98$
$7\times\square=98$, $\square=14$
따라서 규형이가 가지고 있는 구슬은
$(2\times14+1)\times2-3=55$(개)입니다.

**18**

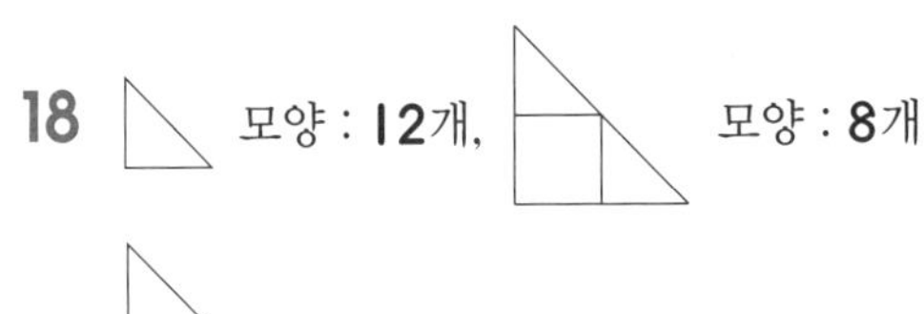

모양 : 12개, 모양 : 8개

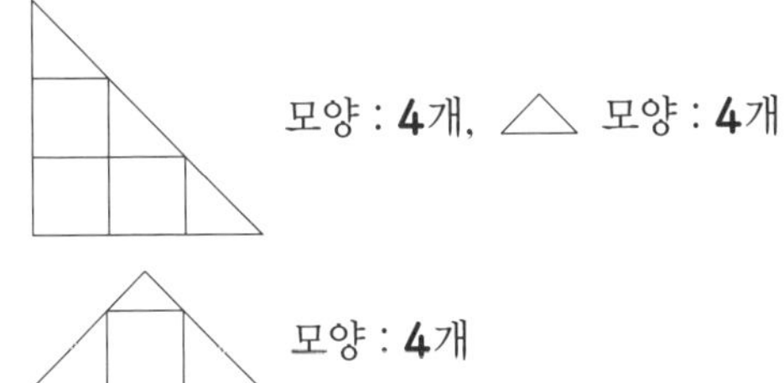

모양 : 4개, 모양 : 4개

모양 : 4개

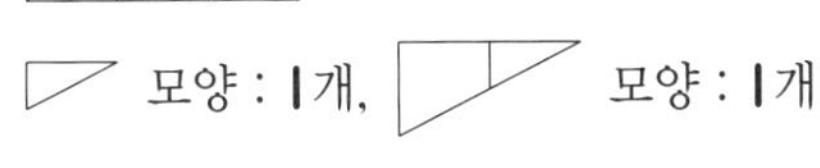

모양 : 1개, 모양 : 1개

모양 : 1개, 모양 : 1개

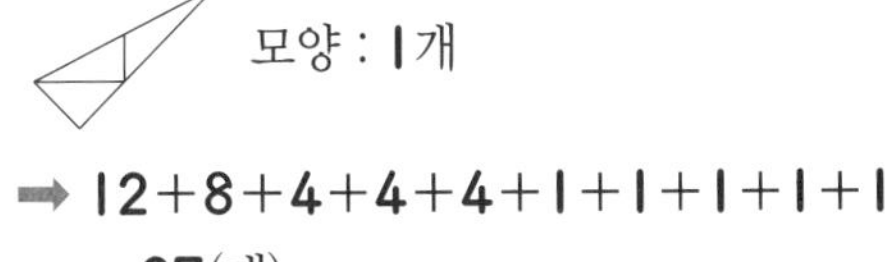

모양 : 1개

➡ $12+8+4+4+4+1+1+1+1+1$
$=37$(개)

**19** 자연수 부분이 5인 대분수 :
$1+2+3+4=10$(개)
자연수 부분이 6인 대분수 :
$1+2+3+4=10$(개)
자연수 부분이 7인 대분수 :
$1+2+3+4=10$(개)
따라서 5보다 크고 9보다 작은 대분수는 모두
$10+10+10=30$(개) 만들 수 있습니다.

**20** $\frac{1}{2}$, $\left(\frac{2}{3}, \frac{1}{3}\right)$, $\left(\frac{3}{4}, \frac{2}{4}, \frac{1}{4}\right)$,
$\left(\frac{4}{5}, \frac{3}{5}, \frac{2}{5}, \frac{1}{5}\right)$, …
묶음 안의 개수가 2개, 3개, 4개, …와 같이 늘어나는 규칙입니다.
$1+2+3+4+5+6=21$(개)이므로
22번째 분수 : $\frac{7}{8}$, 23번째 분수 : $\frac{6}{8}$, …
27번째 분수 : $\frac{2}{8}$입니다.
따라서 $\frac{6}{8}=\frac{2}{8}+\frac{2}{8}+\frac{2}{8}$이므로 $\frac{6}{8}$은 $\frac{2}{8}$의 3배입니다.

**21** 삼각형 ㄱㄴㄷ의 둘레는 3개의 원의 반지름의 합의 2배와 12 cm의 합과 같습니다.
3개의 원의 반지름의 합은
$(120-12)\div2=54$(cm)이므로
선분 ㄴㄷ의 길이는 $54-24=30$(cm)입니다.
따라서 선분 ㄴㅁ의 길이는
$(120-30)\div2-24-12=9$(cm)입니다.

**22** ㉮에서 ㉯까지 움직인 시간을 □분이라고 하면 ㉯에서 ㉰까지 왼쪽 길로 움직인 시간은
$(4-\square)$분이고, 오른쪽 길로 움직인 시간은
$(10-\square)$분입니다.
어느 쪽 코스도 거리는 같으므로
$(4-\square)\times80=(10-\square)\times20$에서 $\square=2$입니다.
따라서 ㉮에서 ㉰까지의 거리는
$40\times2+80\times2=240$(m)입니다.

**23** 그림 ① ➡ 2번

그림 ② ➡ 4번

따라서 ㉠+㉡$=2+4=6$입니다.

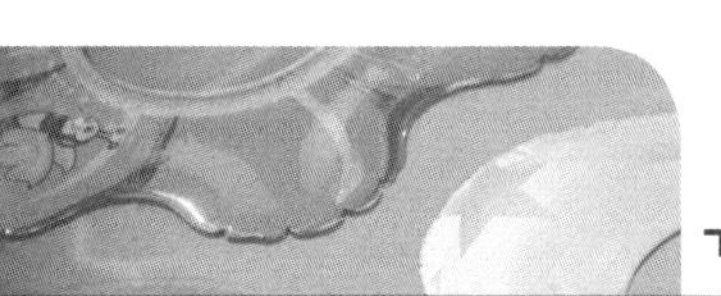



**24** 곱셈식으로 바꾸어서 나타내면

$$\begin{array}{r} \text{왕수학올림피아드} \\ \times \qquad\qquad \text{드} \\ \hline \text{왕왕왕왕왕왕왕왕왕} \end{array}$$

드×드의 일의 자리의 숫자가 드가 아니라 왕이 되므로 드가 될 수 있는 숫자는 2, 3, 4, 7, 8, 9입니다.

① 드=2일 때, 왕=4
$444444444 \div 2 = 222222222$(×)

② 드=3일 때, 왕=9
$999999999 \div 3 = 333333333$(×)

③ 드=4일 때, 왕=6
$666666666 \div 4$=나누어떨어지지 않음(×)

④ 드=7일 때, 왕=9
$999999999 \div 7$=나누어떨어지지 않음(×)

⑤ 드=8일 때, 왕=4
$444444444 \div 8$=나누어떨어지지 않음(×)

⑥ 드=9일 때, 왕=1
$111111111 \div 9 = 12345679$(○)

**25**

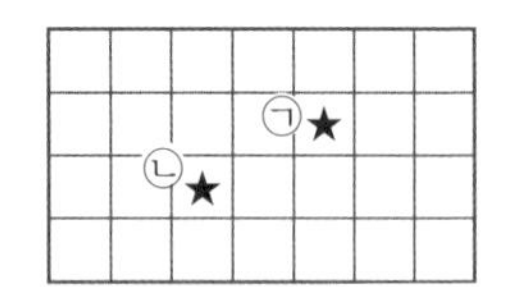


㉠을 포함하는 직사각형의 개수 :

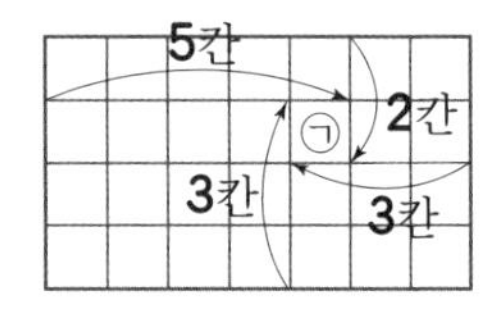


$(5 \times 3) \times (2 \times 3) = 90$(개)

㉡을 포함하는 직사각형의 개수 :

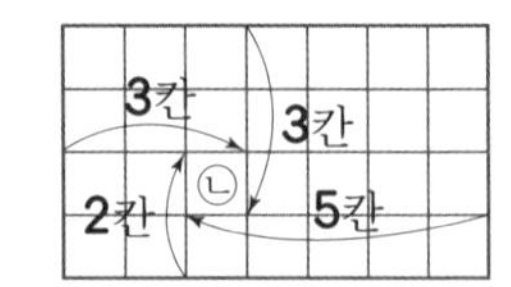


$(3 \times 5) \times (3 \times 2) = 90$(개)

㉠과 ㉡을 동시에 포함하는 직사각형의 개수

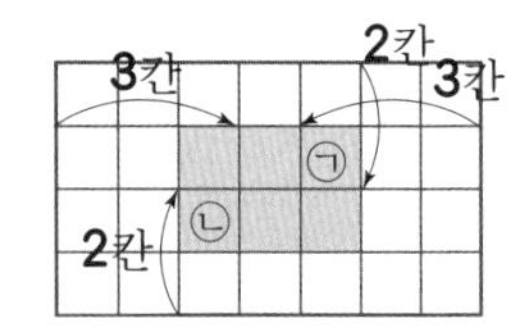


$(3 \times 3) \times (2 \times 2) = 36$(개)

따라서 적어도 1개의 ★을 포함하는 직사각형의 개수는 $90+90-36=144$(개)입니다.

## 제7회 기출문제 177~184

| | |
|---|---|
| 1 700 | 2 30개 |
| 3 8마리 | 4 1 L 200 mL |
| 5 17 | 6 50 |
| 7 54 | 8 7개 |
| 9 $28\frac{5}{7}$ | 10 208 g |
| 11 15분 | 12 190번째 |
| 13 84 | 14 16 cm |
| 15 800 g | 16 196 |
| 17 16 cm | 18 1100개 |
| 19 800 m | 20 62 |
| 21 120 cm | 22 60 |
| 23 760 | 24 44가지 |
| 25 337 | |

**1** 만들 수 있는 가장 큰 세 자리 수 : 399
만들 수 있는 가장 작은 세 자리 수 : 301
➡ $399+301=700$

**2** 자연수 부분이 3인 경우 :
$3\frac{5}{7}$, $3\frac{6}{7}$ ➡ 2개
자연수 부분이 4인 경우 :
$4\frac{1}{7}$, $4\frac{2}{7}$, ⋯, $4\frac{6}{7}$ ➡ 6개
자연수 부분이 5, 6, 7인 경우도 각각 6개씩입니다.
자연수 부분이 8인 경우 :
$8\frac{1}{7}$, $8\frac{2}{7}$, $8\frac{3}{7}$, $8\frac{4}{7}$ ➡ 4개
따라서 모두 $2+(6\times4)+4=30$(개)입니다.

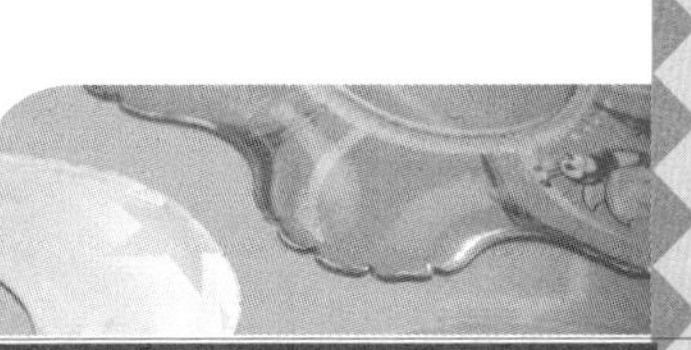



**3** 강아지와 염소의 마리 수의 합을 ■, 병아리의 마리 수를 ▲라 하면

■+▲=17…㉠, 4×■+2×▲=52…㉡

㉠×4−㉡을 계산하면 2×▲=16에서 ▲=8입니다.

따라서 병아리의 수는 8마리입니다.

**4** ㉯병에 담은 주스의 양을 □라고 하면

(□−300)+□+(□+200)=3500이므로

□=1200입니다.

따라서 ㉯병에 담은 주스의 양은 1 L 200 mL입니다.

**5** ★+●=16인 두 수는 (7, 9), (8, 8), (9, 7)이고

이 중에서 조건을 만족하는 경우는

999+777=1776이므로

★=9, ●=7, ◆=1입니다.

➡ ★+●+◆=9+7+1=17

**6**

| 석기 : | 1 | 3 | 5 | 7 | 9 | … | 97 | 99 |
|---|---|---|---|---|---|---|---|---|
| 영수 : | 2 | 4 | 6 | 8 | 10 | … | 98 | 100 |

1 차이 1 차이 …

석기와 영수는 각각 50장씩 갖게 되며 카드 1장씩 비교할 때마다 1 차이가 나므로 영수는 석기보다 50만큼 더 큽니다.

**7** 1층 ~ 30층 : 29×8=232(초)

30층 ~ 50층 : 20×12=240(초)

50층 ~ 63층 : 13×15=195(초)

쉬는 시간 : 12×3=36(분)

➡ 232초+240초+195초+36분=47분 7초

따라서 ㉠+㉡=47+7=54입니다.

**8** 첫 번째 수직선에서 눈금 한 칸의 크기는 0.6이므로 ㉠이 나타내는 수는 5입니다.

두 번째 수직선에서 눈금 한 칸의 크기는 0.4이므로 ㉡이 나타내는 수는 7입니다.

따라서 구하려는 수는 5.6, 5.7, 5.8, 5.9, 6.7, 6.8, 6.9이므로 모두 7개입니다.

**9** 짝수 번째에는 대분수가 놓이므로 50번째에 놓일 수는 대분수입니다.

$\frac{5}{7}$, $\frac{9}{7}$, $\frac{13}{7}$, $\frac{17}{7}$, …에서 분자는 4씩 커지므로

50번째 분수의 분자는 5+49×4=201이므로

$\frac{201}{7}=28\frac{5}{7}$에서 50번째 분수는 $28\frac{5}{7}$입니다.

**10** ㉡ (참외 6개)=(멜론 3개)

➡ (참외 2개)=(멜론 1개)

㉢ (참외 8개)+(멜론 8개)

=(참외 8개)+(참외 16개)=(참외 24개)

따라서 참외 24개의 무게가 6 kg 240 g이므로

참외 1개의 무게는 260 g입니다.

㉠ (복숭아 10개)=(참외 8개)

=260×8=2080(g)이므로

(복숭아 1개)=208 g입니다.

**11** 270÷(90−72)=15(분)

**12** 분자는 (2), (2, 3), (2, 3, 4), (2, 3, 4, 5), …이고, 분모는 (2), (4, 3), (6, 5, 4), (8, 7, 6, 5), …

이므로 각 ( )의 끝 수는 $\frac{2}{2}$, $\frac{3}{3}$, $\frac{4}{4}$, $\frac{5}{5}$, …와

같이 크기가 1과 같습니다.

2부터 시작해서 20이 되려면 ( )가

20−1=19(개)이므로

1+2+3+…+19=190(번째)입니다.

**13** ㉠ 6×7÷2=21(개)

㉡ 6×7=42(개)

㉢ 6×7÷2=21(개)

➡ ㉠+㉡+㉢=21+42+21=84

**14** 선분 ㄱㄹ과 선분 ㄱㅁ의 길이를 □cm라 하면

선분 ㅁㄴ과 선분 ㄴㅂ의 길이는 8 cm이므로

선분 ㅂㄷ과 선분 ㄷㅅ의 길이는

□−8(cm)입니다.

따라서 선분 ㅅㄹ과 선분 ㅇㄹ의 길이는

(□+8)과 (□−8)의 차인 16 cm입니다.

**15** 웅이가 먹은 양을 □g이라 하면

(지혜가 먹은 양)=□×2+100(g)

(영수가 먹은 양)=(□×2+100)×2+100

=□×4+300

□+□×2+100+□×4+300=2850에서

□=(2850−400)÷7=350(g)이므로

(지혜가 먹은 양)=350+350+100=800(g)

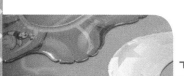

**16** 244+㉠+★
=340+268+★에서
㉠=(340+268)−244=364
㉡+268+㉢
=㉡+340+244에서
㉢=316
㉣+㉢+★=㉣+268+244에서
★=(268+244)−316=196

| 340 | | ㉣ |
|---|---|---|
| ㉡ | 268 | ㉢ |
| 244 | ㉠ | ★ |

**17** 1분에 타는 길이는 2×4=8(mm)이므로 5분 동안 탄 양초의 길이는 8×5=40(mm)=4(cm)입니다.
따라서 처음 양초의 길이는 4×4=16(cm)입니다.

**18** 한 변에서 꼭짓점 2개, 다른 변에서 꼭짓점 1개를 갖는 경우 : 10×15×4=600(개)
변 ㄱㄴ, 변 ㄴㄷ, 변 ㄷㄹ에서 한 개씩 꼭짓점을 갖는 경우 : 5×5×5=125(개)
변 ㄴㄷ, 변 ㄷㄹ, 변 ㄹㄱ에서 한 개씩 꼭짓점을 갖는 경우 : 5×5×5=125(개)
변 ㄷㄹ, 변 ㄹㄱ, 변 ㄱㄴ에서 한 개씩 꼭짓점을 갖는 경우 : 5×5×5=125(개)
변 ㄹㄱ, 변 ㄱㄴ, 변 ㄴㄷ에서 한 개씩 꼭짓점을 갖는 경우 : 5×5×5=125(개)
따라서 삼각형의 개수는
600+125×4=1100(개)입니다.

**19** 1번 가로등부터 세어 오른쪽으로 15번째, 왼쪽으로 12번째 가로등 사이에 놓여 있는 가로등의 수는 14+11−1=24(개)입니다.
반대쪽에 가로등이 같은 개수만큼 세워져 있으므로 공원 둘레에 세워져 있는 가로등은 마주 보고 있는 두 가로등을 포함하여 24×2+2=50(개)입니다.
따라서 공원의 둘레는 16×50=800(m)입니다.

**20** 토요일이 4번 있는 경우
□+□+7+□+14+□+21=80에서
□=9.5(×)
토요일이 5번 있는 경우
□+□+7+□+14+□+21+□+28=80
에서 □=2
따라서 첫째 번 화요일은 5일이므로
5+12+19+26=62입니다.

**21**

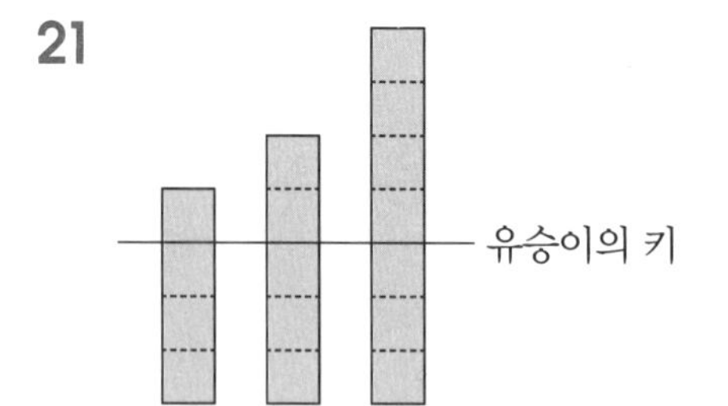


6.4 m=640 cm
(유승이의 키)=640÷16×3=120(cm)

**22** ㉮+㉯=35, ㉮+㉰=44에서 ㉰는 ㉯보다 9 큰 수이고 ㉯+㉰는 47 또는 48입니다.

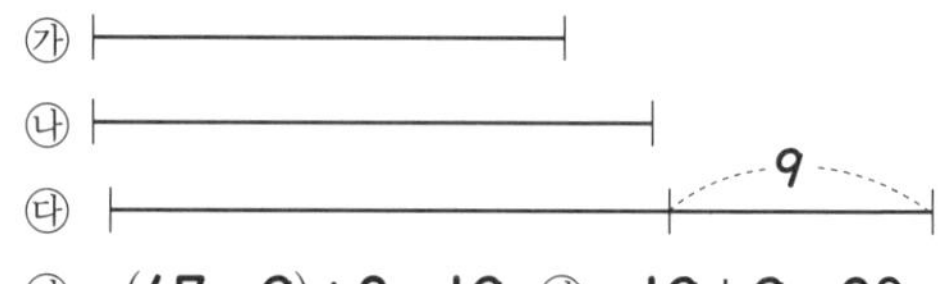


㉯=(47−9)÷2=19, ㉰=19+9=28
㉮=35−19=16
㉮+㉱=48이므로 ㉱=48−16=32
따라서 ㉠은 ㉰+㉱=28+32=60입니다.

**23** 어떤 수의 일의 자리 수는 0입니다.
어떤 수를 ㄱ ㄴ 0으로 생각하면 ㄴ ×9의 일의 자리 수가 4이어야 하므로 ㄴ 은 6입니다.
ㄱ ×9+5의 일의 자리 수가 8이어야 하므로
ㄱ 은 7입니다.
따라서 가장 작은 어떤 수는 760입니다.

**24** 표를 만들어 해결하면 다음과 같습니다.

| 1 | 2 | 3 | 4 | 5 |
|---|---|---|---|---|
| ② | ① | ④ | ⑤ | ③ |
| | | ⑤ | ③ | ④ |
| | ③ | ① | ⑤ | ④ |
| | | ④ | ⑤ | ① |
| | | ⑤ | ① | ④ |
| | ④ | ① | ⑤ | ③ |
| | | ⑤ | ① | ③ |
| | | | ③ | ① |
| | ⑤ | ① | ③ | ④ |
| | | ④ | ① | ③ |
| | | | ③ | ① |

위와 같이 1번 상자에 ②번 공을 넣고 상자의 번호가

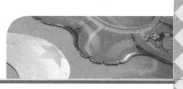

모두 다르게 넣는 방법은 11가지입니다.
1번 상자에 ③, ④, ⑤번의 공을 넣고 공과 상자의 번호가 모두 다르게 넣는 방법도 각각 11가지입니다.
따라서 공과 상자의 번호가 모두 다르게 넣는 방법은 $11\times4=44$(가지)입니다.

**25** (△1, ①), (△2, ①), (△3, ①), (△4, ①), … 의 규칙을 찾아 보면

1, 2, 5, 10, …이므로
+1 +3 +5

(△8, ①)$=1+1+3+5+7+9+11+13=50$
이고 (△8, ⑤)$=50+4=54$입니다.
(△1, ①), (△1, ②), (△1, ③), (△1, ④), …의 규칙을 찾아 보면
$1(1\times1)$, $4(2\times2)$, $9(3\times3)$, $16(4\times4)$, …
이므로
(△1, ⑰)$=17\times17=289$이고
(△7, ⑰)$=289-6=283$입니다.
➡ (△8, ⑤)+(△7, ⑰)$=54+283=337$입니다.

Memo

올림피아드 왕수학

# 정답과 풀이

3학년

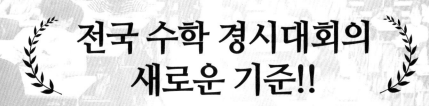

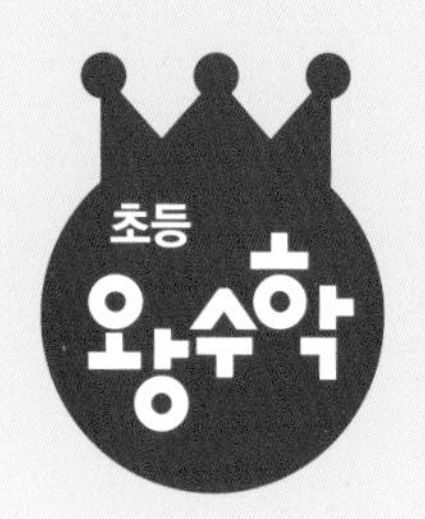


# 초등 왕수학 시리즈 교재가이드

창의논리적 사고 능력을 키우는 우등생의 길잡이

## 초등 왕수학 시리즈

| | 왕수학 (개념+연산) | 왕수학 기본편 | 왕수학 실력편 | 점프 왕수학 (최상위) | 응용 왕수학 | 올림피아드 왕수학 |
|---|---|---|---|---|---|---|
| 구성 | · 초등 1~6학년<br>· 학기용 (1,2학기) | · 초등 1~6학년<br>· 학기용 (1,2학기) | · 초등 1~6학년<br>· 학기용 (1,2학기) | · 초등 1~6학년<br>· 학기용 (1,2학기) | · 초등 3~6학년<br>· 연간용 | · 초등 3~6학년<br>· 연간용 |
| 특징 | · 휘리릭 원리를 깨치는 "예습 학습 교재" | · 차근차근 익히는 "교과개념 학습 교재" | · 빈틈없이 다지는 "실력 UP 교재" | · 상위 15% 수준의 난이도 높은 교재 | · 상위 3% 수준의 "영역별 경시대비서" | · "수학 올림피아드 기출 및 예상문제집" |

## 꼭 알아야 할 수학 시리즈

| | 사고력 연산 | 수학 문장제 | 도형 | 수와 연산 | 수학 서술형 |
|---|---|---|---|---|---|
| 구성 | · 초등 1~2학년(단권)<br>· 초등 3~4학년(상·하권) | · 초등 1~6학년<br>· 연간용 | · 초등 2~6학년<br>· 연간용 | · 초등 1~6학년<br>· 연간용 | · 초등 3~6학년<br>· 학기용(1,2학기) |
| 특징 | · 연산 능력과 사고력 향상을 위한 교재 | · 문제해결력 향상을 위한 유형별 문장제 교재 | · 도형의 개념부터 응용까지 도형영역 집중학습 교재 | · 수연산 영역의 반복학습을 통한 계산능력 향상 교재 | · 단원별 출제빈도가 높은 서술형 학교시험 대비 교재 |